UXデザインの教科書

安藤昌也 著

丸善出版

序　文

　私は大学を卒業して仕事を始めてから、一貫して UX デザインを実践してきました。約20年の経験の前半はコンサルタントとして、企業や組織の課題を人間中心設計のアプローチで、解決の支援をしてきました。後半は大学教員として、アカデミックなアプローチでユーザー体験の本質に迫る研究や UX デザインプロセスの研究をしてきました。

　思い起こせば最初に取り組んだプロジェクトは、ガーデニング専門店のパート従業員の業務支援システムの提案でした。店長が集めたパートさんは、みんな花の知識が豊富なおばさんたちだと聞いていました。ですが、私が 2 日間のフィールドワークを行ってわかったことは、彼女たちは実のところ、知識レベルはお客さんと変わらない「お花好きのおばさん」だった、ということでした。

　この気づきから、花の手入れを業務とするパート従業員の作業指示と、お客さんが知りたい花の情報は同じだと考え、お客さんにもそのまま手渡せるような「手入れ作業指示書」を発行する業務支援システムを提案しました。システムはたったこれだけですが、これまではバックヤードの手入れ作業のおばさんだった人が、お客さんに花の手入れをアドバイスする相談員になれるという、新しい価値を提案するものでした。

　新人ゆえに何もわからず必死に取り組んだプロジェクトでしたが、フィールドワークで現場のユーザーの利用文脈を理解すること、ユーザーの新しい体験を提案して課題を解決すること、またそれにより新しい価値を生み出すことなど、今思えば UX デザインのプロセスそのものでした。

　UX や UX デザインという言葉や概念は、ここ10年ほどで普及・浸透してきました。言葉の新しさの一方、その本質は、かつての私の提案でもそうだったように、組織の課題を解決しつつ現場のユーザーを重視し、ユーザーがうれしいと感じる体験になるような提案をすることです。私は、UX や UX デザインは近年はやりの新しい取組みだとは考えていません。もちろん、手法やプロセスは最近になって整備されてきましたが、ユーザーのために「良いものを作りたい」という想いは、普遍的な目標だと思います。

　本書は、私がこれまでのコンサルティングの経験や研究活動の成果の積み重ねをもとに、UX や UX デザインの知識を体系的に整理したものです。基礎的な知識はしっかりと押さえつつ、私自身の経験から得た知見やノウハウを余すところなく書いたつもりです。そのため、当初予定したページ数の 2 倍近くに増えてしまいました。しかしその分、初学者から専門家の方まで、幅広い方に活用していただける教科書になったと思います。

最後に、本書をまとめるにあたり、共同研究やプロジェクトの機会をいただいた企業・組織の関係者の皆様、千葉工業大学でともに情報デザイン教育に取り組んでいる同僚の先生方、文献の整理や原稿管理などにご協力いただいたH氏、多くの関係者の協力によって本書を刊行することができました。特に、丸善出版株式会社の渡邊康治氏には、遅筆の私を根気強く励ましご支援いただきました。ご協力たまわりました皆様に、深く感謝申し上げます。

2016年4月20日

　　　　　　　　　　　　　　　　　　　　　　　　　　　安藤　昌也

本書の目的、構成、使い方

本書の目的

　本書は、**ユーザーエクスペリエンスデザイン**（UX デザイン：user experience design）の理論とプロセス、デザインのための手法について解説することを目的としている。ユーザーエクスペリエンスは日本語では、**ユーザー体験**と一般に訳されており、略して UX と呼ぶこともある[1]。

　さて、本書は『UX デザインの教科書』と題しているので、これから初めて UX デザインを学ぼうとする人もいるだろう。そもそもそれが何を指すのかも、あまり理解できていない人もいるかもしれない。ここでは、本書の目的を説明するとともに、本書が扱う UX デザインがどのようなものか、イメージできるようにしたい。

対象は「製品やサービスを使う体験」

　私たちは日常的に、たくさんのモノを使って日々生活している。朝起きてから、学校や職場に向かい1日を過ごし、自宅に帰って寝るまでの間に、どれほどのモノと関わっているだろう。モノといっても、さまざまな種類がある。ここでは、形のある「物」だけでなく、ソフトウェアやサービスも「モノ」としてとらえておこう。これら日常的に関わるモノはすべて誰か作る人がいて、その人が便利にしたいとか、楽しんでもらいたいとか、何らかの意図を持って作り出したものだ。作る人の立場から見れば、こうしたモノは使う人に提供する「製品」や「サービス」である。このような製品やサービスがあるからこそ、私たちは自分のやりたいことを達成できるだけでなく、便利で豊かな生活を送ることができている。

　製品やサービスを使うのは、それを使うことで得られる結果がうれしかったり、便利だったりするからだ。ゲームのように、使うこと自体が楽しいこともある。つまり、**製品やサービスを使う体験**が使う人にとってうれしいことがあるからこそ、その製品やサービスを使う。製品やサービスを使ってもうれしいことがなければ、一度は使っても次第に使わなくなるだろう。

　本書は、この「製品やサービスを使う体験」を対象としている。使う人がいて、作る人が提供する製品・サービスがある。そして、UX デザインは、両者の関係に着目することからはじまる。

　対象となるのは、日常的に使う製品やサービスが中心となる。日常的に使う製品やサービスといっても、実に幅広い。スマートフォンのように個人で使うのはもちろん、テレビや録画機などの家電製品や、自動改札機や現金を引き出す ATM のような公共的な機器も含まれる。企業の中で使うコピー機やプリンターなどのオフィス機器、テレビ会議システムやグループウェアなどのソフトウェア

---

[1] 本書では、「ユーザーエクスペリエンス」「UX」「ユーザー体験」のいずれの表現も同じ意味で用いており、特に使い分けはしない。基本的には「UX」を用いるが、文章の読みやすさを考慮して日本語表記としたほうが良いときは「ユーザー体験」と表現する。

なども対象となる。また、インターネット上のショッピングサイトやコミュニティサイトなどのWebサイトやWebサービスも対象となる。

　本書では、こうした多くの人がプライベートであれビジネスであれ、日常的に触れる製品やサービス全般を対象としている。その中でも使う人が何らかの選択や設定など、操作をするインタフェースを持った製品やサービスを中心に説明する。UXデザインの考え方は、本来インタフェースに限定したものではないが、誰もが利用経験のあるスマートフォンのアプリやサービスを使う体験を想像してもらえばよいだろう。

使う人の体験を考えたものづくりを学ぶ

　さて、今度は視点を変えて、スマートフォンのアプリやサービスを作る側から考えてみよう。あなたがスマートフォンのアプリやサービスを作る立場になったら、どのようなアプリやサービスを作るだろうか。実際に考えてみて欲しい。

　こういう質問をすると、ほとんどの人は自分が困っていることを解決したり便利になるような、自分が欲しいと思うサービスを考える。例えば、学校の課題を手助けしてくれるアプリや、買い物のときに冷蔵庫の中身を教えてくれるアプリなどは定番のアイデアだ。しかし、あなたが「あったらうれしい」「欲しい」と思うアプリは、あなた以外の人はどれくらい望んでいるだろうか。

　今日では、製品やサービスを作り提供しているのは、ほとんどが企業だ。もちろん個人の場合もあるが、多くは企業によって提供されているため、作ったアプリやサービスで利益が上がることも考えなければならない。そうなると、どれほどの人がうれしいと感じてくれるかが問題となる。つまり自分が欲しいと思うものを作っていても、実際には使われないものかもしれない。

　例えば、買い物のときに冷蔵庫の中身を教えてくれるアプリなどは、多くの人がそんな便利な体験をしてみたいと思うだろう。だが、それを実現するのに、今冷蔵庫にある中身を登録する作業が必要だとしたらどうだろう。面倒だと感じて使わない人が多くなるかもしれない。もちろんバーコードで入力するとか、レシートをスマートフォンのカメラで撮って文字認識をするといった技術でカバーできるかもしれない。だが、買い物をするときに冷蔵庫の中身を知りたいと思う人が、本当にその作業をしてくれるだろうか。

　自分のためだけに作るのであれば、多少使いにくかったり面倒だったりしても、自分が納得すれば、結果として便利な体験が実現できれば良いのかもしれない。だが、ほかの人にも受け入れられるようなアプリを作ろうとすると、どんなことが受け入れられ、どんなことが受け入れられないか、実際に使う人たちの状況を理解したうえで本当に使う人がうれしい体験を実現できるようにアプリの設計をしなくてはいけない。

　本書は、使う人の体験を考えたものづくりをするための方法である、UXデザインの理論とプロセスおよび手法を学ぶことを目的としている。つまりUXデザインとは、使う人がうれしいと感じるような体験を実現する製品やサービスを

作ることを目指したデザイン方法論なのである。

　UXのUは、ユーザー（User）のU。つまり使う人を意味する。使う人の体験＝UXが良いものになるようにと考えるのは、ものづくりに関わるすべての人の願いでもある。しかし、これを実現するのはなかなか難しい。特に、ユーザーの状況を理解することは、思った以上に難しい。同じような属性の人であっても、生活の中で実践している行動はまったく違ったり、逆に同じ行動をしているのに、考えていることは正反対だったりすることさえある。こうした現実から、本当にユーザーに望まれていることを探し出すためには、UXデザインの知識が必要となる。また、例えばアプリを作るにしても、ちょっとした表現の仕方や言葉の選び方が良くないだけで、使う人にはまったく理解できないものになってしまうこともある。ユーザーに理解される製品やサービスにするためには、UXデザインの知識が不可欠となる。

手法だけでなく理論やプロセスの考え方を学ぶ

　本書では、UXデザインの理論やプロセスの考え方などに力点を置いて解説する。UXデザインは、Webサービスやスマートフォンのアプリなど、ソフトウェア開発やサービス開発の分野では、すでにあたり前のように実践されている。こうした分野では、ビジネスのサイクルやスピードが速く、なるべく短期的に効果が得られることを目的に、UXデザインの手法が使われる傾向がある。UXデザインの手法は、ユーザーのことを考えたものづくりを実践するために考え出されたものであり、その方法を適用するだけでも実施しないよりは良い効果を得ることができる。しかし、UXデザインの理論やプロセスに対する知識があれば、その手法を適用する目的や意義について考えることができるようになり、さらに良い結果を導くことができるはずである。

　また昨今では、製造業などものづくり分野においても、UXデザインに取り組む必要性が高まっている。その背景には、製品に対する消費者の価値観の変化がある。例えば、かつて自動車は、所有していること自体がステータスだった。しかし、現在は所有する価値から自動車がどんな新しい体験をもたらしてくれるかに価値の意識がシフトしている。家電製品や電子機器、さまざまな生活用品なども同様で、機能や性能ではなく、ユーザーが製品を使う経験を通して実現できる生活の質の変化に価値が置かれるようになっている。このことは消費者向けのBtoCのビジネスだけでなく、生産財を製造しているBtoBのビジネスにとっても大きな影響がある変化であり、今後製造業の中でも幅広い業種で、UXデザインへの取組みが広がっていくことが予想される。

　本書では、UXデザインを実践する際に知っておくべき知識について体系的に解説する。具体的には、UXデザインの基礎知識だけでなく、UXデザインのプロセスとそこで用いられる代表的な手法について解説する。内容は、学術的なものも含んでおり、理解しにくい項目もあるかもしれない。だが、UXデザインは小手先の手法の話ではなく、また、最近はやりのテクニックでもない。先駆的な

人たちが、ユーザーにとって「良いものを提供したい」という想いでチャレンジしてきた成果の蓄積によって成り立っている一つの学問領域でもある。本書は、UXデザインに関わる人たちに、学問領域としての背景を理解してもらい、そのうえでより良い実践を行ってもらうための「教科書」である。

本書の構成と使い方

本書の構成

　本書は、「伝統的な教科書」の形式で構成されており、初学者が1章から順次読み進めることにより、体系的にUXデザインの知識を学ぶことができる。

- 第1章　概要

  この章では、UXデザインの概要を解説するとともに、UXデザインが必要とされる背景について述べる。特に、歴史的な観点からUXデザインを理解することが重要である。

- 第2章　基礎知識

  この章では、UXデザインとはどのようなものかについて解説する。UXデザインは、デザインの実践そのものであり、さまざまな考え方を活用して行うものである。そこでUXデザインを構成する7つの要素を取り上げ、その要素ごとの知識について解説する。一つひとつの要素がそれぞれに深い知識や知見を持っており、到底すべてを解説し尽くせないが、実践する際に役立つものを中心に選択した。

- 第3章　プロセス

  この章では、企業など組織においてUXデザインを実践する際のプロセスを解説する。UXデザインのプロセスについてはさまざまなものが提案されているが、本書は著者のこれまでの経験に基づき、組織で実践する際に見落としがちな点を意識したプロセスを提示している。プロセスは7段階に分かれているが、これまでに知られているデザインプロセスを包括した、総合的なデザインプロセスとなっている。また、この章ではプロセスの実践に関連する知識と、理解しておくべき留意点などについても解説する。

- 第4章　手法

  この章では、第3章で紹介した代表的な手法の中から、特に実践で役立つ手法22種類を取り上げ、その考え方と実践方法について解説する。手法は、その適用の仕方や実施のタイミング、実践過程などにおいて、さまざまなポイントやコツなどがある。これらは教科書では限界があるものの、可能な限り留意点や実践のポイントについて言及する。

本書の使い方

　UXデザインの分野では、近年さまざまな書籍が発刊されているが、本書はそ

の中でも学問的な知識を背景とした「教科書」として書いたものである。UX デザインに関連する分野は幅広く、そのすべてを学ぶには相当な時間を要する。一方で、基礎知識を広く・浅く・体系的に学ぶための書籍はそれほど多くない。本書は、UX デザインを実践する人に知っておいてほしい知識を幅広く扱っている。初学者にとっては、概念的なことから、プロセス、手法と順に具体的な事柄を学ぶことができる。実践経験がある人にとっては、自身の経験を振り返りながら読むことで、必要な知識や体系をさらに強化できるだろう。

　ただし、本書を使うにあたって注意してほしい点がある。本書は UX デザインに関する知識を中心にした教科書である。どのような分野でも同様だが、実践の現場は教科書通りにはいかないことがほとんどである。本書も実践を意識し、著者の経験をふまえて書いているとはいえ、この教科書通りに行えば必ずうまくいくことを保証しているわけではない。特に UX デザインは、企業などの組織で取り組むことを前提としたデザインの実践であり、正しいプロセスよりもむしろ的確な意思決定の方が重要かもしれない。しかし、個別組織の意思決定の良し悪しを本書で扱うことはそもそも困難である。

　教科書が示す体系的な理論やプロセスは、既存の知識を整理するだけでなく、新たな知識を位置づけやすくする知識基盤となる。知識基盤を持つことができれば、実践による成果の振り返りが知見となり、より高い専門性を発揮できるようになる。また、チームや組織として同じレベルの知識を持つことができ、相互のコミュニケーションを円滑にし深い議論を交わす土壌を作ることができる。さらに、その効果によって良い実践につながる可能性も高まる。

　実践のためにすぐに役立てるというよりも、プロジェクトメンバーとともに読み、議論しながらレベルアップしていくような使い方を期待したい。

想定する読者

　本書は、UX デザインの初学者を対象に書かれている。しかし、入門書として初歩的な内容を書いたものではない。一般的なデザインプロセスやソフトウェアなどの開発プロセスに関する知識をある程度持っている人を想定している。具体的には以下のような読者を想定している。

- 情報デザインやソフトウェア工学を学んでおり、デザインやソフトウェアの開発プロセスの概要を理解している大学生・大学院生
- 新たに UX デザインの担当として配属されたデザイナーやエンジニア
- UX デザインに関わっていないデザイナー、設計・開発のエンジニア（特にソフトウェアエンジニア）
- 商品企画・商品開発、マーケティング、プロモーションや広告等に関わる担当者
- 品質管理や品質保証、取扱説明書などテクニカルコミュニケーションに関わる担当者
- 企業の経営関連データを分析するデータサイエンティスト、アクセス解析

などのアナリスト
　・製品開発のマネージャー、プロジェクトマネージャーなどのマネジメント
　もちろん、すでにUXデザインを実践している人にも役立つ内容となっている。具体的には、以下のような読者を想定している。
　　・企業のUXデザインの担当者、UXデザイナー
　　・人間中心設計専門家、人間中心設計スペシャリスト、ユーザビリティエンジニア

　それでは本編を読み進めていこう。

目　次

序　文 ... iii
本書の目的、構成、使い方 ... v

1　概　要 ... 1

1.1　UX デザインが求められる背景 ... 2
　1.1.1　UX デザインに対する関心の高まり ... 2
　1.1.2　ビジネスとしての UX デザイン ... 4
　1.1.3　複雑化する社会で人間らしく生きるために ... 7
1.2　ユーザーを重視したデザインの歴史 ... 10
　1.2.1　人間中心というデザインの哲学 ... 10
　1.2.2　UX デザインへの歴史的な流れ ... 13
　1.2.3　日本における人間中心デザイン・UX デザインへの取組み ... 17
1.3　UX デザインが目指すもの ... 20
　1.3.1　ビジネスにおける UX デザインの適用パターン ... 20
　1.3.2　新しい体験価値を実現する新ビジネス・新製品・新サービスの開発 ... 22
　1.3.3　既存ビジネスに新しい価値を与える新機能・新サービスの開発 ... 26
　1.3.4　従来型の製品・サービスあるいはビジネスのユーザー体験の質の向上 ... 29
参考文献 ... 35

2　基礎知識 ... 37

2.1　UX デザインの要素と関係性 ... 38
　2.1.1　実践としての UX デザインの基本フレーム ... 38
　2.1.2　UX デザインのアプローチ：インプット ... 41
　2.1.3　UX デザインのアプローチ：アウトプット ... 44
2.2　ユーザー体験 ... 47
　2.2.1　ユーザーとは ... 47

- 2.2.2 ユーザー体験の位置づけ　49
- 2.2.3 UX の定義　52
- 2.2.4 体験の期間で異なって知覚される UX　54
- 2.2.5 使う意欲と利用態度　58
- 2.2.6 UX と体験価値　61

2.3 利用文脈　65
- 2.3.1 利用文脈とは　65
- 2.3.2 さまざまな利用文脈のとらえ方　69
- 2.3.3 手段選択における文脈の多重性　71

2.4 ユーザビリティ、利用品質　73
- 2.4.1 製品・サービスとは　73
- 2.4.2 ユーザビリティとは　75
- 2.4.3 目標達成と人工物　79

2.5 人間中心デザインプロセス　83
- 2.5.1 人間中心デザインプロセスとは　83
- 2.5.2 HCD プロセスの理解　88
- 2.5.3 ISO 以外の HCD プロセスの体系　91

2.6 認知工学、人間工学、感性工学　95
- 2.6.1 関連する学問領域　95
- 2.6.2 UX デザインに必要な認知工学の基礎知識　96

2.7 ガイドライン、デザインパターン　100
- 2.7.1 ガイドライン　100
- 2.7.2 デザインパターン　104

2.8 UX デザイン　105
- 2.8.1 UX デザインのプロセス　105
- 2.8.2 UX デザインの取組み方　107

参考文献　110

3 プロセス　113

3.1 利用文脈とユーザー体験の把握　114
- 3.1.1 位置づけと実施概要　114
- 3.1.2 代表的な手法　117
- 3.1.3 実践のための知識と理解　119

3.2 ユーザー体験のモデル化と体験価値の探索　123
- 3.2.1 位置づけと実施概要　123
- 3.2.2 代表的な手法　126

3.2.3　実践のための知識と理解　　　　　　　　　　　132
　　　3.2.4　実現すべき体験価値の候補の検討　　　　　　　135
　3.3　アイデアの発想とコンセプトの作成　　　　　　　　　142
　　　3.3.1　位置づけと実施概要　　　　　　　　　　　　142
　　　3.3.2　代表的な手法　　　　　　　　　　　　　　　145
　　　3.3.3　実践のための知識と理解　　　　　　　　　　　147
　3.4　実現するユーザー体験と利用文脈の視覚化　　　　　　150
　　　3.4.1　位置づけと実施概要　　　　　　　　　　　　150
　　　3.4.2　代表的な手法　　　　　　　　　　　　　　　152
　　　3.4.3　実践のための知識と理解　　　　　　　　　　　154
　3.5　プロトタイプの反復による製品・サービスの詳細化　　157
　　　3.5.1　位置づけと実施概要　　　　　　　　　　　　157
　　　3.5.2　代表的な手法　　　　　　　　　　　　　　　162
　　　3.5.3　実践のための知識と理解　　　　　　　　　　　165
　3.6　実装レベルの制作物によるユーザー体験の評価　　　　169
　　　3.6.1　位置づけと実施概要　　　　　　　　　　　　169
　　　3.6.2　代表的な手法　　　　　　　　　　　　　　　173
　　　3.6.3　実践のための知識と理解　　　　　　　　　　　175
　3.7　体験価値の伝達と保持のための基盤の整備　　　　　　182
　　　3.7.1　位置づけと実施概要　　　　　　　　　　　　182
　　　3.7.2　代表的な手法　　　　　　　　　　　　　　　185
　　　3.7.3　実践のための知識と理解　　　　　　　　　　　186
　3.8　プロセスの実践と簡易化　　　　　　　　　　　　　　188
　　　3.8.1　プロセスの簡易化の考え方　　　　　　　　　188
　　　3.8.2　プロセスの実践　　　　　　　　　　　　　　189
　参考文献　　　　　　　　　　　　　　　　　　　　　　　193

4　手　法　　　　　　　　　　　　　　　　　　　　　　195

　4.1　本章で解説する手法　　　　　　　　　　　　　　　　196
　　　4.1.1　手法の分類と本章での扱い　　　　　　　　　196
　4.2　「①利用文脈とユーザー体験の把握」の中心的な手法　　198
　　　4.2.1　エスノグラフィ　　　　　　　　　　　　　　198
　　　4.2.2　観察法　　　　　　　　　　　　　　　　　　204
　　　4.2.3　コンテクスチュアル・インクワイアリー（文脈的調査）　207
　4.3　「①利用文脈とユーザー体験の把握」の諸手法　　　　210
　　　4.3.1　個人面接法（インタビュー）　　　　　　　　210

- 4.3.2 フォトエッセイ ... 211
- 4.3.3 エクスペリエンスフィードバック法 ... 213
- 4.3.4 その他の手法の文献紹介 ... 214

4.4 「②ユーザー体験のモデル化と体験価値の探索」の中心的な手法 ... 215
- 4.4.1 ペルソナ法 ... 215
- 4.4.2 ジャーニーマップ ... 220
- 4.4.3 KA法 ... 224

4.5 「②ユーザー体験のモデル化と体験価値の探索」の諸手法 ... 229
- 4.5.1 上位・下位関係分析 ... 229
- 4.5.2 その他の手法の文献紹介 ... 230

4.6 「③アイデアの発想とコンセプトの作成」の中心的な手法 ... 231
- 4.6.1 UXDコンセプトシート ... 231
- 4.6.2 構造化シナリオ法 ... 234
- 4.6.3 その他の手法の文献紹介 ... 238

4.7 「④実現するユーザー体験と利用文脈の視覚化」の中心的な手法 ... 238
- 4.7.1 ストーリーボード ... 238

4.8 「④実現するユーザー体験と利用文脈の視覚化」の諸手法 ... 240
- 4.8.1 体験談型バリューストーリー ... 240
- 4.8.2 9コマシナリオ ... 241
- 4.8.3 その他の手法の文献紹介 ... 242

4.9 「⑤プロトタイプの反復による製品・サービスの詳細化」の中心的な手法 ... 242
- 4.9.1 コンセプトテスト（シナリオ共感度評価） ... 242
- 4.9.2 ユーザビリティテスト ... 245

4.10 「⑤プロトタイプの反復による製品・サービスの詳細化」の諸手法 ... 250
- 4.10.1 ヒューリスティック評価／エキスパートレビュー（専門家評価） ... 250
- 4.10.2 アイデア・タスク展開 ... 251
- 4.10.3 その他の手法の文献紹介 ... 253

4.11 「⑥実装レベルの制作物によるユーザー体験の評価」の諸手法 ... 254
- 4.11.1 UX評価尺度 ... 254
- 4.11.2 SUS ... 256
- 4.11.3 NEM ... 257
- 4.11.4 その他の手法の文献紹介 ... 257

4.12 「⑦体験価値の伝達と保持のための指針の作成」の文献紹介 ... 258

索引 ... 259

UXデザインの教科書

1 概　要

1.1　UXデザインが求められる背景

1.2　ユーザーを重視したデザインの歴史

1.3　UXデザインが目指すもの

1.1 UXデザインが求められる背景

1.1.1 UXデザインに対する関心の高まり

「うれしい体験」を作り出すためのデザイン

　私たちは、自分のやりたいことを達成するために、企業などが提供する製品やサービスを利用している。製品やサービスを使うことで、今までできなかったことができるようになったり、これまで以上にやりやすくなったりすれば、素直にうれしいし、もっとその製品やサービスを使いたいと思うだろう。

　一方、製品やサービスを提供する企業にとっては、ユーザーの「うれしい体験」を実現する製品やサービスをいかに実現するかが課題となる。ユーザーが使ってうれしい製品やサービスは、ユーザー満足度が高く、結果的に利用者の拡大や継続利用者の増加といった、ビジネス的な目標を達成することにもつながる。特に、インターネットで提供されるサービスなど、競争が激しい分野ではその重要性は高まっている。

　ユーザーがうれしいと感じる体験となるように、製品やサービスを企画の段階から理想のユーザー体験（UX）を目標にしてデザインしていく取組みとその方法論を **UXデザイン** と呼ぶ。UXデザインは、ユーザーにとっても、作り手である企業にとっても、ともにうれしいデザインを実現するアプローチである。

　現在このUXデザインが、さまざまな産業分野で注目をされ、その取組みが広がりつつある。いち早くUXデザインに取り組み、すでにUXデザインを実践することが常識になっているのが、Webサービスやスマートフォンのアプリなど、ソフトウェアやインターネットサービスに関係する業界である。こうした業界では、UXデザイナーやUXアーキテクトといった肩書きを持つ職種が一般的になっており、UXデザインの考え方が広く浸透している。なお最近では、電機メーカーや自動車メーカー、事務機器メーカーなど製造業においても取組む企業が増えており、デザイナーだけでなく製品開発に関わるエンジニアにとっても、理解しておくべき考え方になりつつある。

　UXデザインは、その名称からわかる通りデザインの一分野である。一般にデザインというと、プロダクトやグラフィックの色や形を計画して形にすることをイメージする。だが、UXデザインでは、製品やサービスなどを企画・設計・開発・デザインすることを総称して、広い意味で「デザイン」と呼んでいる。UXデザインにおいて実際に作られるものは、Webサイトやスマートフォンのアプリやサービスなどが多い。

　しかし、本来はデザインの対象物は限定しておらず、理想とするユーザー体験を検討し、それを実現するのに必要となるものをデザイン対象物として制作する。そのため、製品やサービスを利用する前にユーザーが触れるWebサイトやチラシから、商品パッケージや取扱説明書、故障対応のサポートセンターの応対

の仕方に至るまで、実にさまざまなものがデザイン対象物となりうる。UXデザインがほかのデザイン分野と異なる特徴を挙げるとしたら、デザインの対象物の種類にとらわれず、ユーザーの理想的な体験を目標に、それを実現する手段をデザインしていく点にあるといえる。

　UXデザインは、ユーザーのうれしい体験を作り出すためのデザインの考え方であり、またそのための方法論であり、方法論に基づくデザインの実践である。

UXデザインの必要性を高めたスマートフォンの普及

　ではなぜ、UXデザインが注目され、さまざまな業界が取り組むようになったのだろう。その背景には、インターネットの普及と情報通信端末の高度化・多様化がある。端的にいえば、スマートフォンやタブレットの普及はUXデザインの必要性を格段に高めたといえる。

　米国のApple社が最初にiPhoneを発表したのは、2007年1月。その年の6月に米国のみで初代iPhoneが販売され、その後2008年7月に日本を含む世界22の地域で販売された。iPhoneは、マルチタッチが可能なタッチディスプレイを採用しており、指でディスプレイをなぞる操作方法が注目された。また、多様で多彩なアプリが提供され、iPhoneを手に入れた誰もが自分の目的にあったアプリを簡単に入手でき、自分なりに使いこなす体験が容易にできたことも大きな特徴だった。

　iPhoneそのものが極めて優れたUXデザインなのだが、そのこと以上に、スマートフォンが世界中で瞬く間に普及したことが、UXデザインの必要性を高めるうえで、大きなきっかけになった。スマートフォンは、持ち歩いて利用するものであり、さまざまな状況で利用する。電車の中で、ソファーでくつろいでいるときに、あるいは授業中にこっそりと。それまでインターネットサービスの企業にとって、ユーザーはパソコンの前にいることが前提だったのだが、スマートフォンによってさまざまなユーザーの利用状況に対応した、使いやすいサービスを提供することが求められるようになった。

　また同時に、世界中の優れたサービスがインターネットを通して利用可能になり、話題のサービスは国境を越えて誰もが体験することができるようになった。これにより、優れた利用体験に接する機会が増え、使いやすい製品やサービスへのニーズが顕在化することになった。このことは、インターネットサービスの企業だけでなく、製造業にも大きなインパクト与えることになった。例えば、カーナビゲーションシステム（カーナビ）は、これまで非常に高価な製品で、自動車メーカーの純正品が主流であった。純正品のカーナビは、使いにくいとは言わないまでも代替品はあまりなく、ユーザーはその操作性を受け入れていた。しかし、スマートフォン用のカーナビアプリが登場したことにより、純正のカーナビは値段が高い割に使いにくい製品と感じられるようになってしまった。

　このように、スマートフォンの普及は、製品やサービスを提供する企業が今まで以上にUXに意識を払わなければならない環境変化をもたらしたといえる。

実利用ユーザーの感性的側面への関心

　ユーザーの体験の中でも、特にユーザーの感性的な側面に着目したデザインをしようとする試みは、2000年代の前半ごろから行われてきた。プレジャラブルデザイン[1]やエモーショナルデザイン[2]といったキーワードで、ユーザーの感性的側面を重視し、製品やサービスをデザインすることの重要性を指摘したものだ。

　こうした議論は、ものづくりで重視されるユーザビリティ評価、つまり操作性の評価だけにとらわれず、より現実のユーザーの主観的な評価や感性を重視し製品づくりに反映しようとするものであり、当時は「ユーザビリティを超えよう（Beyond usability）[3]」というスローガンもあったほどだ。

　なぜ、ユーザビリティを超える必要があったのか。その最大の理由は、ユーザビリティだけではユーザーと製品との関係をとらえたことにならない、という気づきがあったことだ。ユーザビリティ評価は、目的達成のための操作性の良し悪しという比較的短期的な視点でとらえられることが多く、企業の実験室（ラボ）の環境でユーザビリティテスト（操作性の検証）が行われることが一般的である。

　しかしユーザーの利用の実態は、ラボとは比べものにならないほど多彩な利用環境で、長期にわたって使い続けるのが現実である。利用の現場では、デザイナーやエンジニアが想像もできないような使い方をしていることも多い。このように、ラボでのテストを中心としたユーザビリティ評価では、本当のユーザーと製品との関わりを把握することはできず、現実の利用体験に基づいた評価こそ重要ではないか、というのがこうした指摘の背景にあった[4]。

　このころ、本格的にUXの研究分野が立ち上がり、実際の利用環境におけるユーザー体験の特徴を把握しようとするさまざまなチャレンジが行われた。例えば、実際の利用環境で製品の操作性を評価した場合と実験室で評価した場合の違いを研究するフィールドユーザビリティ研究や、短期的な利用経験しかないときの操作性の評価と長期的な利用経験を積んだ後の評価との違いを研究する長期的ユーザビリティ研究。また、ユーザーの主観的な製品評価の構造を分析するユーザー評価構造の研究など、実にさまざまなアプローチで実利用ユーザーのUXに関する研究がなされた。

　現在のUXデザインは、こうした研究的な関心のトレンドとも重なりあって現在に至っている。「UX」という言葉に、「実際の利用環境におけるユーザーの体験」というニュアンスがあるのも、実はこうした背景があるためだといえよう。

1.1.2 ビジネスとしてのUXデザイン

「体験」こそ商品

　UXデザインは、ユーザーがうれしいと感じる体験となるように、理想のUXを目標にしてデザインしていく取組みである。だが、うれしい体験を提供するこ

---

[1] プレジャラブルデザインは、「楽しみのためのデザイン」を意味する。Jordan（2000）によって提唱された。

[2] エモーショナルデザインは、「感情的なデザイン」を意味する。Norman（2004）によって提唱された。ユーザーの感情的な心理構造に基づいて、わかりやすさなど認知的な側面に着目したデザインだけでなく、感情的な側面にも訴えかけるデザインの重要性を説いたもの。

[3] Beyond usabilityは、Dillon（2001）が論文で用いたタイトル。この当時、使いやすさを超えた製品の魅力作り関する議論が活発に行われた。

[4] 著者らも、2005年に長期的ユーザビリティ（Long-term Usability）という概念を提唱し、短期的な視野ではなく長期間の実利用をとらえた評価を行うべきとの提案を行っている（安藤・黒須・高橋, 2005）。

図1.1 フィルムカメラが発売された当時のチラシ

とは、何もスマートフォンのアプリやWebサービスなど、ソフトウェアに限ったことではない。ビジネスの観点では、ユーザーである顧客にとってうれしい体験を提供することは、どんな産業分野であっても共通して重要なことであるし、いつの時代も変わらない経営の目標であるはずだ。

例えば、米国のイーストマン・コダック社が1888年に発売したフィルムカメラは、革新的な製品だった。フィルムカメラ登場以前のカメラは、ガラス乾板に像を定着させていた。そのため、ガラスをカメラにゆっくり差し込み、撮影したらガラスをゆっくりしまう、という写真を撮ること以外の行為にユーザーは時間や意識を費やしていた。ところがフィルムカメラの登場によって、ユーザーは写真を撮ることだけに注意を払えばよくなった。撮ったフィルムをカメラごと現像所に持って行き、現像を依頼すれば後日写真が手に入る。実際、フィルムカメラ発売当時のチラシには「ANYBODY CAN USE IT」と書かれていた（図1.1）。「誰でも使える」ことこそ、フィルムカメラが実現した新たな体験なのである。

ユーザーから見たら、技術はうれしい体験を生み出すための手段にすぎない。ユーザーは技術や機能が欲しいわけではない。それによってもたらされる結果にしか、本当は関心がないのだ。

だから、ビジネスの観点ではUXデザインは当然の取組みであり、何も最近始まった話ではない。昔から優れた製品がユーザーに提供していたのは、うれしい体験だったのだ。

経済価値の発展としての「経験価値」

ジョセフ・パイン（B. Joseph Pine II）とジェームス・ギルモア（James H. Gilmore）は、1999年に発表した『経験経済』の中で、経済発展の一つの経過として**経験経済**という概念を示した。パインとギルモアは、消費価値として、農産物のような「コモディティ」、工業製品のような「製品」、接客サービスのような「サービス」、そしてこれまでの経済発展がたどってきた経済価値とはまったく異なる消費価値として**経験**（experience）を位置づけ、「消費者は単に製品やサービスを消費するのではなく、その消費から得られる体験そのものに価値を見出す」ことを指摘した。

彼らの主張について製造業を例に簡単に説明すると、次のようになる（図1.2）。通常、製造業が提供する製品はコモディティ化[5]に向かって進み、そこから抜け出る手法はカスタマイズである。製品のカスタマイズの手段はサービスとみなせる。しかし、サービスもいずれはコモディティ化するため、さらなるカスタマイズが必要になる。サービスの先にあるカスタマイズの方法が「経験」である。経験経済は**経験価値**の経済であり、顧客[6]の感動や個人的な思い出に残るような演出が重要だとしている（表1.1）。

[5] コモディティ化とは、製造企業ごとの製品が個性を失い、消費者にとってどこの企業の製品を買っても大差ないと認識される状態のこと。

[6] 「ユーザー」と「顧客」は同じ人を指す言葉であり、「顧客」はビジネスの観点から見た「ユーザー」である。本書では、必要に応じて「ユーザー」と「顧客」とを使いわけることがあるが、ユーザーと顧客は同じ意味として扱う。

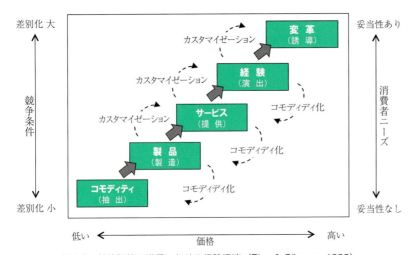

図1.2　経済価値の進展における経験経済（Pine & Gilmore, 1999）

表1.1　経済システムの進展と経験経済の特徴（Pine & Gilmore, 1999）

経済価値	コモディティ	製品	サービス	経験	変革
経済システム	農業経済	産業経済	サービス経済	経験経済	変革経済
経済的機能	抽出	製造	提供	演出	誘導
売り物の性質	代替できる	形がある	形がない	思い出に残る	効果的
重要な特性	自然	規格	カスタマイズ	個人的	個性的
供給方法	大量貯蔵	在庫	オンデマンド	一定期間見せる	長期間維持する
売り手	取引業者	メーカー	サービス事業者	ステージャー	ガイド
買い手	市場	ユーザー	クライアント	ゲスト	変革志願者
需要の源	性質	特徴（機能）	便益	感動	資質

　経験価値と、製品やサービスによる経済価値との大きな違いは、価値をもたらすのは製品側ではなくユーザー自身にあるということだ。経済価値は、ユーザー側の要求に合わせて、企業側が価値あるものを提供するという形態だった。経験経済では、ユーザーが価値を実現する手段の一つとして、企業が製品やサービスを提供するという視点に変わる。「ユーザーに価値を与える」ではなく「ユーザーが参加して価値が生まれる」と考えるのである（図1.3）。

　パインとギルモアのこの著書は1999年に出版されたものだが、現在のビジネスの実情を非常に良くとらえているといえよう。UXデザインは経験経済となった今日において、ビジネス価値を生み出す具体的なアプローチだといっても過言ではない。

経営課題としてのUXデザイン

　インターネットの普及は、ユーザーが扱える製品情報の量を大きく変えた。ユーザーは、それまでとは比較にならないほど多くの製品情報を、簡単に手に入

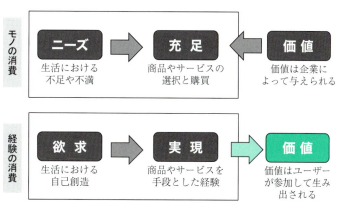

図1.3 「モノの消費」と「経験の消費」の違い

れられるようになった。特に、口コミやレビューといった使用中あるいは使用後のユーザーの評価情報が容易に入手できるようになり、購入の際の判断基準として重要視されている。口コミやレビューは、体験前のユーザーが製品やサービスの利用体験を予想するための重要な手がかりとなっている。それだけに、企業はますます利用体験後のユーザーの評価を重視しなければならず、ユーザーによりよく評価される製品やサービスづくりを行うことが重要になってきている。

このように見てくるとUXデザインは、もはや経営課題であるといってよい。2013年11月のHarvard Business Review誌[7]のWeb版では「ユーザー体験を総合的に考慮した『UXデザイン』の能力が、いまや企業の収益を左右する」と主張する、当時Frog design[8]のクリエイティブ担当副社長だったロバート・ファブリカント（Robert Fabricant）の記事を掲載した。この記事では、組織としてUXデザイン能力を構築することが経営課題であり、現代の経営に必要であることを主張するものだ。

経営学の基礎を築いたピーター・ドラッカー（Peter F. Drucker）は、「企業の目的は**顧客の創造**である」と述べている。顧客が本質的に求める新しい体験を創り出していくこと、それが企業の目的だとすれば、UXデザインは一時的な流行の考え方ではなく、ビジネスの本質なのだといえよう。

1.1.3 複雑化する社会で人間らしく生きるために

人間中心発想に基づくイノベーションへの期待

情報通信技術の進化は留まるところを知らず、現在も発展し続けている。昨今では、**IoT**（Internet of Things）と呼ばれるモノのインターネット化が進み、あらゆるモノがインターネットにつながることで相互に通信したり制御できるようになるといわれている。また、自動車の自動運転やより自然なコミュニケーションをとれるロボットなど、**人工知能**も驚くスピードで高度化しており、人間が行っていたさまざまな仕事や役割がコンピュータにとって代わられるとも予想されている[9]。

---

[7] Harvard Business Review誌は、世界的な経営学に関する学術雑誌。

[8] Frog designは、国際的なデザインと経営戦略のコンサルティング会社。

[9] 人工知能の技術が急速に発展すると人間を超える知性を持ち、それによって人々の生活が後戻りできないほど変化してしまう来るべき未来のことをシンギュラリティ（技術的特異点）と呼ぶ。近い将来、起こるといわれるこのシンギュラリティがどのような社会か、また技術はどうあるべきかなどについてさまざまな議論がなされている。

これらの技術の発展により、近い将来、産業構造や生活は大きく変化すると考えられる。しかし、どのような技術であってもユーザーを中心においた開発が不可欠である。どれだけ技術的に優れていても、ユーザーが望まないものは開発すべきでないし、ユーザーが「うれしい」と感じたり「ありがたい」と思うものを作る努力が重要となる。そのために、さまざまな技術を束ねてユーザーの視点で統合していく方法として、UXデザインの重要性はますます高まると考えられる。

社会的課題の解決アプローチとしての期待

一方で、環境破壊や資源の枯渇といった地球規模の**社会的課題**は、否応なく私たちが取り組まなければならない課題でもある。日本においては、少子高齢化も深刻な社会的課題だ。こうした大きな問題は、なかなかすぐに解決できるものではないかもしれないが、身近な社会的課題は無数にある。こうした社会的課題への解決アプローチとして、UXデザインは役立つだろう。

例えば、オーストラリアの動物保護団体とペットフード企業が発表した「Dog-A-Like」というアプリがある[10]。これは、自分の顔写真と似ている犬を探してくれるアプリである（図1.4）。実はこのアプリが表示する犬は、すべて保護施設などにいる飼い主に捨てられた犬なのだ。アプリは、似た犬の写真を探して提示するだけではない。「犬は飼い主に似る」とよくいわれるが、顔が似ている犬なら相性がいいだろうという発想で、本当に気に入ってもらえばその犬の里親になることができる。このアプリは保護犬支援活動を知ってもらうためのキャンペーンとして制作されたものだが、アプリが話題になり、その結果従来より約40%も里親になる人が増えたという。

このアプリのように社会的課題を知らない人々に、問題に気づいてもらうだけでなく、さらに一歩進んで社会的課題を解決する活動そのものをデザインすることも、UXデザインととらえてアプローチすることができるだろう。

より良い社会に人間らしく生きるために

現在のUXデザインは、主に企業において使われる言葉となっている。そのため、利益を得る手段としてUXデザインがあると思う人もいるだろう。しかしUXデザインは、ユーザーにとってうれしい体験を作り出す取組みであり、

[10] このアプリは、アジア最大の広告祭であるAD-FEST2012においてCyber Silver賞を受賞した。現在アプリは使用できない。

図1.4　Dog-A-Likeのアプリ画面（出典：http://deanhamilton.net）

真の意味でユーザーがうれしいことを探索することでもある。

より良い社会を作ること、あるいはより人間らしく生きることは、私たち人間の本質的な欲求だ。例えば、自分だけでなく誰かのために役立ちたいという、**利他的な欲求**は多くの人が持つ本質的なものだろう。どのようにしたら利他的な欲求を満たすことができるだろうか。もし、利他的な価値観に基づくUXデザインに取り組むことができたら、きっとより良い社会に一歩近づけるのではないだろうか。

例えば、日本の医療系スタートアップCoaido（コエイド）株式会社が実証実験を進めている「AED FR」というアプリがある（図1.5）。このアプリは、119番通報を受けた消防指令センターから心停止の疑いのある人の位置情報と、その周囲のAED（自動体外式除細動器）の位置を、アプリのユーザーに伝えるものである。アプリのユーザーはAEDを取りに行き、心停止の疑いのある人に向かうことをアプリに入力し、AEDをいち早く使って助けてあげることを支援するものだ。アプリユーザーには、人助けをするという労力や責任はあっても、金銭的なメリットも見返りもない。しかし、ユーザーの利他的な欲求に基づくこのサービスに関心が集まっている。

もちろんUXデザインは、万能ではない。しかし、多様なユーザーの真の欲求に真摯に向き合うことを通して解決策に取り組むアプローチには、多方面からの期待は高い。

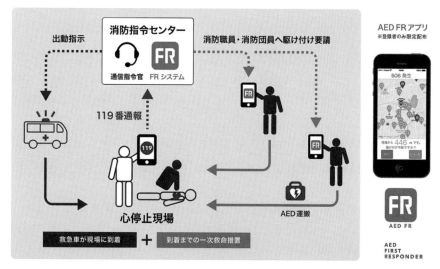

図1.5 「AED FR」の概要（提供：Coaido株式会社）

1.2 ユーザーを重視したデザインの歴史

1.2.1 人間中心というデザインの哲学

「普通に使える」ための努力

　私たちの日常は、実にたくさんのモノがあふれている。みなさんは、身のまわりにある製品やサービスのなかで「使いにくい」、「使いづらい」と感じるものはあるだろうか。学生や若い人にこの質問をすると、比較的多くの人が「思いつかない」という答えが返ってくる。使いにくいモノはすでに使うのをやめてしまったり、捨ててしまったりしているからかもしれない。あるいは、最初は使いにくいと感じても、使い込んでいく間に次第に慣れてしまい、使いにくかったことを忘れてしまっているからかもしれない。

　確かに、ユーザーが日常生活で使用する最近の製品やサービスは、どうしようもないほど使い方に困るものは多くない。製品を使う時に、それほど苦労することなく「普通に使える」。

　この「普通に使える」、つまりユーザーが使いにくさを感じることなく、自分のやりたいことのために製品やサービスを使えるようにすること。そのために、作り手は多くの時間と努力を費やしている。実際の利用環境でどのようにユーザーが使用するのかを調べたり、ユーザーの身体的な特徴を調べたり、試作品をユーザーに評価してもらったりしている。単にモノを作っているだけでは、「普通に使える」ことは実現できないのだ。

　こうした取組みの重要なコンセプトが、**人間中心デザイン**（Human-Centered Design：HCD）[11]である。人間中心デザインはその名称が示すように、製品やサービスを使う人、つまりユーザーを常に中心において、あるいは優先的に考えて企画・設計・開発・デザインを行うことである。

ユーザーを中心におかないデザインはあるのか

　最近ではものづくりをする際に、使う人のことを考えることはあたり前のことのように行われている。しかし、ユーザーを中心にしたデザインは20世紀中頃から次第に確立してきた考え方であり、それまでは技術中心、機能中心のデザインが常識だった。

　図1.6は1930年代の電力計の表示盤である。上の段のメーターは、今何キロワットアワー（kWh）を表示しているだろう。8,808kWhだろうか？ では下の段のメーターはどうだろう？

　正解は、上の段が7,798kWh。もし8,808kWhと読み間違えていたら、1,000kWhも違い、大事故になるような誤りだ。よく見ると、目盛りの数字が増えていく針の回り方が、桁によって違うことに気づく。一番右の1桁目は右回り（時計回り）、2桁目は左回り、3桁目は右回り、4桁目は左回り。このことを

11　HCDと似た言葉に、UCD（User-Centered Design：ユーザー中心デザイン）がある。Human（人間）とUser（ユーザー）の違いはあるが、基本的な考え方は同じである。Humanの方が、直接製品に触れるユーザー以外の関係者も含んでいること示している。しかし、UCDにおけるユーザーも、直接製品に触れるユーザー以外の関係的なユーザーも含んだ概念であり、両者に決定的な違いはない。

　また、HCDは日本語で「人間中心設計」と呼ぶことが多い。本書では、「デザイン」を広義の意味でとらえておりその中にいわゆる設計も含むことから「人間中心デザイン」と表記した。

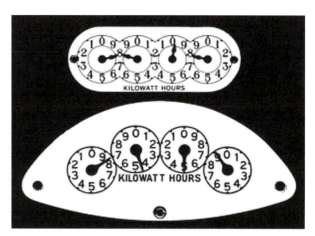

図1.6　1930年代の電力計の表示盤の例

知っていたとしても、読み間違いが起こりかねない表示盤である[12]。

なぜ、こんなにも読みづらいメーターになっているのだろう。理由は簡単だ。このメーターは歯車を利用した仕組みになっており、歯車の組合せの都合上、この方が作りやすくコストを抑えられるからだ。人がメーターを読み取る際の読みやすさなどは、一切考慮されていない。数字を読み取る側の人間は、間違わないように専門的に訓練すれば良いと考えたわけだ。技術に人が訓練して合わせる。まさに、**技術中心のデザイン**なのである。

しかし人間は、どれほど注意したとしても誤ってしまうことがある。このように人が機械の操作や読み取りを誤ってしまう現象を**ヒューマンエラー**と呼ぶ。ヒューマンエラーは、人間の特性と機械と労働環境との複合的な要因で起こるものであり、いくら人間が訓練を積んだとしても、条件がそろえば起こりうる。人間が機械を使用する際の信頼性や安全性を向上するためにも、人間の特性を研究し人間に合わせたものづくりが不可欠であるとの認識が広まっていき、人間工学や安全工学、認知科学といった関連研究分野の発展にもつながった。

人間中心という哲学

ユーザーをデザインの中心におくという考え方は、デザインの一つの考え方であり哲学だともいえる。**人間中心デザインの哲学**は、デザインするのは作り手が行うことを前提としたものであり、ユーザー自身がデザインすることではない[13]。また、デザイナーやエンジニアの想いだけでデザインすることでもない。

人間中心のデザイン理論を構築したクラウス・クリッペンドルフ（Klaus Krippendorff）は、デザイナーが他者のためにデザインするというこの特徴を、デザイナーの**二次的理解**に基づくものだと説明している（図1.7）。二次的理解とは、製品やサービスなどの人工物を使うユーザー群（図1.7では「ステークホルダー」と表現されている）が、人工物を使うことを通して得た人工物に対する意味を、ユーザーの対話などを通してデザイナーが理解する。つまり、ユーザーが理解していることをデザイナーが理解する、という構造を指している。もちろん

12　下の段の目盛りの正解は、8,449kWh。2桁目が5を指しているようにも見えるが、1桁目が9なので、2桁目はまだ40台を指している。

13　ユーザー自身がデザインに関わるデザイン哲学は、参加型デザイン（participatory design）と呼ばれる。詳しくは1.2.2項を参照。

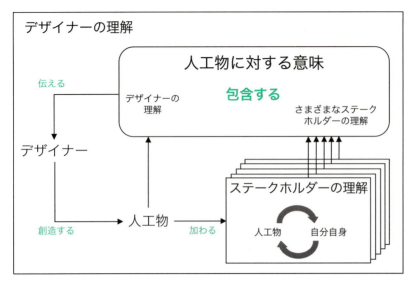

図1.7　デザイナーがユーザーのことを理解する「二次的理解」としてのデザインの構造 (Krippendorff, 2006)

　デザイナー自身も、同じ人工物を通してそのものの意味を構築するが、両者は同じではない。似通ったものになったりすることはあっても、共通点や一つの真実があると仮定することはできない。人がそれぞれに、人工物に対する意味を構築しているものを理解すること、またそれを尊重することにより、人工物のユーザーがある特定の状況で、何が可能で何が適切であると思っているかを知ることができる。クリッペンドルフは、この二次的理解こそが人間中心のデザインの基盤であるとしている。

　二次的理解に基づく人間中心デザインのイメージは、ユーザーを中心に置きそのまわりに関係するすべての作り手が取り巻く、常にユーザーのことを意識しながら、時にはユーザーと関わりながらものづくりをする、そんなイメージだ。そのため、作り手がどれだけユーザーのことを深く理解し、時にはユーザーが言葉にできないようなニーズ（本質的なニーズ）をも汲み取ることができるかが重要となる。また同時に、そうして把握されたユーザーの本質的なニーズをいかにデザインで解決するかが問われる。こうして、徹底してユーザーを理解することにより、ユーザーに安全かつ安心して利用され、好意的に受け入れられ、さらには愛される製品やサービスをデザインすることができると考えるのが、人間中心のデザイン哲学だ[14]。

　この人間中心という哲学は、人間工学や認知工学、感性工学、安全工学、ソフトウェア要求工学など、人間の特性に基づいた工学領域に通底するものだといえる。UX デザインも、この人間中心のデザイン哲学に基づいたものである。ただ、その取組み方やアプローチにおいて、UX を目標として定めてデザインを進める方法論をとっている点が特徴的である。

14　人間中心設計の基礎的知識を整理した黒須 (2013) によると、「人間中心システム」という概念を初めて提唱したのは Cooley (1980) である。
　Cooley の人間中心システムは、機械中心のシステムに対して、共生的な人間中心のシステムを提唱している。
　また、カリフォルニア大学サンディエゴ校の認知科学者であったドナルド・ノーマンはユーザー中心の概念を主張しており、1986年にはステファン・ドレイパーとともに『User Centered System Design』を編さん。認知工学によるシステム設計の必要性を主張したのが、UCD の最初といわれている。

1.2.2 UXデザインへの歴史的な流れ

認知的インタフェースの登場

　先にも述べたように、技術中心のデザインが当たり前だった時代を経て、人間中心というデザイン哲学の必要性が明確になるのは、コンピュータに代表される情報技術が登場し普及することと関係している。

　人が道具を操作する際のインタフェースは、19世紀に起こった産業革命までは、原始的な道具が機械に置き換わったにせよ、人が道具や機械を直接操作し、何らかの対象物に働きかけるという関係に変化はなかった。例えば、ショベルカーは土を掘り起こすための大型の機械だが、土を掘り起こすという作業そのものはスコップを使って人が掘り起こす作業と大きな違いはなく、機械の操作があっても作業プロセスとしてイメージできるため、その操作を行う理由や意味は理解しやすい（図1.8）。

　しかし、コンピュータの登場はこの関係を大きく変化させた。コンピュータは、1960年代から次第に企業などで用いられるようになり、1970年代に発明されたパーソナルコンピュータ[15]が、1980年代になると一般にも広く普及するようになった。

　コンピュータはそれまでの機械とは異なり、情報を保持、表現、操作するための人工物である。コンピュータは、人間の記憶や知識、情報処理能力などを補強・拡張するものであり、こうした特徴から**認知的人工物**[16]と呼ばれる。認知的人工物は、直接知覚でき操作可能な画面表示がユーザーとのインタフェースとなるが、その画面表示を見ながら実際にコントロールしているのは、ユーザーが知覚できない内部の処理プロセスである。ユーザーが操作したことによる結果は知覚できるのだが、そのプロセスはユーザーからはまったくわからない。これはコンピュータ制御の機器の特徴である。

　認知的人工物におけるインタフェースのうち、主にソフトウェアによるインタフェースを**認知的インタフェース**と呼ぶ。認知的インタフェースは、ユーザーからは知覚できないプロセスを操作するためのものであり、人間の認知情報処理の特性を理解したうえでデザインすることが不可欠となる。

　現在では、人間の認知的な側面を考慮したわかりやすいインタフェースデザインを心がけることがあたり前となっているが、コンピュータが登場し一般に普及し始めた1980年代のインタフェースは、ユーザーにとってわかりにくく新たに覚えなければならないことも多かった。

　認知的インタフェースの登場は、UXデザインが求められる歴史的な原点となった環境変化だといえよう。

コンピュータの労働現場への導入と参加型デザイン

　コンピュータは、1960年代ごろから企業に導入され始めた。そのころのコン

---

[15] 現在一般にコンピュータといえばパーソナルコンピュータ（パソコン）を指すが、現在のようなマウスやウィンドウシステムを持つパソコンは、1973年に米国ゼロックス社のパロアルト研究所において発明された「Alto（アルト）」が最初である。

[16] 認知的人工物（cognitive artifact）は、Norman（1989）による。

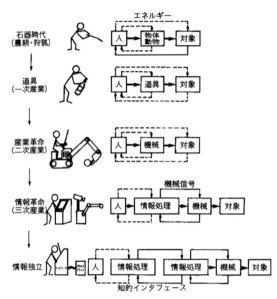

図1.8　道具と機械の進化（Rasmussen, 1986, 海保, 1991）

ピュータ導入は、働く人々の労働環境や労働条件を大幅に変更するようなものだったが、働く人にとってはむしろ環境が悪くなるようなものとして受け止められていたという。

　そんな状況を改善しようと、北欧のノルウェーを中心に**参加型デザイン**（participatory design）の活動が行われるようになった。参加型デザインは、企業内のソフトウェア開発に労働者自身が参加し、職場のコンピュータ化を進める際の問題点の収集と分析、あるべきビジョンを作り、新しいコンピュータシステムのデザインのための思考錯誤などを通して、よりよいソフトウェアをエンジニアと共に作り出す取組みである。この活動は労働組合が主導し、活動に参加するのは新しいシステムのコアユーザーとなる労働者が中心で、まさにユーザー自身が作り出すことが重視された。

　1990年代になると参加型デザインの活動は、世界中のソフトウェア開発の現場で注目を集めるようになった。特に労働の現場を調査し、問題点を把握・分析したり、新しいシステムを検討したりする方法論が数多く生み出され、その実践ノウハウが関心の的となった。1990年に、第1回の参加型デザインの国際会議が米国で開催された。その後隔年で開催されるようになると、1990年代後半にはソフトウェア開発における参加型デザインの多くの事例が蓄積され、有効な手法が次第に明らかになった。現在UXデザインで用いられているデザイン手法の中には、参加型デザインに端を発するものも数多い。

　ところで参加型デザインは、人間中心デザインのルーツの一つでもあり、目指すものもユーザーの使いやすいシステムという点では同じである。しかし、そのデザイン哲学は異なる。先にも述べたように、人間中心デザインはあくまでデザインするのは作り手である。デザインプロセスへのユーザーの参加は行われるこ

ともあるが、ユーザー自身にデザインすることを求めてはいない。いうなれば、"designing for users"（ユーザーのためにデザインする）である。一方、参加型デザインは、ユーザーと作り手はともにデザインすることを求めている。ユーザーは、デザインプロセスのどこにおいても参加することができる。これは、参加型デザインが労働組合によってリードされ、workplace democracy act（職場民主主義活動）の一部として取り組まれたことも影響している。いうなれば、"designing with users"（ユーザーと共にデザインする）である。両者は哲学の違いであり優劣をつけるものではないが、コンピュータとユーザーとの間の問題を解決する異なるアプローチとして、歴史的な流れの中でとらえておくことは理解を深めることに役立つだろう。

人間中心設計の国際規格の制定

UXデザインの歴史の中で重要な出来事が、1999年の人間中心設計プロセスの国際規格 **ISO 13407** の発行である[17]。ISO 13407の正式なタイトルは「インタラクティブシステムの人間中心設計プロセス」である[18]。この規格は、インタラクティブシステム、つまりコンピュータシステムを使いやすいものにするためのデザインプロセスを規定したものだ。

この規格の策定には、1980年代からヨーロッパを中心に行われたITE（Information Technology Ergonomics：IT人間工学）と呼ばれる研究領域が大きく寄与している。その経緯の一部を紹介しよう。

1982年に、ヨーロッパにおけるIT研究を推進するプロジェクトESPRIT（European Strategic Program for Research Information Technology）がスタートする。多くのITEプロジェクトが、このプロジェクトのもとで行われることとなった。ISO 13407に関連する最初のプロジェクトとして、1985年のHUFIT（Human Factors in Information Technology）プロジェクトがある。このプロジェクトでは、業務システムの開発における人間工学的手法を開発した。また、1990年から1994年に行われたMUSiC（Measuring Usability in Context）プロジェクトでは、ユーザビリティの測定方法、テスト仕様を明確にする手法などを開発した[19]。1996年から1997年にはイギリスのINUSE（Information Engineering Usability Support Centers）プロジェクトが実施され、ユーザビリティや人間中心設計に関する基本情報や方法論を共有しながら国際的に推進するネットワークが構成され、ユーザビリティやHCDに関するハンドブックなどが作成された。これらの成果がISO 13407の基礎になった[20]。

さて、1999年に発行されたISO 13407は、ソフトウェア製品のユーザビリティを高めることを目的にしたプロセスであり、重要な方法論として**反復型開発（反復設計）**が持ち込まれた。ユーザーを常に中心におき、必要なすべての開発工程でユーザーの要求事項に基づく評価と改善を繰り返していくことにより、ユーザビリティを高めていくプロセスが体系的に示された。

2000年代に入ると、インターネットが爆発的に普及するとともに、情報通信

---

17 ISOは、International Organization for Standardization（国際標準化機構）の略。国際規格を策定するための非政府組織。現在162か国の標準化団体（1か国1団体限定）が参加している。
　国際的な標準を提供することで、世界の貿易を促進することが目的である。なお、規格に付けられている番号には基本的に意味はなく、便宜上の分類コードである。

18 本書では、名詞としてのHCDは「人間中心デザイン」と表記するが、国際規格（ISO）の名称や規格に関連する取組みに関しては、対応する日本工業規格（JIS）の表現を尊重し「人間中心設計」と表記する。

19 MUSiCプロジェクトの成果は、『Usability Context Analysis Guide』というハンドブックとして公開されている。このハンドブックはユーザビリティの指標に関する国際規格ISO 9241-11のもととなった。

20 ユーザビリティ100年の歴史年表が、Sauro（2013）によってまとめられている。年表では、今日のユーザビリティの発展に貢献した出来事や出版物、人物を紹介している（日本語版：https://www.sociomedia.co.jp/6370）。

端末の高度化とネットサービスの多様化が同時に進展し、ユーザーの体験こそ重要との認識が次第に高まっていった。こうした環境変化をふまえ、ISO 13407は、2010年に **ISO 9241-210**：2010へと改定され、UXの実現を目的とした規格へと深化・発展した。

国際規格の詳細については、「2.5節 人間中心デザインプロセス」で解説するとして、UXの実現を目的とした人間中心設計の国際規格が制定されるまでの歴史的な流れを整理してみよう（図1.9）。

コンピュータが身近な存在となり、特にソフトウェア技術の進歩と変容が目覚ましい1980年代頃から、次第に使う人間の立場に立って、使いやすい製品やシステムを設計する必要性が高まっていったことがわかる。

このように見ると、UXデザインは情報通信技術の高度化と普及による環境変化に対し、ユーザーがよりよく適応できるようにするための努力だと見ることもできる。もちろん、ここで解説した歴史はコンピュータに限定した部分のみを取り上げている。ユーザー体験を、人とモノとの関わりとして広くとらえたときには、さらに歴史を遡る必要があるだろう。いずれにしても、UXデザインは、決して昨日今日思いつかれた取組みではないことは明らかだ。長い歴史の中で先人たちの研究と実践の成果の上に位置づけられた、体系的なデザインの方法論でありテクニックなのだ。

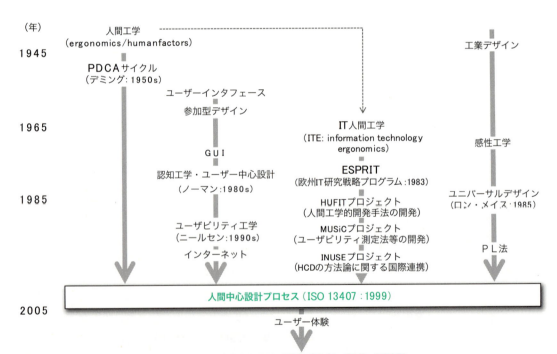

図1.9 人間中心設計の国際規格 ISO 9241-210：2010に至るまでの概略史

1.2.3 日本における人間中心デザイン・UXデザインへの取組み

ISO 13407のインパクト

日本において人間中心デザインやUXデザインが、どのように取り組まれてきたのかを簡単に見てみよう。

人間中心設計プロセスの国際規格である**ISO 13407**が1999年に発行すると、エレクトロニクス製品を主力の輸出品としていた日本に大きなインパクトを与えた。図1.10は、ISO 13407が制定されたことを伝える当時の新聞記事だ。興味深いのは、中ほどにある「未取得企業　欧州からシャットアウトも」の小見出しである。これは当時、この規格が認証規格になる、つまりこの規格に従って製造されていることを第三者機関が認証するように運用されることが想定されており、人間中心設計に基づいた製品開発を行わないとISOを尊守する欧州市場では、そもそも輸出できないリスクがある考えられていた[21]。

実際には、ISO 13407は認証規格として運用されることはほとんどなかった

21　ちょうど同じ頃、品質マネジメントシステムに関するISO 9000シリーズが発行し、多くの企業にとってこの認証を取得することが課題となっていたことも背景にある。

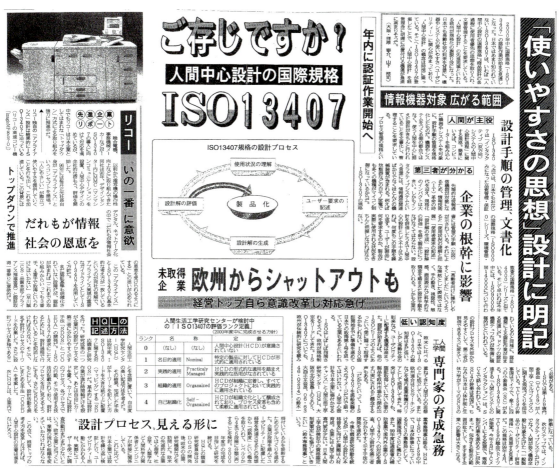

図1.10　ISO13407が輸出障壁になり得ることを伝える新聞記事（提供：日刊工業新聞　2000年4月19日）

が、プリント複合機などビジネス機器のメーカーを中心に、人間中心設計を開発プロセスに取り入れる努力が重ねられていった。

2007年には、日本国内の人間中心設計およびユーザビリティに関係する、総勢179名の執筆者により4年の歳月をかけた『ユーザビリティハンドブック』が発行された。この書籍は、ISO 13407から10年間の日本における人間中心設計の取組みの成果をまとめた金字塔ともいえるものである。中でも、事例編で紹介されている事例は、8カテゴリー34件に及び、幅広い産業分野に人間中心設計やユーザビリティの考え方が取り入れられ、実践されたことがわかる。

人間中心設計推進機構（HCD-Net）の設立

2000年、ISO 13407に対応する日本工業規格（JIS）Z 8530が、翻訳規格として発行し、規格の内容が広く理解されるようになった。同じ頃、人間中心デザインやユーザビリティに関する勉強会や研究会が、業界団体などを中心に様々なところで行われるようになった。中でも、1995年に計測自動制御学会のヒューマンインタフェース部会の中にできた「ユーザビリティ評価専門研究会」の活動は、それらの活動をつなぐようなハブ的で先駆的な取組みであり、後にヒューマンインタフェース学会の独立とともに、「ユーザビリティ専門研究会」として2008年まで継続された。この専門研究会には、多数の企業からの参加があったことからも、人間中心設計やユーザビリティに対する企業の関心の高さがうかがえる。

2005年、NPO法人**人間中心設計推進機構**（HCD-Net）が設立された[22]。HCD-Netは、ヒューマンインタフェース学会ユーザビリティ専門研究会を発祥の母体としながらも、研究だけにとらわれない実践的な活動を目標にしたものである。HCD-Netは、活発な活動を続けており、2009年には**人間中心設計専門家**の資格認定制度を開始し、2013年には人間中心設計スペシャリストの資格認定制度を開始している。2017年までに人間中心設計専門家460名、人間中心設計スペシャリスト190名を認定している。

HCD-Netの資格認定制度は、人間中心設計の専門家のスキルや能力を**コンピタンスマップ**という形で体系的に整理し、それぞれの専門家がどの程度その専門コンピタンスを発揮できるかを実務での実施内容から評価し認定するものである。専門家のコンピタンス体系は、図1.11に示すような形式になっており、人間中心設計プロセスを実施できる能力を定義しているほか、プロジェクトマネジメントや人間中心設計を組織に導入し推進するコンピタンスも含んでいる。

このような形式で人間中心設計の専門家を認定している例は世界的にも例がなく、日本における人間中心設計の成熟度が世界的にも高い水準にあることを示している。

HCD-Netは、国内唯一の人間中心デザインおよびUXデザインに関する団体である。実務家団体であるとともに、学術団体でもあり、人間中心デザインやUXデザインに関する研究活動にも力を入れている。

22　人間中心設計推進機構の初代理事長は、黒須正明氏である。黒須は、ISO 13407の策定やJIS Z8530および関連する規格の策定にも関わった日本を代表するHCD研究者である。一貫して日本のHCDおよびユーザビリティ業界を牽引してきた。

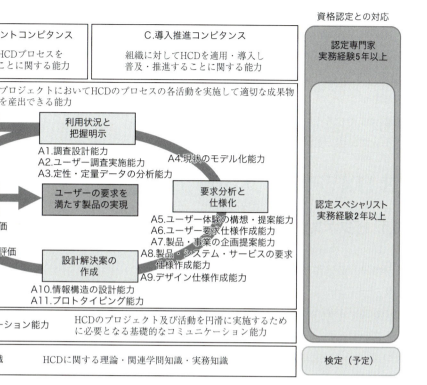

図1.11　人間中心設計推進機構（HCD-Net）の認定人間中心設計専門家コンピタンス体系（2015年版）

UXデザインに関するさまざまな活動の活発化

　UXデザインへの関心が高まるにつれ、日本国内でもUXデザインの勉強会やセミナーなどが各地で活発に行われるようになった。特に、Webデザインやスマートフォンのアプリ開発の企業で働く、デザイナーやエンジニアが多数参加している。各地に有志のUXコミュニティが作られるようになり、2014年には各地のUXコミュニティを連携させる取組みとしてUX Japan Forumが開催されるなど、ますます活発化している。

　教育および人材育成の面では、大学の学科もしくはコースとして人間中心デザインやUXデザインを掲げているところはない。唯一、公立大学法人首都大学東京の専門職大学院である、産業技術大学院大学が2009年度から実施している**履修証明プログラム「人間中心デザイン」**がある。履修証明プログラムは学校教育法に基づく履修証明で、120時間以上の体系的な教育プログラムに対して認定されるものである。

　産業技術大学院大学のプログラムは、人間中心デザインの基礎知識を学ぶとともに、人間中心デザインプロセスに基づき、ユーザー調査やユーザビリティ評価の理論と演習、UXデザインの考え方に基づくUIデザインの演習など、体系的かつ実践的に学ぶ約半年間のプログラムとなっている。大学院が提供する教育であるため、大学卒業以上の学歴を要するが、実務でHCDやUXデザインに関わる人を中心に、毎年多くの受講生が学んでいる。2016年度までに7回開講されて

おり、のべ約220名の修了生を輩出している。また、その中にはHCD-Netの認定資格である人間中心設計専門家やスペシャリストの資格を取得する人も多い。

最近の人間中心デザインやUXデザインに関する活発な活動を見ると、ISO 13407の発行から約20年間の中でも、ここ10年足らずの間に、急速に浸透しつつあることがうかがえる。これは、スマートフォンの普及時期とも重なる。今後もこの傾向は変わらないものと考えられることから、人間中心デザインおよびUXデザインが日本の産業界にさらに普及することが期待されている。

1.3 UXデザインが目指すもの

1.3.1 ビジネスにおけるUXデザインの適用パターン

UXデザインの適用パターン

UXデザインは、主に企業などの組織で取り組むことを前提としたデザインの実践である。そのため、製品やサービスに関するビジネス上の課題を解決する手段として、UXデザインを適用することが一般的である。UXデザインのデザインプロセスについては「2.8節 UXデザイン」で詳しく解説するが、ユーザーに提供する体験価値を定め、ユーザーがその体験価値を感じられるような理想とするUXを目標に、そのUXを実現する手段や過程を設計するものである。

通常、製品やサービスの課題を解決する手段としては、2つの方法がある。ひとつは、新規に製品やサービスを作ったり、それらを提供する新しいビジネスを立ち上げたりすることで実現するものである。もうひとつは、既存の製品・サービスやビジネスの基本的な枠組みはそのままに、新規の機能や新サービスを追加することで実現するものである。これらはプロジェクトの最初から目的が明確になっている場合もあれば、プロジェクトが進む途中でさまざまな選択肢の中から意思決定を行い、方針が決まる場合もある。

一方、UXデザインにも、ユーザーに提供する体験価値の種類によって2つの方向性がある。ひとつは、提供する体験価値がこれまでにないもので、市場の製品やサービスでは充足されていないような、新しい体験価値を提供しようとする場合。もうひとつは、既存の製品やサービスで実現され、充足されている価値を提供しようとする場合である。なお、提供する体験価値が新しいか否か、充足か未充足かは、想定するユーザーによって異なるため、適切な想定ユーザーが設定されている必要がある。

製品・サービスの課題を解決する実現手段と、提供する体験価値の2つの要素の組合せにより、UXデザインの適用パターンを示すことができる（表1.2）。

パターンAは、「新しい体験価値を実現する新ビジネス・新製品・新サービスの開発」である。UXデザインのプロセスを用いて、ユーザーの本質的なニーズや体験価値を明らかにし、新しい・未充足な体験価値を感じられるような新規の製品やサービスを検討する。これはビジネス上のリスクは高いが、これまでにな

表1.2 ビジネスにおけるUXデザインの適用パターン

提供する体験価値 \ 実現手段	新規に製品・サービスを作る／ビジネスを立ち上げる	既存の製品・サービス／ビジネスに新規の機能を追加する
新しい／未充足の体験価値	A：新しい体験価値を実現する新ビジネス・新製品・新サービスの開発（顧客の獲得・事業の成功）	B：既存ビジネスに新しい価値を与える新機能・新サービスの開発（満足度の向上・新規顧客の獲得）
既存の／充足されている体験価値	C：従来型の製品・サービスあるいはビジネスのユーザー体験の質の向上（満足度向上・リピート率の向上）	

※カッコ内は、ビジネス観点での目標および評価指標の例

いサービスで起業しようとする場合などがあてはまる。このパターンでは、ビジネス観点でのUXデザインの効果は、顧客の獲得や事業の成功といった指標で評価できる。

パターンBは、「既存ビジネスに新しい価値を与える新機能・新サービスの開発」である。既存ユーザーや潜在ユーザーの本質的なニーズや体験価値を明らかにし、新しい・未充足な価値を感じられるような新規の機能や新サービスを検討する。パターンAよりも提案する範囲は小さく、既存のビジネスの枠組みを大きくは変更しない範囲で実現できる部分的なものの提案である。部分的であっても、その機能やサービスによって既存ビジネスの意味を転換することも考えられる。このパターンでは、ビジネス観点でのUXデザインの効果は、顧客満足度の改善・向上、新規顧客の獲得といった指標で評価できる。

パターンCは、「従来型の製品・サービスあるいはビジネスのユーザー体験の質の向上」である。これは、体験価値は既存だったり、充足していたりするものだが、その提供手段や提供過程を改善する目的でUXデザインを適用する。実現手段は、新規に製品やサービスを作ったりする場合もあれば、既存のものに新機能を追加する場合もある。新規に製品やサービスを立ち上げる例としては、ビジネス形態は同じでも想定ユーザー層を変更した新業態を展開したり、バリエーションやシリーズの製品を開発したり、連携させたりするようなサービスを展開するといったことがこれにあたる。既存の製品の場合は、純粋にUXの改善であったり、新機能を追加して改善する場合もある。いずれも、従来型の製品やサービス、ビジネスの枠組みの基本は保ちつつ、UXの質を改善し向上させる提案をする。このパターンでは、ビジネス観点でのUXの効果は、顧客満足度の改善・向上とリピート率の向上といった指標で評価できる。

事例で学ぶUXデザインの目指すもの

本書では、UXデザインの知識を中心に学ぶ。そのため、実際にUXデザインがどのようなものを目指しているのか、特に初学者にはイメージしにくいかもしれない。そこで、UXデザインの適用パターンごとに事例を紹介する。それぞ

れ、以下の事例を紹介する。

- ・パターンA：フォトブックサービス「ノハナ」
- ・パターンB：タクシーサービス「Turtle Taxi」
- ・パターンC：お土産パッケージ「ちば土産プロジェクト」

　パターンAの事例は、社内起業制度を利用して、スマートフォン向けのサービスを新規ビジネスとして立ち上げた際のプロセスについて紹介する。パターンBの事例は、タクシー会社が新しいタクシーサービスを作る際のプロセスについて紹介する。パターンCの事例は、著者が関わった千葉工業大学デザイン科学科での学生と企業とのプロジェクトの成果を紹介する。ここではあえて、お土産のパッケージデザインという、UXデザインとは無縁とも思える課題への取組みを取り上げる。この事例を通して、多様なビジネスの課題であってもユーザーの体験がそこに含まれていれば、UXデザインの課題としてとらえられることを示す。

1.3.2　新しい体験価値を実現する新ビジネス・新製品・新サービスの開発

UXデザインの専門チームが参画したプロジェクト

　パターンAの事例として紹介するのは、フォトブックサービスを提供する株式会社ノハナの事例である。ノハナは、コミュニティサイトを運営する株式会社ミクシィの社内起業制度を利用して2013年9月に事業化された会社である。主なサービスは、スマートフォンで撮影した写真をフォトブックに仕立てたものを、毎月1冊、無料で受け取れるというものである（図1.12）。

　主に未就学児を持つ25〜45歳の女性をターゲットとし、スマートフォンに撮りためた子どもの写真を手軽に形に残せることで反響を呼んだ。2016年3月現在、ユーザー数は約125万人、月間フォトブック発行数は約15万冊を超えるという人気サービスとなっている。

　このサービスの立ち上げには、UXデザインの専門家がチームメンバーとして参画し、UXデザインのアプローチで開発された。

図1.12　ノハナのWebサイト（提供：株式会社ノハナ）

プロジェクトにおけるUXデザインのプロセス

　UXデザインの第一歩は、サービスがユーザーにどのような価値を与えるのかを考えるところから始まる。ノハナのサービスでは、サービスを企画する前提として「家族を笑顔に」というビジョンをチームで共有することからスタートさせた。これはサービスがユーザーに提供する体験価値を明快に表現したフレーズといえよう。対象とするユーザー像も、「ママが使いたい」サービスと、当初から明確であった（図1.13）。

　次に、想定ユーザー層と同じ価値観を持つであろう、自社の未就学児を持つ女性社員に「家族の写真活用」をテーマとした「社内ママインタビュー」を行った。UXを適切にデザインするには、チーム内の思い込みや思いつきだけに頼らず、ユーザーの現状の利用状況や本質的なニーズを調査によって明らかにし、想定ユーザー像であるペルソナを明確にすることが重要となる。ここでは、想定ユーザーである「ママ」が社内に多数いたことが功を奏した。

　こうしたインタビューの結果を**KA法**[23]という価値分析を行う手法を用いて、ユーザーの体験価値を分析。同時に想定ユーザー像を表す**ペルソナ**[24]を作成し、チーム内でユーザーの体験価値を共有しやすくした（図1.14）。

　分析結果によると、想定ユーザーは、自分が両親にしてもらったように、自分の子どもにアルバムを残したいという思いはあるものの、仕事や家事・育児に忙しいために膨大な枚数の写真を整理できていないことや、難しい操作が苦手で機器類を活用できていない、という現在の状況が明らかとなった。このことから目

23　KA法については、4.4.3項を参照。

24　ペルソナについては4.4.1項を参照。

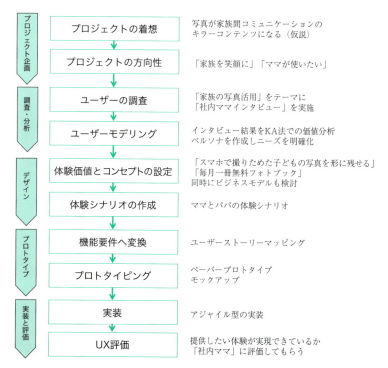

図1.13　ノハナのUXデザインプロセスの概要

図1.14 想定ユーザー(ペルソナ)とその本質的なニーズ(馬場, 2014)

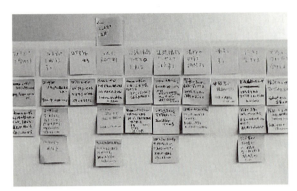

図1.16 ユーザーストーリーマッピングによる機能仕様の検討イメージ(提供:株式会社ノハナ)

標とする体験価値として、「スマートフォンの写真を手間なくお得にアルバムにしたい」に定め、サービスのアイデア発想をおこなった。

途中段階では、写真SNSなどのアイデアも候補に挙がったが、提供する体験価値がはっきりしないなどの議論を経て、最終的にフォトブックサービスに絞り込まれた。サービスのコンセプトは「スマホで撮りためた子どもの写真を形に残せる"毎月一冊無料フォトブック"」と設定した。

コンセプトを検討すると同時に、ビジネスモデルもブラッシュアップしていった。ビジネスモデルはフリーミアムとし、広告収入を基本に収益計画などを立てた。

体験を設計してから製品を定義

UXデザインでは、ここからが重要なプロセスとなる。コンセプトが明確になったら、そのサービスを利用するユーザーが、どのような体験をして目標とする体験価値を実感するのか、どうすれば再び利用したい、利用し続けたいと思うのかということについて、その体験の流れを**シナリオ**[25]として検討していく。

このサービスでは、直接のユーザーであるママだけでなく、ママとパパの間のやりとりなども想定し、体験のシナリオを検討した。想定ユーザーであるペルソナが、シナリオに描いた通りに体験したとしたら、ビジョンである「家族が笑顔に」を実現できるかどうかを常に意識しながら、体験の流れを検討した(図1.15)。そしてこのシナリオを、想定ユーザーなどに見せ、評価してもらいコメントをもらいながら修正していった。

体験のシナリオができたら、これをサービスの機能要件に変換していく。ノハナでは、これにユーザーストーリーマッピング[26]という手法を応用している。ユーザーストーリーマッピングとは、作成したシナリオをもとにそれを実現するために必要な機能を挙げていく手法である。まず、ふせんに体験シナリオの各段階にそってユーザーの行動を書いて時系列に横に並べ、それぞれの段階で必要な機能の要件をふせんに書いて縦に並べていく。それぞれの体験を見比べながら、機能に優先度を付けて整理していく(図1.16)。

25 シナリオ法については、3.2.2項の「シナリオベースト・デザイン」および4.6.2項を参照。

26 ユーザーストーリーマッピングについては、4.10節の「その他の手法の文献紹介」を参照。

1.3.2 新しい体験価値を実現する新ビジネス・新製品・新サービスの開発

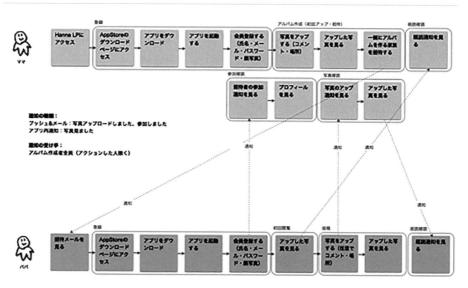

図1.15 体験シナリオの検討イメージ（馬場，2014）

図1.17 ユーザーインタフェースのプロトタイプのイメージ（馬場，2014）

　こうして機能要件が出来上がれば、後はソフトウェアのユーザーインタフェースのプロトタイプ（図1.17）やフォトブックのモックアップなどを作成し、製品仕様に詳細化する。実際の開発では、早い段階から想定ユーザーの協力を得て試作・評価・検証することを繰り返しながら詳細度を上げていった。また、サービスが具体的になった段階でも、想定ユーザーである社内ママに対して、目標とするUXが提供できているかを評価してもらい検証した。
　このようにUXデザインでは、ユーザーに提供したい体験価値を定め、ユーザーの利用状況を把握してコンセプトを明確にしたうえで、理想のUXをまず設計する。そして、その体験を実現するための製品・サービスを具体化するというアプローチをとっていく。このようにして開発されたサービスは、実際に多くのユーザーの心を捉えることにつながった。

1.3.3 既存ビジネスに新しい価値を与える新機能・新サービスの開発

HCDの専門家資格を持つUXデザイナーによる総合的なサービスの開発

　パターンBの事例として紹介するのは、横浜を中心に首都圏に7つの営業拠点を設け、車両台数500台以上というタクシー事業を展開する三和交通株式会社の「Turtle Taxi（タートルタクシー）」の事例である。タートルタクシーは、三和交通とWebサイトの構築を手掛ける株式会社アイ・エム・ジェイと共同で開発したタクシーサービスで、HCD-Net認定の人間中心設計専門家の資格を持つアイ・エム・ジェイの2人のUXデザイナーを中心とするチームにより、サービスデザインの企画・提案がされたものである。

　タートルタクシーは、業界初となる「ゆっくり走るタクシー」である。通常はほかのタクシーと同様の速度で運行するが、助手席裏に設置された「ゆっくりボタン」（図1.18）を押すと、ルームミラーに取り付けられた「亀マーク」が掲示され、運転手に乗客がゆっくり走って欲しいことが伝わり（図1.19）、いつもよりもさらにゆっくりと丁寧で快適な運転に移行するサービスである。

　2013年12月から運行を開始し、サービスを提供して3か月間で1,274回ボタンが押され、4,000km以上の距離がゆっくり運転になったという。また、サービスが複数のメディアに取り上げられ、メディア露出数は1,400％増加するなど、プロモーション効果も非常に大きかった。サービス開始当初は10台から始めたが、2016年までには、所有するほとんどの車両に拡大している。

　また、タクシーサービスに新しい価値観を提案したことが評価され、2014年度グッドデザイン賞のグッドデザイン・ベスト100、第1回HCDベストプラクティスアウォード奨励賞など、多数の表彰を受けるなど、タクシー業界のイメージを変える取組みとして注目された。

図1.18　ゆっくりボタン（出典：販促会議，2014年12月号）

図1.19　ゆっくり運転中を示す亀マーク（出典：IMJニュースリリース）

1.3.3 既存ビジネスに新しい価値を与える新機能・新サービスの開発

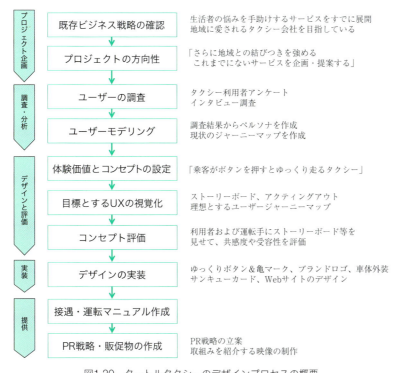

図1.20 タートルタクシーのデザインプロセスの概要

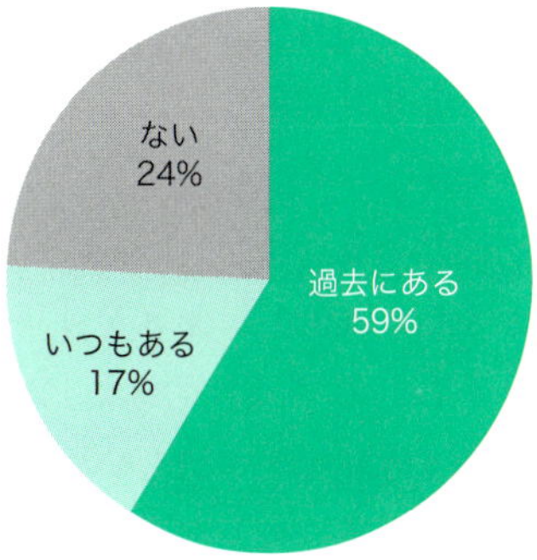

図1.21 「ゆっくり丁寧に運転して欲しいと感じたことはありますか？」アンケート結果（グッドデザイン賞プレゼンテーション資料より著者作成）

ユーザー調査に基づくユーザーの本質的なニーズの発見

既存ビジネスに新しい価値を与える新サービスの開発を目指すUXデザインでは、既存のビジネス戦略の確認から始める（図1.20）。既存のビジネスがどのような方向性であるのかを確認することで、ビジネス上の課題や強みと弱みなどを把握する。三和交通の場合、子育てママを応援する「キッズタクシー」、安全安心な出産をお手伝いする「陣痛119番登録」、かかりつけ病院への通院をサポートする「いつもの通院登録」など、生活者の悩みの解決を手助けするサービスを展開することで、地域に愛され選ばれるタクシー会社を目指している。これを受け、UXデザインを担当するアイ・エム・ジェイのUXデザイナーは、さらに地域との結び付きを強めるこれまでにないまったく新しいサービスを企画・提案するというプロジェクトの方針を設定した。

次に実施したのは、タクシー利用者へのアンケートである（図1.21）。この調査では、タクシー利用の障壁を把握することを目的とした。調査結果の意外な気づきとして「ゆっくり丁寧に運転して欲しいと感じたことはありますか？」への回答に、76％の人が「ある」と回答していることが挙げられた。特に、子ども連れの乗客や妊娠中の女性、酒を飲み過ぎてしまった人などから、ゆっくり運転して欲しいという傾向が顕著だった。

この結果をふまえ、タクシー利用者へのインタビュー調査を実施した。その結果、多くの乗客が「運転手に対して何らかの要望を伝えづらい」と感じていることがわかった。両者の結果から、「ゆっくり丁寧に運転して欲しい」と望んでい

るにも関わらず、タクシー車内という空間では運転手に対してそれを伝えることができず、利用を敬遠しているという乗客の本質的なニーズを発見することができた。

　通常の運転手は、乗客がタクシーを利用する理由を、乗客が急いで移動したいからだと推測し、乗客を「早く」目的地まで送り届けることが何よりも重要であり、むしろ早く目的地に到着することが提供価値だと考える。しかし、乗客はゆっくり運転してほしい場合もある。例えば、子ども連れの乗客や妊娠中の女性だけでなく、壊れやすいものを運んだり、観光で街の景観を楽しみたいときなどもゆっくり運転してほしいと思う。ところが、乗客は運転手に「ゆっくり丁寧に運転してほしい」とは言いづらい、と考えている人が多いのだ。運転手が考えている価値観とは大きなギャップがあるが、確かに本質的なニーズがあることをつかむことができた。

ユーザー体験のすべてのタッチポイントをデザインする

　調査結果をもとに、想定ユーザー像を示したペルソナと現在の乗車体験を時系列で視覚化する**ジャーニーマップ**[27]を作成した。また、発見したユーザーの本質的なニーズから、運転手に話しかけなくてもゆっくり走ってほしいという要望を伝えられるように、「乗客がボタンを押すとゆっくり走るタクシー」をコンセプトにした。

　次にコンセプトを詳細化するために、ユーザーがどのようなサービス利用体験をするかを絵コンテや漫画のように、時間軸で表したシナリオとスケッチで表現する**ストーリーボード**[28]や、体験を実際に演じてみて確かめる**アクティングアウト**[29]、理想の体験を時系列で視覚化したジャーニーマップを制作し、コンセプトを実現するUXを具体化するとともに視覚化していった。

　UXを視覚化することで、一般の人にも提供するサービスがどのようなものなのかをイメージしてもらうことができる。つまり、これらUXを視覚化したものを使えば、サービスを作り込んでしまう前に、提供するUXが実現する体験価値が本当に想定ユーザーに喜ばれるものなのかを評価・検証することができる。このプロジェクトでは、作成したストーリーボードやジャーニーマップを使って、想定ユーザーや運転手に対してコンセプト評価を行い、検証とアイデアの修正を行った。また、ゆっくり走ることによって急発進などの無理な運転をしなくなり、それがエコドライブにつながるといったアイデアを活かし「後部座席でできるエコドライブ」といった副次的なコンセプトもサービスの中に盛り込んだ。

　このプロジェクトでは、単にゆっくり走るためのボタンを作っただけでなく、ゆっくり走った乗客に車を降りる際に手渡し、どれくらいエコドライブに貢献したかを伝える「サンキューカード」（図1.22）や、ロゴマーク、車体の外装のデザイン、タートルタクシーのWebサイト（図1.23）など、計画したUXを実現するために必要なあらゆるものをデザインしたことも大きな特徴である。さらに

[27] ジャーニーマップについては、4.4.2項を参照。

[28] ストーリーボードについては、4.7.1項を参照。

[29] アクティングアウトについては、情報デザインフォーラム編，情報デザインの教室，p.130，丸善出版，2010.を参照。

図1.22 降車時に渡される「サンキューカード」
（出典：販促会議，2014年12月号）

図1.23 タートルタクシーのWebサイト
（出典：IMJニュースリリース）

いえば、運転手の接遇や運転に関するマニュアル、PR戦略や販促物の制作も行っており、サービス全体がビジネスとしてうまく機能するために必要な物すべてを作った。

時系列でサービスを利用するユーザーの体験を考えることで、複数のタッチポイント[30]を総合的にデザインすることができた事例だといえる。このように、UXデザインでは単に製品やサービスそのものをデザインするだけでなく、その製品やサービスを提供するところまで踏み込んでデザインすることが必要となる。

1.3.4 従来型の製品・サービスあるいはビジネスのユーザー体験の質の向上

パッケージデザインをUXデザインのアプローチで行ったプロジェクト

パターンCの事例として紹介するのは、千葉工業大学のデザイン科学科の学生達による、千葉県の主に中小零細企業が製造する特産品のパッケージのリデザインを、UXデザインのアプローチで取り組んだ「ちば土産プロジェクト」の事例である[31]。このプロジェクトは、2012年度〜2014年度の3年にわたり千葉県産業振興課の事業として実施したものである。これまでに、7社13商品が商品化されている（図1.24）。

千葉県は、海の幸と山の幸に恵まれた全国有数の農業県である。落花生や枇杷などの農産物、海苔やイワシといった海産物など非常に質の高い素材に溢れており、それらを加工した特産品も豊富である。しかし特産品の多くは、素材そのままを提供したりシンプルな加工のものが多く、かつ製造するのが中小零細企業でデザインに力を入れることができないこともあり、中身の魅力を伝えきれていない特徴のないパッケージデザインとなっていた。

30 タッチポイントとは、サービス全体におけるユーザーとサービスとの接点を指す。一般的なタクシーの場合では、Webサイトやチラシ、広告などのメディアが、1つ目のタッチポイント。電話での予約サービスが2つ目のタッチポイント。乗車して移動するサービスが3つ目のタッチポイントとなる。
　サービスをデザインするときは、複数のタッチポイントをいかにつなぐか、そのUXを検討することが重要となる。

31 「ちば土産プロジェクト」は、千葉工業大学創造工学部デザイン科学科赤澤智津子教授と著者が合同で実施したプロジェクトである。

図1.24　ちば土産プロジェクトで商品化された商品群（一部）

　このプロジェクトでは、千葉県でお土産となる特産品を製造している企業をつのり、その会社の商品のパッケージを学生達がリデザインし提案するものである。

贈る体験を考えたパッケージデザイン

　パッケージデザインは、一般にグラフィックデザインやブランドデザインの範疇で、UXデザインとは無縁のデザイン対象物であると思われるかもしれない。しかし、お土産はギフトとして、誰かに贈るという体験を作り出す製品だととらえると、UXデザインの対象物となりうる。

　贈り物を贈る体験には、大きく3つの体験がある。買う人が店で贈り物を選ぶ体験、選んだ贈り物を相手に手渡す体験、そして贈り物を受け取った人が贈り物を消費する体験である（図1.25）。買う人をユーザーに見立てると、ユーザーは贈り物を選ぶシーンで、後に続く2つの体験を想起して商品の選択をしている（図1.26）。例えば、渡すときにどんな風に渡したら相手が喜んでくれそうかや、相手の家族構成などを考えて買うはずである。このような体験があると考えれば、パッケージには商品を買うユーザーが、贈るシーンや贈った相手が贈り物を消費するシーンをイメージできるような手がかりが必要となる。

　このように考えると、あらかじめその商品にふさわしい贈るシーンでの体験や消費するシーンでの体験を先に計画しておき、それらをイメージさせる手がかりとなる要素をパッケージデザインに盛り込むことで、新しいパッケージがデザイ

図1.25　贈り物における3つの体験

贈るシーン、消費してもらうシーンを、
買う人がイメージできる手がかりをパッケージデザインに盛り込む

図1.26　贈り物を選ぶ体験の特徴とパッケージデザインの要素

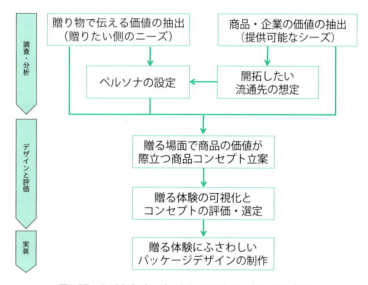

図1.27　ちば土産プロジェクトのデザインプロセスの概要

ンできる。これは、制作しているものはパッケージデザインではあるが、UXデザインそのものである。

このようにパッケージデザインをUXデザインの課題へと変換したうえで、図1.27のようなデザインプロセスを計画した。それぞれのステップにて実施する内容や手法は、表1.3のとおりである。手法のほとんどは、UXデザインの手法である。

表1.3　デザインプロセスと実施目的・内容・手法

実施ステップ	目的・内容	手法
（1）贈り物で伝える価値の抽出	本プロセスでは、贈る場面のバリエーションや機会の可能性を拡大することが重要となる。そこで、日常生活において贈り物を贈るシーンやその意味、価値を把握することを目的に、「贈り物で伝える価値」に関する簡易な調査を実施し、その構造を分析・可視化する。	・インタビュー（幅広い世代を対象に） ・フォトエッセイ（上記のインタビューの代表的な数名に作成を依頼） ・KA法（価値マップ）
（2）商品・企業の価値の抽出	企業の歴史や由来、商品への想いやこだわりなど、商品や企業が持つ優れた点は、そのままでは消費者に伝わりにくい場合が多い。そこで、商品や企業の優れた点を、消費者が感じる価値に一つひとつ変換し分析・可視化する。	・商品・企業の調査（企業訪問、経営者インタビュー等） ・KA法
（3）開拓したい流通先の想定	例えば、スーパーで販売している商品を贈り物にするのと、百貨店で販売している商品を贈り物にするのでは、消費者の文脈は異なる。そこで、開発する商品を、主にどのような流通先で販売したいかを選定する。	・経営者への聞き取り等
（4）ペルソナの設定	開拓したい流通先の顧客層を分析し、想定顧客像を明確にする。この際、（1）で分析した贈り物で伝える価値の構造から、贈り物を贈る価値をいくつか選び、それぞれに対応したペルソナ（2～3体）を設定する。	・ペルソナ
（5）商品の価値が際立つ贈る場面のコンセプト立案	（4）で作成したペルソナが、贈り物を贈る状況と対象者を設定する。そのうえで、（2）で導出した商品の価値を参考に、商品の価値が際立つような贈与場面を発想し、商品が持つべきコンセプトアイデアを複数案作成する。	・UXDコンセプトシート
（6）贈る体験の可視化とコンセプトの評価・選定	コンセプトアイデアをもとに、ペルソナや贈り物を贈る対象者がその商品を介してどのようなうれしい体験ができるかを、シナリオ（あるいはアクティングアウト）として表現する。表現されたものを使い、コンセプトの評価・修正を行い、コンセプトを選定する。	・シナリオ（9コマシナリオ） ・アクティングアウト（贈る場面の寸劇）
（7）贈る体験にふさわしいパッケージデザインの制作	選定したコンセプトおよび贈与体験のシナリオに基づいて、ふさわしいパッケージデザインを具体化する。ペルソナおよびシナリオに基づいたイメージボードを作成し、デザインの方向性を確認した後、プロトタイプに対する評価を繰り返しながら、徐々に具体化しデザインを完成させる。	・イメージボード ・プロトタイピング

UXデザインの基本を押さえることでデザイン案の道筋が明確に

　実際の成果を紹介しながら、デザインプロセスの一部を紹介する。まず、最初にステップ1として贈り物で伝える価値の抽出を行う。これは、ユーザーが普段贈り物を贈る体験にどんな意味があるかや、どんな体験価値を感じているかを理解するために実施する。これには写真を使って日常的な贈り物の体験についての考えを協力者に書いてもらう**フォトエッセイ**[32]を実施し、そこから体験価値を抽出する**フォトKA法**[33]を用いて実施した。フォトKA法のアウトプットは、価値マップである（図1.28）。価値マップは、ユーザーの体験価値の仮説的な構造を示したものだ。

　次に、商品や企業の価値を抽出する。企業を訪問し、企業の歴史や由来、商品

32　フォトエッセイについては、4.3.2項を参照。

33　フォトKA法については、4.4.3項の「関連手法」を参照。

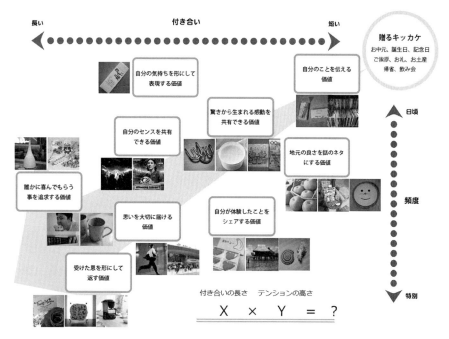

図1.28 価値マップの例

への想いやこだわりなど丁寧に取材する。経営者にとっては当たり前のことで気づいていないことが、実は価値があるといったことも多い。それらの事実から再びKA法を用いて、企業や商品の価値を抽出していく。2つのKA法の価値マップを見比べると、企業の魅力をユーザーのどの贈り物の価値と関連させれば良いかなど、大まかな方向性に気づくことができる。

ステップ3として、開拓したい流通先の想定を行う。特産品はどうしても地元の土産物店や道の駅などへの出品が中心になりがちである。そこで、あえてデパートの売り場などを想定する。もちろんこれは、経営者との話し合いで決める要素である。

次に、ペルソナを設定する。ペルソナは、主にビジネス的な要素から開拓したい流通先の想定から、流通先の顧客層を分析してターゲットとするユーザー像を想定して設定する。それに、贈り物を贈る価値からいくつか選び、2〜3体のペルソナを作る。

この後はアイデア発想の段階となる。ペルソナが、どのような相手に贈り物を贈るか具体的なシーンを設定する。この際、商品の価値が際立つ贈る場面を発想し、商品が持つべきコンセプトアイデアを複数案作成する。複数のアイデアは、プロジェクトメンバーらの投票によっていくつかに絞り込む。選出されたアイデアの中で有力なものを取り上げ、ペルソナや贈る相手がその商品を介してどのようなうれしい体験ができるかを、漫画のような**9コマシナリオ**[34]で表現する。さらに、実際に贈るシーンを配役を決めて寸劇で表現するアクティングアウトを行う。実際に体験を視覚化したりデザイナー自身が体験すると、パッケージとして

34 9コマシナリオについては、4.9.2項を参照。

どんな機能が必要かがユーザーの立場で具体的にわかるようになる。例えば、親しい人に気軽な手土産としてようかんを持っていくとする。その際、贈った人と贈られた人が、その場でようかんを切り分けるといったシーンを演じてみると、そんなに手軽に切り分けることができないことがわかる。まな板と包丁がないと食べられない。目の前でわいわい話しながら手軽に切り分けることが重要な体験であれば、まな板がなくても切り分けられることがパッケージや商品の機能として必要となる。具体的には、箱がすぐにまな板になるようなアイデアが出てくる。このように、デザインする前にコンセプトに基づく体験を視覚化したり、デザインする人が実際に疑似体験することでアイデアの質を高めていく。

　ここまでの流れを千葉の特産である、さや入りの落花生を対象としたプロセスで紹介する。千葉の落花生は大きくしっかり育っているので、落花生の割れ目の上部を親指で押すと殻がきれいに二つに割れ、カスが出にくいという特徴がある。まず、「23歳・働く女性・慣れない社会生活でストレスを感じている」というペルソナが、「大学時代の友人とその友達の家での恒例の飲み会に、おつまみになるものを手土産に持っていく」というシーンを設定した。複数のアイデアから絞り込まれたのは、落花生の殻をパリッと割る気持ちよさと、ストレスを発散する女友達との飲み会のイメージを重ねた体験である。その体験が提供する体験価値は、「落花生の殻を割ることで気分が爽快になる」という効果である。つまり、パッケージデザインのコンセプトは、「落花生の殻を割るのが楽しそうなパッケージ」と設定した。UXデザインではこのように、製品やサービスの具体的なコンセプトがデザインプロセスの比較的後の方で確定するのが特徴でもある。

　このコンセプトから、コンセプトのイメージを表現するさまざまなビジュアルをインターネットなどから収集して整理したイメージボードを作成し、コンセプトをデザインの表現へと変換していく。イメージをもとに、いくつかのパッケージデザイン案を制作し、その中から対象企業とともに実施案を絞り込んでいく。なお、図1.29のプロセスで制作されたパッケージデザインは図1.30となり、最終的には3種類のカラーバリエーションで商品化された。

　このように、一見UXデザインとは無縁に思えるパッケージデザインも、ユーザーの体験を定義することにより、UXデザインのアプローチを用いて、新しい価値を見つけ新しいUXを作り出す提案が可能となる。

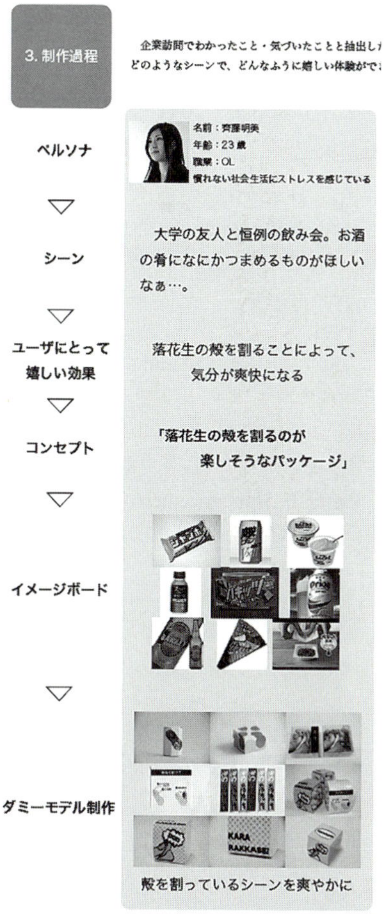

図1.29　デザインの詳細プロセス

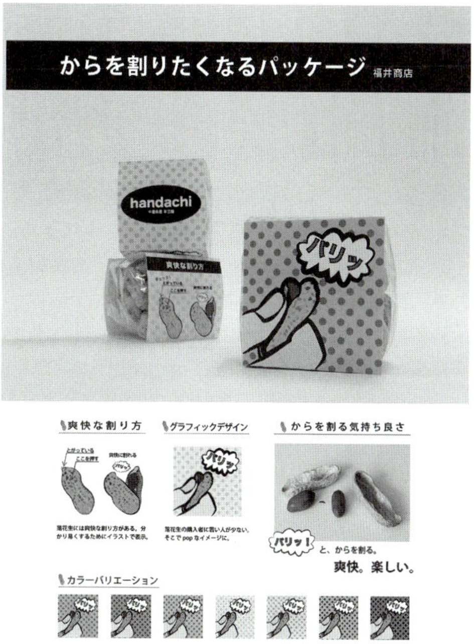

図1.30　パッケージデザイン
　　　　（図1.29の成果物、デザイン：水野裕之）

参考文献

1.1 UXデザインが求められる背景

- P. W. Jordan, Designing Pleasurable Products: An introduction to the new human factors, Taylor & Francis, PA, 2000.
- D. A. ノーマン，岡本明・安村通晃ら訳，エモーショナル・デザイン，新曜社，2004．
- A. Dillon, Beyond usability: process, outcome and affect in human computer interactions, *Canadian Journal of Information Science*, **26** (4), pp.57-69, 2001.
- 安藤昌也，黒須正明，高橋秀明，長期間にわたる視点でのユーザビリティ評価の重要性，ヒューマンインタフェース学会研究報告集，**7**(4)，pp.47-50, 2005．
- P. マーホールズ，B. シャウアーら，高橋信夫訳，Subject To Change，オライリージャパン，2008．
- B. J. パイン II, J. H. ギルモア，岡本慶一，小高尚子訳，［新訳］経験経済，ダイヤモンド社，2005．
- R. ファブリカント，はじめに UX ありき―新たな組織能力を構築する法，DAIAMOND ハーバード・ビジネス・レビュー，WEB 記事，2013/11/29．(http://www.dhbr.net/arti-

参考文献

- cles/-/2258)
- G. アーバン，山岡隆史訳，スカイライトコンサルティング監訳，アドボカシーマーケティング，英治出版，2006.
- P. F. ドラッカー，野田一夫，村上恒夫監訳，マネジメント（上），ダイヤモンド社，1993.

1.2 ユーザーを重視したデザインの歴史

- K. クリッペンドルフ，小林昭世ら訳，意味論的転回，エスアイビーアクセス，2009.
- 黒須正明編著，松原幸行，八木大彦，山崎和彦編，人間中心設計の基礎（HCDライブラリー第1巻），近代科学社，2013.
- 海保博之，黒須正明，原田悦子，認知的インタフェース，新曜社，1991.
- Kensing Finn & Jeanette Blomberg, Participatory design: Issues and concerns, Computer Supported Cooperative Work（CSCW），7.3-4, pp.167-185, 1998.
- ISO 13407, Human-centered design processes for interactive systems, 1999.
- 黒須正明，平沢尚毅，堀部保弘ら，ISO13407がわかる本，オーム社，2001.
- ISO 9241-210:2010, Ergonomics of human-system interaction ― Part 210: Human-centered design for interactive systems, 2010.
- ユーザビリティハンドブック編集委員会，ユーザビリティハンドブック，共立出版，2007.
- 黒須正明，ユーザビリティ専門研究会の活動停止，Webサイト「U-Site：黒須教授のユーザ工学講義」，イード，2009/4/7.（http://u-site.jp/lecture/20090407）
- 特定非営利活動法人人間中心設計推進機構，人間中心設計専門家資格認定制度：http://www.hcdnet.org/certified/
- 産業技術大学院大学，履修証明プログラム「人間中心デザイン」：http://aiit.ac.jp/certification_program/hcd/

1.3 UXデザインが目指すもの

- 株式会社ノハナ，ノハナ協賛メニューの紹介：2016年4〜6月版，ノハナ媒体資料.（http://nohana.jp/img/pdf/nohana-mediaguide_201604-06.pdf）
- 安藤昌也，UXはどうデザインできる？「ノハナ」の成功に学ぶ，日経テクノロジーon-line，特集・解説「技術者こそ知っておきたい、UXデザインの基礎」，2014/7/31.（http://techon.nikkeibp.co.jp/article/FEATURE/20140728/367643/）
- 安藤昌也，第3回：会員100万人のUXはこうやって設計した，日経エレクトロニクス電子版，技術者のためのUXデザイン入門，2015/9/17.（http://techon.nikkeibp.co.jp/atcl/mag/15/090300004/091600003/）
- 馬場沙織，エクスペリエンス・デザイン，Slideshare，2014/5/26.（http://www.slideshare.net/SaoriBaba/experiencedesign-140527）
- 人間中心設計推進機構，TURTLE TAXI，第一回HCDベストプラクティスアウォード推薦事例，2015/10/29.（http://www.hcdnet.org/hcd/award/Award2014-08.pdf）
- ゆっくり走る「タートルタクシー」導入，三和交通社長インタビュー，販促会議，2014年12月号，2014.
- 株式会社アイ・エム・ジェイ，生活者のインサイトから，TURTLE TAXI（タートルタクシー）という新しいサービスを開発.（http://www.imjp.co.jp/portfolio/tartletaxi/index）
- 土産物パッケージもっとおしゃれに 千葉工大生がデザイン，千葉日報，2012/10/18.

UXデザインの教科書

2 基礎知識

2.1　UXデザインの要素と関係性

2.2　ユーザー体験

2.3　利用文脈

2.4　ユーザビリティ、利用品質

2.5　人間中心デザインプロセス

2.6　認知工学、人間工学、感性工学

2.7　ガイドライン、デザインパターン

2.8　UXデザイン

2.1 UXデザインの要素と関係性

2.1.1 実践としてのUXデザインの基本フレーム

1章ではUXデザインを「ユーザーがうれしいと感じる体験となるように、製品やサービスを企画の段階から理想のユーザー体験を目標にしてデザインしていく取組みとその方法論」と説明してきた。ここでは詳しくUXデザインを実践するためのさまざまな要素とその関係性について解説する。

デザイン対象の3つの主体:「ユーザー」「製品・サービス」「ビジネス」

図2.1は、UXデザインを取り巻くさまざまな要素とその関係性を示した図である。やや複雑だがUXデザインの位置づけと必要なインプットとアウトプットの関係を示したものである[1]。

UXデザインには、デザインする相手として「ユーザー」「製品・サービス」「ビジネス」の3つ主体があり、特にユーザーと製品・サービスとの関係が重要となる。

ビジネスは、製品やサービスを提供する組織だと考えてほしい。製品やサービスを提供する主体があってこそ、ユーザーは製品・サービスを使って自分のやりたいことを実現できる。特にサービスを提供する場合は、サービスを提供する仕

[1] UXデザインの構造を示した模式図として有名なものに、Garrett（2000）の「UX要素の5つの階層モデル」がある。Garrettの図はWebサイトが、「戦略（ユーザーニーズ／サイトの目的）」「要件（コンテンツ要求／機能要件）」「構造（情報構造／インタラクションデザイン）」「骨格（インタフェースデザイン／ナビゲーションデザイン／情報デザイン）」「表層（ビジュアルデザイン）」の要素でデザインされていることを視覚化したものである。

そのため、UXデザインのプロセスやデザインのために必要な要素との関係性はわかりにくい。本書の図は、デザインの実践としてのUXデザインの位置づけを明確にする目的で描いたものである。

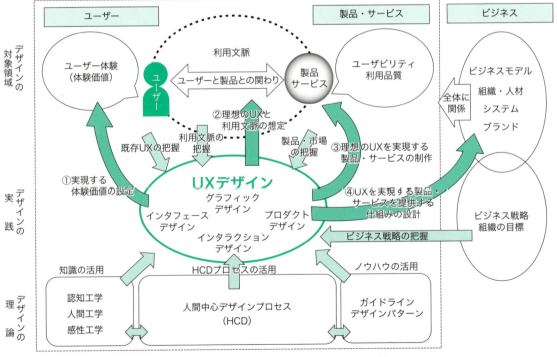

図2.1 実践としてのUXデザインの要素とその関係性

組みがなければ、ユーザーはサービスを受けることができない。だから、UXデザインにおいてビジネス側の視点は不可欠である。とはいえ、ビジネスの形態は多様であり、組織ごとにその仕組みや働きは大きく異なる。UXデザインの一環として、ビジネスモデルや組織・人材・システムなどを検討することもあるが、本書ではビジネスの視点についての言及は必要な範囲に留め、UXデザインでコアとなるユーザーと製品・サービスとの関わりを中心に解説していく。

UXデザインの3つの要素区分

UXデザインを実践するために、必要な要素はさまざまなものがあるが、それらを整理すると3つの区分に分けられる。「デザインの対象領域」「デザインの実践」「デザインの理論」の3つである。

UXデザインは、ユーザーと製品・サービスとの関わり、およびそれらを提供するビジネスを「デザインの対象領域」としている。デザインというと、グラフィックデザインやプロダクトデザイン、インテリアデザインなど、多様な分野のデザインがある。こうした◯◯デザインという名前のものの多くは、デザインとして作り出すものが前につけられている。例えば、視覚的な表現であるグラフィックを作りだすので、グラフィックデザインと呼ばれている。しかし、UXデザインの場合は、結果としてユーザーにとってのうれしい体験が実現するような製品・サービスを作り出すものなので、デザイナーが作り出す製品・サービスの種類が最初から定まっているわけではない。とはいえ、実際の取組みでは作る製品・サービスがある程度決まっていることが多い。例えば、最初からスマートフォンのアプリを作ると決まっていることもある。しかしその場合でも、単にアプリのインタフェースをデザインするだけに留まらず、そのアプリによってユーザーがどんなうれしい体験をするかを先に設定し、それを実現するようなアプリをデザインするという過程を経て制作する。つまり、UXデザインは、作り出す製品・サービスだけでなくユーザーとその製品・サービスとの関わりにまで対象領域を広げたデザインなのである。

一方、UXデザインを実践するためには、そのよりどころとなる「デザインの理論」が必要となる。デザインの対象領域が広くなっている分、実践には多方面からの知識やノウハウを積極的に活用する必要がある。デザインの理論の中でも、**人間中心デザインプロセス**はUXデザインの中心的なものである。

また、実際に制作するデザイン対象物の幅も広くなる。UXデザインで実際に制作するのは、インタフェースデザインだったりインタラクションデザインだったり、あるいはプロダクトデザインだったり、グラフィックデザインだったりする。「デザインの実践」では、デザインの領域を超えて、UXを実現するために必要なものをデザインすることになる。そのため、UXデザインの実践にはUXデザイン以外のデザインスキルが不可欠となる。

UXとUXデザインの違いを理解する

　ここまで、「UX」という言葉と「UXデザイン」という2つの言葉を使ってきた。UXデザインを正確に理解するためには、UXとUXデザイン（UXDと表現することもある）を分けて理解することが大切である。要素間の関係性を表した図2.1で、UXとUXデザインの位置づけを確認してみよう。

　UXデザインは、ユーザーと製品・サービスの間にあるデザインの実践である。

　一方、UXは「ユーザー」にあり、ユーザーから吹き出しで表現された中に位置づけられている。この吹き出しは、ユーザーの中に含まれていることを意味しており、**ユーザー体験（UX）はユーザーの主観的なもの**であることを表している。UXには、製品やサービスの利用行動そのもののほかに、製品やサービスを利用した際の個人的な印象や感情的な変化とそれに対するユーザーの感想、製品やサービスの評価や使うモチベーションなどさまざまな反応が含まれる。

　この位置関係を正確に理解しておくことが、UXデザインを進めるうえでとても大切になってくる。というのも、UXそのものはあくまでユーザーの個人的なものであり、作り手が直接手をつけることができないところにある、だからこそ、ユーザーを中心に置いた人間中心のデザイン哲学[2]が必要になってくるからだ。UXデザイナーは、どんな体験をユーザーがうれしいと感じてくれるかをよく理解したうえで、ユーザーにどんな体験をしてもらうかを計画する。それがUXデザインの主な目的の一つとなる。

産業デザインとしてのUXデザイン

　ところで、UXデザインはユーザーのうれしい体験を計画することが目的である。だとすると、友達の誕生日にサプライズパーティーを企画して喜ばせてあげることも、UXデザインといえるだろうか。もちろんそれも、ユーザーである友達のことをよく考えてうれしい体験を計画しているわけなので、UXデザインをしたことになる。だが、それは特定の一人のためのデザインであり、いわばオーダーメイドのUXデザインということになる。

　もしあなたが、友達へのサプライズパーティーがうまくいったことに味をしめて、サプライズパーティーの企画をビジネスにしたと仮定しよう。もちろんまったく知らない人がお客さんとして依頼してくることになる。そのとき、自分の友達にしたことと同じことをしているだけでは、よいサプライズパーティーはできないだろう。ではどうするか。毎回オーダーメイドのパーティーを企画するという手もあるだろうが、サプライズパーティーが盛り上がるコツやパターンなどを調べ、いつでもそれができるような仕組みを用意するのではないだろうか。例えば、飾り付けが手早くできる装飾セットなどを用意しておくことも考えられるし、相手の人の好みをこっそり調べるための調べ方のアイデアかもしれない。いずれにしても、何らかの仕組みを作らないとビジネスとしてはうまくいきそうにない。これは、計画した体験が繰り返し再現されるような仕組みを考えることだといえる。

2　「1.2.1項　人間中心というデザインの哲学」を参照。

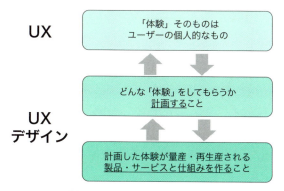

図2.2 UXとUXデザインの違い

つまり、ある程度効率性を考慮したビジネスとして考えると、計画したUXが量産あるいは再生産されるような製品・サービスと仕組みを作ることが、産業デザインとしてのUXデザインでは不可欠な要素といえる（図2.2）。これは、UXデザインに関わる主体が、ユーザーと製品・サービスだけでなく、ビジネス（企業など）にまで及んでいることを意味する。

なお、昨今ではサービスデザインというデザイン領域もある。サービスデザインは、UXを起点としつつビジネスとして機能することを考慮した仕組みをデザインする取組みだといえる。UXデザインも、製品・サービスだけでなく仕組みまで作る必要があるので、その意味ではUXデザインとサービスデザインには大きな違いはない。ただし、UXデザインは、よりユーザーの視点に力点を置いて詳細にデザインするのに対し、サービスデザインは、よりビジネスの視点に力点を置いて詳細にデザインを行うという点で違いがある。

2.1.2 UXデザインのアプローチ：インプット

UXデザインを実践するためのインプット

UXデザインを実践するには、必要なインプットとなる情報を収集することから始める。図2.3で、「UXデザイン」の楕円に向かって引かれている矢印に注目してほしい。この矢印は、UXデザインを始める際にインプットとなるものを示しており、大きく3つの分野からのインプットがある。

1つは図の上部にある「デザインの対象領域」から引かれた3つの矢印であり、これらは対象領域の現実から既存のUXや利用文脈、製品・市場の現状を把握する、現状把握に当たるものである。

2つ目は、図の右側にある「ビジネス」から引かれている1つの矢印であり、これはビジネス戦略の把握を示している。

3つ目は、図の下部にある「デザインの理論」から引かれた3つの矢印である。これらは、人間中心デザインプロセスや認知工学などの関連分野の知識、ガイドラインなどのノウハウの活用など、デザインを実践する際によりどころとなる知識や理論を示している。以降、それぞれについて解説する。

デザイン対象領域の現実から学ぶ

UXデザインを実践するには、最初にユーザーと製品・サービスが関わる利用文脈に目を向け、その現実を理解することから始める。「デザインの対象領域」からのインプットには、「既存UXの把握」「利用文脈の把握」「製品・市場の把握」という3つの種類がある。

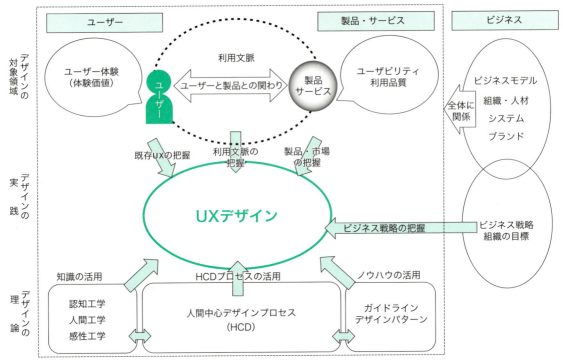

図2.3 UXデザインを実践するためのインプット

　一般にUXデザインに取り組む前に、最初にある程度提案する対象となるテーマや範囲が決まっていることが多い。例えば、映画に関する新しいサービスを提案する、新しい音楽配信サービスを考えたい、などの場合である。中には、「デジタル製品やオンラインサービスを使いこなす若者と自動車とを結ぶサービス」といったように、提案する対象だけではなく、ターゲットとする想定ユーザー層が先に決まっている場合もある。こうしたテーマやユーザー層を手掛かりに、現状把握を行う。

　「既存UXの把握」と「利用文脈の把握」は、テーマに沿って既存のユーザーがどんな利用体験をしているか、どんな利用文脈でそうした体験をしているかを調査によって把握することである。もちろん最終的にUXデザインによって提案する製品・サービスは、新しい体験を提案することになる。しかし、既存のUXや利用文脈を理解したうえで新しい体験を考えることは、良いUXを生み出すための最も堅実でリーズナブルな方法である。また、現実のユーザーを直接理解することで、この後のデザインプロセスを進める際にユーザーのことを考えやすくなる。ユーザーを中心に置いたデザインを行うためには、これらは不可欠なインプットとなる。

　一方、「製品・市場の把握」は、製品・サービスの現実を調査によって把握することである。いわゆる市場調査と呼ばれるものもこれに入る。例えば、職場で使われる業務システムがテーマになっている場合、社員がそのシステムを使っている状況、つまりユーザー側を調査するだけでなく、現状のシステムの使いやす

さや機能性の面に課題がないか、製品・サービス側を詳しく調べたりする。製品・サービスの性能や品質が、ユーザーの行動を制約していることもあるからである。また、関連する他の製品・サービスとして、どのようなものが市場にあるかを調べたりすることもある。製品・サービスには、ユーザーのニーズが反映されているため、製品・サービスを詳しく調べることでモノ側からユーザーの利用文脈を推測することもできる。

　このように、デザインの対象領域の現実をさまざまな方法で調査し、ユーザーを取り巻く状況を理解していく。この過程を経ることで、デザインする作り手がユーザーを深く理解できるようになり、ユーザーを中心に置いたデザインが可能になる。

ビジネスからのインプット

　計画したUXを実現するための、製品・サービスを提供する組織（ビジネス）も、UXデザインに関わる主体の一つである。先にも述べたように、UXデザインに取り組む際には、最初にある程度テーマが決まっていることが多い。最初に設定するテーマは、提供組織のビジネス戦略や組織の目標と密接に関連している。組織がUXデザインに取り組むのには、さまざまな事情があるだろう。それらすべての事情を理解すると、かえって制約を作ってしまうことにもなりかねないので注意が必要ではあるが、組織が何を目指しているのか、その戦略の方向性を理解しておくことが必要である。

　UXデザインは、ユーザーの求めるうれしい体験なら何でも良い、というわけではない。製品やサービスを提供する組織の良さや魅力、企業価値を最大限活用できる提案の方が、最終的にはユーザーにとって信頼できるよいものになる。そのためにも、その組織の戦略にあった、その組織らしい製品・サービスを実現できるように、あらかじめビジネス戦略などについても把握しておく必要がある。

デザインの諸理論を活用する

　UXデザインは、ユーザーを中心に置く人間中心のデザイン哲学に基づいた取組みである。いくら現状把握の調査を行っても、得られたユーザーに関する情報を活用しながらデザインを行うことができなければ意味がない。そこで、UXデザインでは、人間中心デザインに関連するさまざまな理論を活用してデザイン作業を進めていく。

　中でも、「人間中心デザイン（HCD）プロセスの活用」は、デザイン工程をいかに進めれば人間中心に行えるかに関する理論である。UXデザインの実践では、人間中心デザインの具体的な方法論に則り、デザイン作業を進めるのが基本的な取組み方となる。だが、最終的な製品・サービスを具体的に制作するためには、プロセスに則って進めるだけでは十分でない部分が出てくる。わかりやすいインタフェースのデザインや使いやすいハードウェアの設計など、具体的に製品の仕様を検討するときには、認知工学・人間工学・感性工学など関連する学問分

野からの「知識の活用」や、デザインガイドラインやデザインパターンなど、蓄積された「ノウハウの活用」が役に立つ。こうしたデザインの理論や知見の活用は、デザインチームにこれらの専門家がいるとスムーズに行うことができる。

現在日本には、人間中心設計推進機構が認定する人間中心設計専門家や、日本人間工学会が認定する人間工学専門家といった認定資格があるので、これらデザインの専門知識を持った専門家がデザインの現場で数多く活躍している。

本書では、これらの理論のすべてを紹介することは難しいが、人間中心設計プロセスを中心に基本的な内容について紹介する。

2.1.3 UXデザインのアプローチ：アウトプット

UXデザインのアウトプット

次に、UXデザインのアプトプットがどのように位置づけられるか、図2.4で確認したい。まず、「UXデザイン」の楕円から外に向かって引かれている4つの矢印に注目してほしい。これらは、UXデザインの代表的なアウトプットを示している。アウトプットといっても、実際のデザイン作業で生み出される成果物にはさまざまなものがあるので、UXデザインを完成させるための必要な要件と言い換えても良いだろう。

それぞれの矢印には、①～④の番号が付いている。この番号は、アウトプットの正確な順序を示しているわけではないが、おおむねこのような順番になることが多い。それぞれの矢印は、デザインの対象領域に向けられている。UXデザインは、デザインの対象領域の現実から学び、そして再びデザインの対象領域に新しい提案を行っていく活動である。

UXデザインにはさまざまなアプローチや方法があり、本書で示すものはその一つに過ぎない。そのため、この4つのアウトプットのうち、一部を必要としないものや異なる内容をアウトプットするものもあるかもしれない。だが、明示的でないにせよ、おおむねこのようなアウトプットを検討することが一般的である。

実現する体験価値を設定し理想の利用文脈を想定する

「① 実現する体験価値の設定」は、UXデザインの初期段階のアウトプットである。UXデザインでは、ユーザーが求めている体験価値の中からデザインで実現する体験価値を設定し、それを目標としてデザインを詳細化していくことが特徴である。体験価値とは、ユーザーが行動によって得られるうれしいことである。誰の・どんなときの・どんな体験価値を実現するかを最初に目標として定めることが、この①のアウトプットである。

一般に、新しい製品やサービスを作ろうとするとき、「○○できる製品」とか「○○を実現するサービス」というように、最初に製品・サービスのコンセプトを決めることがある。製品・サービスができることを先に考えてしまうと、それ

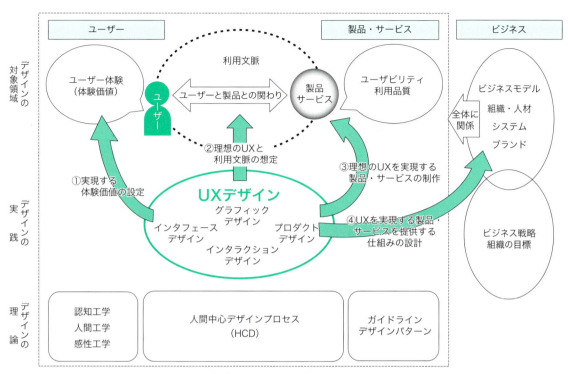

図2.4 実践における UX デザインのアウトプット

によって実現する UX はその機能を使うことが目的になってしまう。実際の利用文脈では、ユーザーは機能を使いたくて製品・サービスを使うわけではない。ユーザーの目的を果たすための手段として製品・サービスがあるはずだ。最初に機能を中心としたコンセプトからデザインを始めてしまうのは、製造業の製品開発などでよく見られる誤ったアプローチである。

「① 実現する体験価値の設定」のアウトプットは、図2.4の中では「ユーザー」の吹き出しの中、つまり UX のところに向けて矢印が引かれている。体験価値は UX の中心的な概念であり[3]、最初にユーザーのうれしいと感じる原理を設定してしまうところに、UX デザインの最大のポイントがある。機能に合わせてユーザーの行動を都合よく合わせて考えるのではなく、デザインのアウトプットの一番最初にユーザー側の要件を決めること。これこそ人間中心の哲学に基づくデザインプロセスだといえよう。

次のアウトプットは、「② 理想の UX の利用文脈の想定」である。図2.4の中では「利用文脈」に対して矢印が引かれている。利用文脈は、ユーザーと製品・サービスの間にあるもので、ユーザーが製品やサービス使う状況を意味するものである。①で設定したユーザーの体験価値は、どのような製品やサービスの利用体験によって実現されるのか、その状況を想定するのが②のアウトプットである。製品やサービスを使ったときにユーザーが感じる評価や心理的な側面が①だとすると、結果としてその①を感じるような行為や状況を逆算して②を考えることになる。

3 UXと体験価値の関係については、「2.2.6項 UXと体験価値」を参照。

この②のアウトプットには、おおよそどのような使い方をして、どのような結果が得られる製品・サービスなのかが示されている。つまり、一般的な製品開発でいう提案する製品・サービスのコンセプトが、この①と②のアウトプットで明確になる。ただし、この段階でもまだ、製品・サービスの具体的な見た目やインタフェースなどの詳細については明確になっておらず、次の段階でプロトタイプを繰り返しながら詳細化していく。

製品・サービスの具体化と仕組みの設計までが UX デザイン

　①と②で、実現する体験価値を目標と設定しこれを起点に、具体的な UX と利用文脈を考え、どんな製品・サービスを提案するのか、その輪郭を計画できた。次の段階として、「③ 理想の UX を実現する製品・サービスの制作」がアウトプットとなる。

　図2.4の中では、製品・サービスに矢印が引かれており、ここから製品やサービス自体の仕様を詳細化し開発する。

　UX デザインは、どのようなものを作るかを検討する企画の段階がとても大切だが、最終的には具体的な製品やサービスを制作することになる。大切なのは、最初に検討した体験価値や理想の UX を目標として設定し、この目標からぶれないように常に確認しながら具体的な制作を進めることである。せっかく UX を重視しながらコンセプトを作っても、製品を作る際にそれを無視した制作が行われてしまうのであれば、まったく意味がない。そうならないための方法論として、人間中心デザインプロセスの理論や知識が役に立つ。

　実際には、プロトタイプの作成とユーザー視点での評価を繰り返し行い、徐々にデザインの仕様を明確にしていく。このようにすることで、①と②で計画した理想の UX を実現するような製品やサービスを制作することができる。

　また、実際のデザインの制作の段階では、計画されたデザイン対象物によってインタフェースデザインやインタラクションデザイン、プロダクトデザインやグラフィックデザインなどのスキルを活用し、デザインの質を上げていく。もちろん、ここに挙げた4つのデザイン分野に限らない。接客を含むサービスの場合は、インテリアなどの空間のデザインが必要であるし、制服などのデザインではファッションデザインも不可欠な要素となるだろう。どのようなデザインを行うにせよ、目標として設定した理想とする UX が実現できることを目指して、制作することが不可欠である。

　先にも述べたように、UX デザインは製品・サービスを提供する際の仕組みを作ることまでがデザインの範囲であり、それが「④ UX を実現する製品・サービスを提供する仕組みの設計」に相当する。

　例えば、Web サービスの場合は、情報の更新体制などを含む運用体制やその運用計画などがそれにあたる。接客を含むような場合は、接客する従業員のマニュアルや制服など、検討するべき仕組みの範囲が大幅に拡大する。実際のユーザーが提案する製品・サービスを使用前・使用中・使用後で、それぞれで接する

タッチポイントについても検討を行い、必要な仕組みや運用体制などについて計画を立てる必要がある。特に、新規にビジネスを立ち上げる場合には、ビジネスモデルの検討までを含むことが多い。いずれにしても、UXデザインのアウトプットとして、提供する仕組みの設計が含まれていることを理解しておくことが重要である。

　以上が、本書で説明するUXデザインの要素とその関係性およびアプローチの全体像である。実際のプロセスについては3章において解説する。以降では、UXデザインの要素と関係性の図に基づいて、それぞれの要素の基礎知識についてさらに詳しく解説していく。

2.2 ユーザー体験

2.2.1 ユーザーとは

そもそも「ユーザー」とは誰か？

　UXデザインでは、製品やサービスを使用する人をユーザーとし、そのユーザーの製品やサービスの利用体験を対象にしている。一般に、ユーザーというと、製品・サービスを直接使用する個人をイメージする。例えば、スマートフォンのアプリのユーザーは、アプリを操作する個人ということになる。しかし、製品やサービスの中には操作する個人のユーザー以外にも多様な役割のユーザーがいる場合がある。例えば、銀行のATMや駅の自動改札機、オフィスのコピー機など公共的な機器では、機器を操作する一般のユーザーのほかに、トラブル時などにメンテナンスする人やサポートする人も機器を操作する。このようにサービスを支える人も、一般のユーザーとは目的は異なるが、ユーザーであることに変わりはない。また、直接機器の操作はしないが、機器が出力する結果を受け取るユーザーもいる。

　例えば、みなさんが大学や地域の図書館で本を借りる場面を思い出してみてほしい。借りたい本を貸し出しカウンターに持って行くと、司書さんや係の人が貸し出し手続きをしてくれる。その際、貸し出しシステムを直接操作するのは図書館の司書さんたちだ。このように直接システムを操作する人を**直接ユーザー**と呼ぶ。手続きが終わると、貸し出し期日を印刷したカードと本を渡してくれる。このとき、本を借りるみなさんはシステムの結果を受け取るユーザーということになる。これを**間接ユーザー**と呼ぶ。

　このようなユーザーの分類について、ソフトウェアの品質モデルを示した国際規格ISO/IEC 25010：2011ではユーザーのグループを「利害関係者（ステークホルダー）」と呼び、表2.1のように整理している。この分類によれば、先ほど挙げたメンテナンスをする人やサポートする人は、直接ユーザーの中の二次ユーザーということになる。

　このような分類が必要なのは、さまざまな目的の製品やサービスがあり、人と

の関係が多様だからだ。見方によってはこの分類でも整理できない立場のユーザーがいるかもしれない。UXデザインに取り組むためには、まずどのようなユーザーがいるのか、どのユーザーを対象と考えるのかについて整理することから始める必要がある。

ユーザーの多様性

　製品・サービスとの関わり方の観点では同じユーザー区分だとしても、個人の特性などの違いにより、ユーザーには多様性が生じる。製品やサービスを使用するにあたり心身に支障がないユーザーばかりでなく、障がいを有するユーザーもいる。また、日本をはじめ先進諸国の高齢化率は次第に高まっており、多くのユーザーが高齢者という場合もある。

　ユーザーの多様性に影響を与える要因はさまざまである（表2.2）。UXデザインにおいては、たとえ配慮が必要なユーザーが想定されない場合であっても、将来的にそのような特性を持ったユーザーが使用する可能性は否定できない。特に、障がい者や高齢者のユーザーへのアクセシビリティの確保や、外国人のユーザーへの配慮は、どのような種類の製品やサービスであっても必ず検討し、可能な限り配慮するように心がけたい。

アクセシビリティの配慮

　デザイン対象物が、情報コミュニケーション技術（ICT: information communication technology）を用いた製品やサービスの場合、障がい者や高齢者への配慮は最も重要となる。例えば、視覚障がい者であればディスプレイの表示を直接見ることができない。また、肢体不自由者では指先で入力を行うマウスやキーボードの操作が難しい人もいる。障がいを持つユーザーの多くは、支援技術（assistive technology）と呼ばれる、障がいのある人の機能を増大・維持・改善す

表2.1　ISO/IEC 25010 : 2011によるユーザーの分類[4]

直接ユーザー	システムと相互作用する人	一次ユーザー	主に目標を達成するためにシステムと相互作用する人
		二次ユーザー	システムへのサポートを提供する人
間接ユーザー	システムとの相互作用は行わないが、その出力を受け取る人		

（ISO/IEC 25010，黒須，2013をもとに加筆）

[4] 表中の「相互作用」とは、インタラクションの日本語訳であり、インタフェースなどを通した機器やシステムの操作を意味している。

表2.2　ユーザーの多様性に影響を与える要因の例

多様性の区分	ユーザーの多様性に影響を与える要因例
特性に関する多様性	年齢、性別、障害、識字率、一般的身体特性、人種と民族、性格、知識、技能
志向性に関する多様性	文化、宗教、社会的態度、嗜好、価値態度
状況や環境に関する多様性	精神状態、一時的状態、経済状態、物理的環境、社会的環境

（黒須，2013をもとに作成）

るための装置やシステムを用いて、コンピュータなどの機器を使用している[5]。例えば、視覚障がい者の場合、画面に表示されたテキスト情報を音声合成エンジンを使って読み上げる「音声リーダー」や「音声ブラウザー」を使用している。また、肢体不自由者の場合、障がいに合わせて補助具を使ったり、重度の場合では、画面に表示された「ソフトウェアキーボード」とスイッチ装置を用いたオートスキャンと呼ばれる選択方法で、一つひとつ選ぶといった入力操作をしている。

こうした支援技術を用いたユーザーからの利用を、より確実でより効率的なものにするためには、製品やサービスを作る際に、こうした利用を想定し、あらかじめアクセシビリティを確保した設計をしておくことが不可欠となる。

ICT分野におけるアクセシビリティとは、「様々な能力を持つ最も幅広い人々に対する製品、サービス、環境または施設（のインタラクティブシステム）のユーザビリティ」（JIS X 8341-1：2010）と定義されている。高齢者や障がい者など、健常のユーザーとは異なる能力を持つ人がユーザーである場合には、製品やサービスを使えるようにすることは当然として、そのような人々にとっても使いやすいものであるべきであり、そのような人々にとってのユーザビリティが確保されたものをアクセシビリティと呼ぶ。つまりユーザビリティを包含する概念としてアクセシビリティがある。

製品やサービスを開発する際に、幅広いユーザーの状況を一つひとつ調査しながら対応するのは難しい。そのようなことから、アクセシビリティに関する開発の基準を整理したガイドラインが整備されている。日本では、アクセシビリティのガイドラインを日本工業規格（JIS：Japanese Industrial Standards）の「高齢者・障害者配慮設計指針」として体系的に整備している（図2.5）。これらのガイドラインを用いることで、制作する製品やサービスに対するアクセシビリティを高めることができる[6]。

2.2.2 ユーザー体験の位置づけ

ユーザー体験と製品・サービスとの関わり

2.1.1項でも説明したように、UXはユーザーが製品やサービスの使用を通して感じる主観的な感情や評価などを含んだものである。つまり、製品やサービスを使った結果として、ユーザーの主観の中に生じるものがUXである。

ユーザーと製品・サービスとの間には、利用文脈（context of use）がある（図2.6）。ユーザーは、利用文脈の中で製品やサービスを利用しており、この利用文脈が変われば、同じ製品・サービスであっても結果として得られるユーザー体験は異なる。

「ユーザー体験」という言葉には、製品を使う人を示す「ユーザー」の語があることから、製品やサービスを使っている間だけ、つまり利用の最中だけに限定した体験のことだと思う人もいるかもしれない。だが、製品やサービスとの関わ

---

[5] スマートフォンやコンピュータには、標準的な「アクセシビリティ機能」が用意されており、支援技術がどのようなものか体験することができる。

[6] JISの「高齢者・障害者配慮設計指針」の中では、ソフトウェアおよびサービスに関する一連のアクセシビリティのガイドラインが充実している。これらはJIS X 8341シリーズにて体系的に整備されており、現在は7部に分かれている。それぞれ、「1部：共通指針」「2部：情報処理装置」「3部：ウェブコンテンツ」「4部：電気通信機器」「5部：事務機器」「6部：対話ソフトウェア」「7部：アクセシビリティ設定」である。

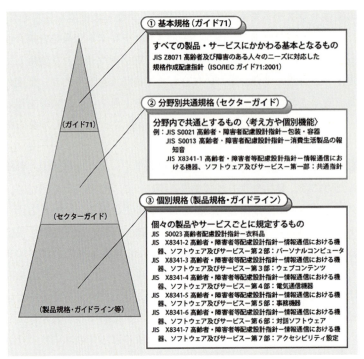

図2.5 アクセシビリティに関する日本工業規格の体系(内閣府,平成27年版障害者白書,2015)

りはそれらを使っている間だけではないはずだ。家電製品などを購入するシーンを考えてみよう。例えば、掃除機を買おうとする際に、家電量販店に行ってパンフレットを見たり、展示品を見比べたり、口コミサイトでコメントを比較したりするだろう。製品を実際に使用する前に、自分のニーズやイメージした使い方と照らして製品を選んでいるはずだ。実際には使用していないが、製品やサービスを自分が使うシーンをイメージしたりすることは、日常的に行っている。また、誰かが使っているアプリを見せてもらったりすると、使ってみたい気持ちになる経験は、きっと多くの人にあるだろう。

　このように実際には使用していないが、製品やサービスとの出会いの体験も、ユーザーにとっては重要な体験だ。製品やサービスとの出会いの段階では、まだその製品自体を使用していないので、ユーザーと呼ぶのはふさわしくないかもしれない。むしろ「消費者」と呼ぶべきかもしれない。だが、個人で考えると消費者もユーザーも同じ一人の人間だ。使用前の体験は、いわば「プレ・ユーザー」と考え、その後の利用と連続的に考えることがユーザー体験をとらえる観点として重要となる。

　なお、本書ではこれ以降、あえて言葉として消費者とユーザーの区別、あるいは顧客とユーザーの区別はせず、製品・サービスと関わる主体としての人をユーザーと呼ぶことにする。

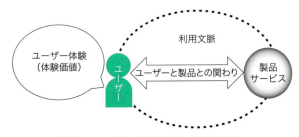

図2.6 ユーザー体験(UX)の位置づけ

ユーザー体験は、使用場面に限定されているわけではない。だからこそ、本書では「ユーザーと製品・サービスとの"関わり"」という表現を使っている。使わないときでも所有しているだけで満足する製品もあるだろうし、古くなって捨てようと思っても捨てられずに取って置いてある製品もあるかもしれない。ここではそのようなものも含め、ユーザーが認識するあらゆる「関わり」をユーザー体験（UX）と位置づけている。

UXの基本的フレームワーク「ハッセンツァールモデル」

UXが製品やサービスを使うユーザー側の体験だとすると、逆に製品やサービスを提供している設計者やデザイナーの立場からUXはどのように位置づけることができるだろう。図2.6の右側にある製品・サービスの側からユーザーの側を見たときに、製品とユーザーの関係あるいはUXの関係はどうなるだろう。

これを明確にしたのが、**ハッセンツァールのUXモデル**と呼ばれるものだ（図2.7）。マーク・ハッセンツァール（Marc Hassenzahl）は、ドイツのUX研究者であり、世界のUX研究をリードする第一人者である。

このモデルは、デザイナーの視点とユーザーの視点に分かれている。では、大きな枠組みに着目してモデルを見てみよう。

デザイナーの視点では、機能性など「製品の特徴」をデザインし製品を作る。それらの特徴は、ユーザーが使用したときに知覚される性質を意図して組み合わせたり調整したりしているはずだ。製品の性質には、操作性などがあり、これらが「意図された製品の性質」となる。しかし、その製品を使ったユーザーがどう感じるか、その「結果」については関与することはできない。

一方、ユーザーの視点では、利用する際の状況（利用文脈）の影響を受けるも

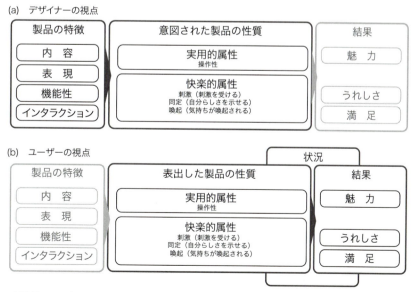

図2.7　ハッセンツァールのUXモデル（Hassenzahl, 2005：一部カッコ内は著者加筆）

のの、製品を使う体験を通して「表出した製品の性質」を知覚する。ユーザーは知覚されたそれらの性質から「結果」として、製品の魅力やうれしさや満足といった認知的な評価判断をする。

このように位置づけると、UXは利用文脈の中でユーザーが体験を通して製品の性質を知覚する段階と、その結果として評価判断を行う2つの段階があることがわかる。一方、デザイナーはUXそのものには関わることはできず、良い体験となることを目標にしつつ、ユーザーが知覚する製品の性質をどのようなものにするかを意図して製品を作る。逆にいえば、そこまでしか関与できないことが理解できる。

ハッセンツァールは製品の性質として、「実用的属性」と「快楽的属性」の2つを挙げている。実用的属性は、操作性（使いやすさ）である。快楽的属性は、刺激（刺激を受ける）、同定（自分らしさを示せる）、喚起（気持ちが喚起される）といった感情的な側面である。製品の使用を通してユーザーが抱いたこうした感情や印象が、全体的な評価を形成していくとしている。

ハッセンツァールのUXモデルは、UXの構成要素や生起プロセスを考慮したものであり、UXをより詳しく理解するための基本的なフレームワークとして世界的にも認知されたモデルである。

2.2.3 UXの定義

さまざまな定義

UXの位置づけが理解できたところで、UXの定義を見てみよう。

実はUXの定義は数多くなされているのだが、コンセンサスを得たような決定的なものがない。UXについての総合情報サイトであるAll About UXには、27件の定義が掲載されている[7]。ここでは代表的なものをいくつか紹介する。

ISO 9241-210：2010による定義

人間中心設計の国際規格である、ISO 9241-210：2010では、UXを以下のように定義している。定義そのものは抽象的で、ややわかりにくいが、注釈として3つの補足説明があり、UXの概念の幅広さを示している。

注釈を含めこの定義で特徴的なのは、使用前・使用中・使用後という時間軸の概念で捉えている点、ユーザーの製品利用に対する主観的で感情的な反応を含んでいる点である。

> 「製品やシステム、サービスの利用した時、および／またはその利用を予想した際に生じる人々の知覚と反応」（ISO 9241-210:2010）
> 注1：ユーザエクスペリンスは、使用前、使用中、使用後に起こるユーザーの感情、信念、嗜好、知覚、生理学的・心理学的な反応、行動、達成感のすべてを含む。
> 注2：ユーザエクスペリエンスは、ブランドイメージ、見た目、機能、シス

[7] All About UX（http://www.allaboutux.org）の定義のコレクションは、主に2010年ごろまでのものが収集されており、必ずしも最新ではない。だが、2010年前後が最もUXの定義について議論が行われた時期であり、その当時のUXの考え方を知る意味でも参考になる。

テム性能、インタラクションの動作やインタラクティブシステムの支援機能、事前の経験から生じるユーザーの内的および身体的状態、態度、スキルとパーソナリティ、利用状況の結果である

注3：ユーザーの個人的目標という観点から考えた時には、ユーザビリティは典型的にユーザエクスペリエンスに付随する知覚的・感情的な側面を含む。ユーザビリティの評価基準を用いて、ユーザエクスペリエンスの諸側面を評価することができる

UXPAによる定義

UXPA（User Experience Professionals Association）[8]は、UXに関連する実践者の団体であり、国際的な活動組織である。UXPAでは、以下のように定義している。この定義では前半にUXについて、後半ではUXデザインについて分けて定義している点が特徴的である。

「ユーザーの全体的な知覚を形成する製品やサービス、あるいは企業とユーザーとのインタラクションのあらゆる側面のこと。また、UXデザインは、レイアウトやビジュアルデザイン、テキスト、ブランド、サウンド、インタラクションといった要素を含むインタフェースのあらゆる構成要素に関係している」（User Experience Professionals Association）

ニールセン－ノーマングループによる定義

ニールセン－ノーマングループ（Nielsen-Norman Group）は、ユーザビリティ工学の第一人者であるヤコブ・ニールセン（Jakob Nielsen）と、認知工学の第一人者であるドナルド・ノーマン（Donald Arthur Norman）が共同で設立したUXに関するコンサルティング会社である。

この定義は、やや長い説明文とともにまとめられているため、その前半の段落を抜き出したものである。UXの定義は、最初の一文で表現されており、後半はUXデザインについて述べたものだ。内容的には、UXPAのものと類似しているが、企業が取り組むべきことの視点からまとめられている点が、コンサルティング会社らしい特徴である。

「UXは、エンドユーザーと、企業やサービスあるいは製品とのインタラクションのすべての側面を包含する。典型的なUXの最初の要件は、とにもかくにも顧客のニーズを的確に適合させることである。次に、所有する喜びや使う喜びを感じるような製品を作るための、シンプルさとエレガントさが必要である。真のUXは、単に顧客が欲しいというものを与えたり、チェックリストにあるような特徴を提供したりすること以上のことである。企業が高品質のUXを達成するためには、エンジニアリングやマーケティング、グラフィックデザイン、工業デザイン、インタフェースデザインなどの多様な取組みをシームレスに結合しておくことが必要である。」（Nielsen-Norman Group）

[8] UXPA (http://uxpa.org/)。日本にもUXPA Japan Chapterがあるが、実質的に人間中心設計推進機構（HCD-Net）が受け入れ組織になっている。

ハッセンツァールとトラクティンスキーによる定義

　ハッセンツァールは、先にも紹介したUX研究者である。また、ノーム・トラクティンスキー（Noam Tractinsky）は、イスラエルの実験美学の研究者でありヒューマン・コンピュータ・インタラクション（HCI）の研究者でもある。

　この定義は、かなり研究的でアカデミックな定義ではあるが、他の定義と異なり因果関係に着目したものとなっているのが特徴である。ユーザーの内的状態、システム特性、利用文脈の3つの要因が、UXを左右することを示している。

　「ユーザーの内的状態（体質的傾向、期待、ニーズ、動機付け、気分など）、デザインされたシステムの特性（例えば複雑さ、目的、ユーザビリティ、機能性など）およびインタラクションが生じる文脈もしくは環境（例えば、組織的／社会的条件、活動の重要さ、利用の自発性など）による結果である」（Hassenzahl & Tractinsky, 2006）

UXをとらえる共通の視点

　上記4つの定義を見てみると、いくつか共通する点があることがわかる。

主観的評価：ユーザーがその製品やサービスを使った体験を通して、結果としてどのような認識をし、どのような感情や評価を抱くか。体験の感情的評価の側面こそが、UXの本質的な特徴だといえる。

消費者とユーザーの連続性・一体性：一般消費財はほとんどの場合、ユーザーである前に製品を購入する「消費者」である。名称は違っても同じ人間の体験である。製品やサービスを使う前の段階も、利用の段階と同様に扱う。

時間的・長期的視点：ユーザーと製品やサービスとの関わりは一時的なものに限定されない。長く使う間の経験のすべてが、UXの範囲となる。

　さまざまな定義はあるが、これら3つの点がUXの概念を構成する主要なポイントだと考えてよいだろう。

2.2.4　体験の期間で異なって知覚されるUX

UX白書の期間モデル

　ハッセンツァールのUXモデルでは、製品・サービスを使用する体験を通して製品の性質を知覚し、結果として評価を形成するという2つの段階が想定されている。つまり、製品やサービスとの関わり方が変われば、ユーザーが知ることのできる性質が変わり、その結果異なった評価がなされる。これは、実際に製品を使っていない使用前の段階でも同様で、過去の類似製品の利用経験やカタログなどの商品説明資料から得た製品の理解の違いが評価に影響する。そのため、製品やサービスを使用する前の体験も、UXにとっては重要な期間である。

　このように、製品やサービスとの関わりの期間に着目してUXを整理したモデルがある。それが『UX白書』[9]のUXの期間モデルである。UX白書では、UXを体験の期間の観点から4つに区分している（図2.8）。予期的UX、瞬間的

9　2010年当時、世界的にもUXの用語の定義に混乱があったため、世界のUX研究者30名による会議が開催された。そこでの成果を取りまとめたものが、2011年2月に発行された『UX白書（user experience whitepaper）』である。これにより、UXの共通認識の基盤が作られた。

　なお、『UX白書』は公式日本語版が出版されている（UX白書日本語版：http://site.hcdvalue.org/docs）。

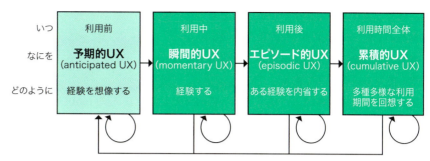

図2.8 UXの期間別の種類（UX白書, 2011）

UX、エピソード的UX、累積的UXである。予期的UXは製品を使用する前のUXであり、ほかの3つは製品使用後のUXで、期間の違いによるUXの種類を表している。

この図の期間は、使用期間の長さを表現しているわけではない点に注意が必要だ。より詳しく説明するとすれば、使用体験のどの範囲の期間に着目してUXを知覚するかの違いである。また、それぞれの期間で知覚されたUXに対する評価のメカニズムの違いである[10]。

予期的UX

まず、製品やサービスを実際に使用する前の体験を予期的UXと呼ぶ。具体的には、ユーザーが製品やサービスを使った体験を想像することなどである。例えば家電製品を買うときに、広告やWebサイト、カタログなどを見たり、口コミサイトやレビューサイトでほかのユーザーのレビューを見たり、店頭で店員に聞いたりといった行動は、すべて予期的UXに含まれる。特にレビューサイトでは、ほかのユーザーの体験談が書かれており、本人がその製品を使う前から具体的な利用体験をイメージすることができる。従来は広告などから得たイメージに基づいて利用体験を想像していたのだろうが、ほかのユーザーの体験談は問題点やネガティブな面を含んでおり、より現実的に想像することができるようになっている。

利用体験の予想は、ユーザーが過去に経験した類似の製品や技術、過去の広告などへの印象などからも影響を受ける。類似の製品の利用経験があれば、カタログやレビューサイトに書かれている情報の読み取り方も違ってくる。またそれに伴って、製品に対する期待も違ったものになるだろう。

予期的UXは、ほかの3つのUXに影響する。著者の研究では、利用前にイメージした通りの使い方ができると、利用後の評価は購入前より低下しない、つまり「使ってみたらがっかりした」という体験は少なくなる傾向がある。予期的UXでは、製品への期待という形で製品への評価が形成される。

瞬間的UX

製品やサービスを使い始めた後の体験は、3つに期間が分かれている。そのう

10　瞬間的UX、エピソード的UX、累積的UXにおける評価のメカニズムの違いは、次の書籍とも関連があると考えられる。ドナルド・ノーマン，エモーショナルデザイン，新曜社，2004.

ノーマンは人間の特性を、「本能レベル（外観）」「行動レベル（使うときの喜びと効用）」「内省レベル（自己イメージ、個人的満足、想い出）」の3つに区別した。瞬間的UXは本能レベルと関連しており、エピソード的UXは行動レベルと関連している。また、累積的UXは内省レベルと関連している。

ち、製品を使っている最中が「瞬間的UX」[11]だ。例えば、スマートフォンのアプリを初めて使ったときの、操作性やその反応など、まさに使っている最中の体験である。遊園地のジェットコースターで例えるなら、まさにジェットコースターに乗っているその瞬間である。

　使っている最中の体験は、状況に応じて刻々と変化する。試行錯誤したり、思わぬ出来事に驚いたり。変化が短時間で起こるため、ユーザーの反応は感情的なものになる。例えば、アプリなどでボタン操作への反応が思ったより少しだけ遅く、サクサク操作できる感じがしなかったりイライラしたりした経験はないだろうか。瞬間的UXでは、主に直感的で感情的な反応に基づいて製品の評価が形成される。

エピソード的UX

　ある目的で製品やサービスを使った後に、その体験を振り返るときの体験が「エピソード的UX」である。製品を自分なりに使ってみた結果、どう思うかということだ。何かやりたいことを達成する目的で製品を使ったが、うまくできなかったといった失敗体験や、普段とは異なる状況で使ってみたが、思いのほか良い結果が得られたといった成功体験など、1つの体験エピソードとして語ることができる期間が対象範囲となる。

　エピソード的UXは、使う際の目的や状況などによっても左右されるが、予期的UXで形成された期待によっても違ってくる。期待とは違った結果をもたらす体験は、特に製品の評価に強く影響する可能性がある。そもそも成功か失敗かといった認識は、個人が抱く期待と結果の判断である。なお図2.8では、「ある経験を内省する」とあるが、製品を使った行動がどのような結果をもたらしたかについて、ユーザー自身が判断するという意味で「内省」という言葉が用いられている。

　ところで、エピソード的UXは瞬間的UXを内包している。またエピソード的UXは、製品を利用するたびに起こるもので、製品と関わり続ける限り、たくさんの成功体験や失敗体験、あるいはいつも通りの日常体験などのエピソードが繰り返される。これらたくさんのエピソードの積み重ねにより、製品やサービスに対するユーザーの理解が深まっていく。

　エピソード的UXは、主にユーザーの行動とその結果に対する心理的な判断に基づいて評価が形成される。

累積的UX

　利用期間の実際の長さにかかわらず、使用期間全体を振り返るときの体験が「累積的UX」である。エピソード的UXが主に一つの利用目的ごとの体験に対する反応であるのに対し、累積的UXはさまざまなエピソード的UXを含み、かつ製品やサービスに触れたり使ったりしていない期間も含んだ、すべての時間を対象としている。つまり、製品との出会いから現在までの関わりを回顧して、

[11] 『UX白書』の日本語版では「momentary UX」を「一時的UX」と訳している。しかし、「瞬間的UX」とした方が、製品やサービスを利用している一瞬一瞬の体験と、その感情をイメージしやすいことから、本書では「瞬間的UX」としている。

ユーザーが製品や製品との関わりをどのように感じているかに関するものである。

使っていない期間はユーザー体験が生じないようにも思える。しかし、製品を所有していること自体が周りの人への自慢になったり、その製品を眺めているだけで満足感を感じたり、そうした体験も累積的UXの一部である。特に多様なエピソードが積み重なってくると、個別のエピソード的UXの評価と累積的UXの評価が異なることが多くなる。例えば、ずっと古い携帯電話を使い続けている学生にインタビューしたとき、「長く使ったので、古くなって使いづらいときもあるが、愛着が湧いているのでむしろ本当に壊れるまで使い続けようと思っている」と語っていた。これは、エピソード的UXとしては使いにくいとネガティブに感じるときもあるが、一方で愛着というポジティブな累積的UXの評価を同時に感じているわけだ。しかも、累積的UXでの評価の方を重視しようとしている。

製品の使用期間全体を対象とした評価なので、製品を利用する体験だけでなくその製品を提供する企業や組織に対する印象も同時に形成されることもある。例えば、「やっぱりAppleはいいなぁ」といった言葉は、累積的UXが製品だけでなく同時に企業に対する印象も生じていることを意味している。これをブランドイメージと呼ぶこともできるだろう。こうした累積的UXは、次に新しい製品やサービスとの出会いが生じる際に、予期的UXに影響する要因となる。

累積的UXは、ユーザー自身と製品の関わりを全体的に振り返ることにより、主に意味的・理念的な価値判断に基づいて評価が形成される。

期間を意識することで明確になる

説明してきたように、4つの期間それぞれに知覚されるUXは異なっており、それに応じて製品に対する評価のメカニズムが異なっている。このことは、自分自身の製品との関わりを語ってみると気づくことができる。スマートフォンを例に、エピソードを考えてみよう[12]。

> 私は過去にスマートフォンの電池の持ちが悪く、会社から帰るまで充電が持たない製品を使っていたので、わざわざ補助バッテリーを持ち歩いていた。補助バッテリーを持つのは、面倒だなと感じた経験があった（過去の製品の累積的UX）。新しい製品は電池容量が改善されたと聞いたので、一日持ち歩いても充電の心配がなくなると期待した（予期的UX）。実際に使ってみて、新しい製品で処理速度も速く使い心地も良いと感じた。また、端末のデザインもカッコよくて気に入った（瞬間的UX）。この頃は、まだその製品を持っている人が少なかったので、周囲の人が性能についてたずねてくる。それに答えていると、なんだか自分がいいものを買った気になりうれしかった（実際の使用期間は短いが、それまでの体験全体を振り返った累積的UX）。普段通りの使い方ではまったく問題を感じていなかった（エピソード的UX）。だが出張で地方に出かけた際、写真をたくさん撮り、それをど

[12] このエピソードは、UX白書の期間モデルを説明するために、過去に実施したインタビュー調査などの事実をふまえて創作したものである。

んどん SNS にアップしていたからか、思いのほか電池の残量が減っていた。夕方、仕事先からホテルに戻ろうとしたらタクシーがなくて困った。そこでタクシーを呼ぼうとスマートフォンを出したら、電池がほとんどなく電話がかけられなかった。大事なところで電池がなくなっては意味がないと苛立った（エピソード的 UX）。

上記のエピソードは説明のために創作したものだが、このように一連の体験の中のある期間を区切ることで、UX が明確になりユーザーがどのような評価や印象を抱いたかを把握できるようになる。

また、同じ体験であっても、注目する期間の幅を変えるとネガティブな評価とポジティブな評価が同時に存在することもある。例えば、遊園地のお化け屋敷に友達と行ったとする。お化け屋敷を体験している最中の瞬間的 UX は、恐怖の体験のはずだ。しかし、エピソードとして文脈的な要素が加味されると、友達が怖がっている姿を思い出して笑ったりして「ああ、あのときのおもしろかったね」といった評価に変わったりする。何度も同じ遊園地で遊んだ経験がある場合は、この遊園地が提供する体験は「いつも最高だ」や「期待を裏切らない」といった累積的 UX が高まることも同時に起こりうる。

このように、UX を考えたり議論したりする際には、対象とする期間を明確に意識しながら行うことが重要である。

2.2.5 使う意欲と利用態度

UX に影響するモチベーション

同じ製品でも、人によって製品・サービスに接する態度は違うし、使い方や使う頻度も違う。これを個人差だといえばそれまでだが、どうしてそのような違いが生じるのだろうか。特にスマートフォンや家電製品など、インタラクティブな操作を伴う製品やサービスは、ユーザーが理解しなければならないことも多いため、使うのを敬遠したり最小限の使い方に留めたりする人も多い。使い方が違えば、知覚される製品の性質も異なるため、そこから得られる評価も違ってくるだろう。つまり、UX はその製品に対するユーザーのモチベーションによって影響を受けると考えられる。

インタラクティブ製品の UX に、強い影響があることが知られているモチベーションとして、製品利用の自己効力感（SE：self-efficacy）と製品関与（PI：product involvement）がある。この 2 つのモチベーションの組合せにより、一人のユーザーの製品に対する態度を明確に位置づけることができる。これは、UX をより詳細に理解するために役に立つ[13]。

製品利用の自己効力感

自己効力感とは、心理学者アルバート・バンデューラ（Albert Bandura）が定義したモチベーションの一種で、「それぞれの課題が要求する行動の過程を、う

[13] インタラクティブ製品の利用のモチベーションと評価に関する研究は、著者による一連の研究がある。本項で紹介する内容も、その研究成果の一部である。

まく成し遂げるための能力についての個々の信念」である。「やれるかどうか」ではなく、「やれるように頑張れると思うか」という効力予期と呼ばれる度合いを意味している。インタラクティブ製品の場合、自分のやりたいことを実現するために自分で操作したり、取扱説明書を読んだり、トラブルに遭ったときには自分で対処したりとさまざまな対処をしなければならないが、そうした努力をどれくらい頑張れると思うか、という自分の能力の度合いが製品利用の自己効力感になる。こうした製品の操作が苦手だという人はこの自己効力感が低く、使いこなせると思う人は自己効力感が高い。

表2.3の測定尺度を使うことで、インタラクティブ製品に関しては、特定の製品によらず製品利用の自己効力感を測定することができる。

製品関与

製品関与は、対象となるインタラクティブ製品に対する関心の度合いである。製品関与は元々消費者行動論の研究で重視される概念で、「個人にとっての対象の知覚された目的関連性に関わるもの」と定義される。つまり、ユーザーの個人的な目的や価値観と対象となる製品との関係の度合いを意味している。

表2.4に、個人向けのインタラクティブ製品を対象にした場合の測定尺度を示す。これは3つの因子に分かれており、「使う楽しさ」「情報感度」「利用効果の認識」で、それぞれ感情的側面、情報的側面、認知的側面から測定する。

利用意欲で分かれる4つの利用態度

製品利用の自己効力感と製品関与は、強い関係性があるものの異なる側面の利用意欲である。例えば、オンラインでの音楽配信サービスについて考えてみよう。インタラクティブな機器やサービスに対する自己効力感が高く操作が得意な人であっても、音楽そのものにあまり興味がなく音楽配信サービスに対する製品関与が低い場合は、そのサービスを使いこなそうという意欲はわきにくい。逆に、自己効力感が低く操作が苦手な人であっても、例えば、自分が株式に投資していていつも株価を確認して売買したいと思っていれば、株式トレーディングソ

14 実際には20問あり、7段階の評定尺度で把握する。評定は、とてもそう思う（7点）ーまったくそう思わない（1点）とし、すべての評定値の素点を合計した値を個人の自己効力感得点として用いる。

表2.3 製品利用の自己効力感尺度の項目（一部）[14]

1. 電子機器をよりよく使うために、自分なりに利用法を工夫したりする
2. やりたいことがあれば、自分からすすんで機能や使い方を探す
3. 電子機器がそなえている機能のうち、どの機能を使えばやりたいことができるか、だいたいわかる
4. トラブルが起こったとき、あわてずに原因を推測して、対処の仕方を考える
5. 機能や操作がわからなくなったときは、自分で取扱説明書やマニュアルを読んで理解できると思う
6. もっと効率的な方法や使い方ができないか、調べたり考えたりする
7. どんな電子機器であっても、自分がやりたいことは操作できる自信がある
8. 電子機器を使うこと自体が、楽しいと感じる方だ
9. どのボタンを操作すればどうなるかが、だいたいわかるので、操作に不安は感じない
10. 自分には操作が難しいと感じても、あきらめないで、できるまでがんばる

表2.4　製品関与尺度の項目[15]

使う楽しさ	1．この製品を使うことが、楽しいと感じる 2．自分の趣味や興味に関する製品・サービスである 3．自分が積極的に使いこなしたり、活用したりする様子を想像できる 4．自分らしさが反映できる
情報感度	5．新しい機種が出たら、ほしいと思う 6．新しい機種が出ると、とても気になる 7．新しい機種に搭載されている機能について、だいたい知っている
利用効果の認識	8．この製品を使うとどんな効果が得られるか、想像できない 9．使い方や利用の仕方が、わからない 10．どんな風に使えば、自分のためになるか、想像できない

[15] 7段階の評定尺度で把握する。評定は、とてもそう思う（7点）－まったくそう思わない（1点）とするが、「利用効果の認識」の3つの項目は逆転する。その合計値を用いて個人の製品関与得点とする。

フトの製品関与が高くなり、頑張ってでも操作を覚えて使いこなそうとする意欲がわくだろう。

このように2つの意欲を組み合わせることで、ユーザーの利用態度を分類することができる。そこで、製品利用の自己効力感（SE：Self-Efficacy）の高・低と製品関与（PI：Product Involvement）の高・低の組合せで4つのグループに分けると、利用意欲の異なるユーザーがどのように製品と関わろうとしているか、利用態度を把握することができる。この分類法を **SEPIA法** と呼ぶ[16]。

SEPIA法では、それぞれの利用態度に特徴的な名称がつけられている（図2.9）。それぞれ右上の「マニアユーザー（SE：高、PI：高）」、右下の「期待先行ユーザー（SE：低、PI：高）」、左上の「冷静・合理的ユーザー（SE：高、PI：低）」、左下の「ミニマム利用ユーザー（SE：低、PI：低）」である。この手法は、調査対象者の選定を行う際に用いたり、簡易なペルソナを作る際のフレームワークとしてUXデザインにも活用されている[17]。

実際、特定の製品のユーザーを調査すると、マニアユーザーとミニマム利用ユーザーを合わせて6割ほどになることが多く、期待先行ユーザーや冷静・合理的ユーザーはそれほど多くない場合が多い。だが、製品との関わりの態度を整理しておくことで、UXをより詳細に理解できるようになる。

[16] SEPIA法は、自己効力感（Self-Efficacy）と製品関与（Product Involvement）にAnalysisのそれぞれの頭文字を表現したもの（安藤，2009）。

[17] SEPIA法をユーザー調査の対象者の選定に用いる方法については、3.1.3項の「調査対象者の選定方法②『SEPIA応用法』」を参照。

利用行動や評価への影響

利用態度は、利用行動の違いに影響を与えると同時に製品評価にも影響が確認されている[18]。個別の製品ごとに違いはあるため一般化することはできないが、それぞれの利用態度ごとに利用や評価に一定の傾向がある。特に、「期待先行ユーザー」は、積極的に利用したい気持ちがあるのにうまく使えないという、このグループの特性が反映される傾向がある。いくつかの製品を例にした研究では、製品の満足度が比較的高いと同時に不満足度も高いという、特徴的な結果が得られた。参考までに、事例は古いものになるがiPodを例にしたSEPIA法による分類ごとの利用行動と評価の傾向について図2.10に示す。

ユーザーと製品・サービスとの関わりを扱うUXでは、ユーザーの意欲や態度を把握することが、UXをより詳細に理解することにつながる。

[18] 安藤（2010）によると、自己効力感は「主観的ユーザビリティ評価」に、製品関与は「使う喜び」「愛着感」「ブランドイメージ」などの評価に影響することがわかった。

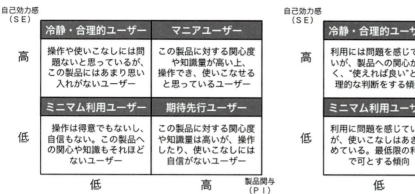

図2.9 SEPIA法によって分類された4つの利用態度（安藤，2009）

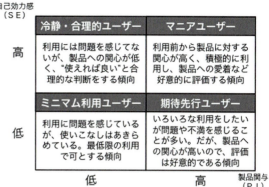

図2.10 SEPIA法による利用態度ごとの利用行動と評価の傾向：iPodの事例（安藤，2009）

2.2.6 UXと体験価値

累積的UXと体験価値

　UX白書の期間のモデルでは、累積的UXがユーザー自身と製品の関わりを全体的に振り返ることで、意味的・理念的な価値判断に基づいて評価が形成されると述べた。つまり累積的UXは、利用したモノがユーザー個人にもたらす「モノの意味」や「モノの価値」を示している。累積的UXは、具体的なモノ（製品・サービス）に対するユーザーの価値評価だといってよい。

　私たちは日常生活においてたくさんの製品やサービスを使っているので、とても多様な累積的UXがユーザー個人の中に存在することになる。そのようなたくさんの経験の蓄積から、「〜（手段）をすれば、○○○（自分にとって意味のある）のような結果／効果／感情を得られる」というように、さらに抽象化された知識を持つようになる。これは、ユーザーにとっての「行為の意味」を示しており、このような知識を持っているからこそ、私たちは自分の目標を達成するためにモノを使う利用意欲が生まれ、実際にモノを使うことができる。

　たくさんの経験の中には、手段は異なるが得られる結果や効果は同じものもあるはずだ。ユーザーは、手段はどのようなものであれ、体験を通して得られる結果や効果に価値を見出す。このように、自らの体験を通して形成された行為の価値を**体験価値**（experience value）と呼ぶ（図2.11）。体験価値は、そのユーザーにとってのうれしさの基準でもある。例えば、新しい製品やサービスが、ユーザーの体験価値を実現することができれば、例えこれまでとは異なる手段であってもうれしいと感じるはずである。つまり、体験価値は「うれしさの源」であるともいえ、UXをとらえるいくつかの視点の中でも最も本質的なとらえ方である。

　体験価値は、モノを使う体験を経て形成されるのが基本である（図2.11の製品・サービスA・Bの場合）。しかし、必ずしも体験価値が満たされるような体験ばかりではない。ある製品を使っていて「本当は○○できたらいいのにな」と

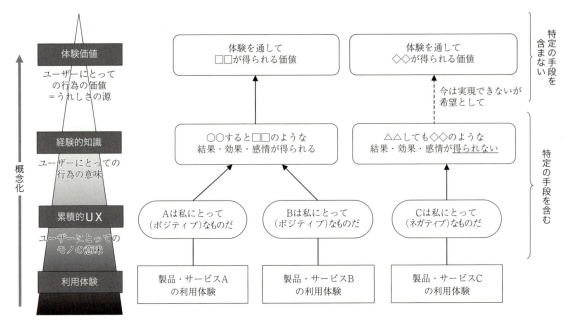

図2.11 利用の結果としての累積的UXと体験価値の関係[19]

[19] この図は、ユーザーが既存の製品・サービスを利用することなどを通して、ユーザーの中に構築される累積的UXや経験的知識、体験価値の構造を模式的に示したものである。なお、経時的な形成のプロセスは、図2.12に示す。

思ったことは誰もが経験することだ。そのように思うのは、「実現したらきっとうれしいと思うに違いない」という体験価値を、ユーザー自身が無意識的に想定しているからにほかならない。そのように想定される体験価値もまた、直接的ではないにせよ過去の経験に基づいて類推したものだと考えられる（図2.11の製品・サービスCの場合）。いずれにせよ現時点の利用体験では満たされない体験価値をユーザー自身が想定することもある。

ユーザーの体験価値に着目し、それを実現するような新しい手段となる行為を作り出すことがUXデザインの中心的な課題である。そのため、体験価値は最も重要な情報である。

体験価値の形成プロセス

体験価値は、ユーザーの体験を通して形成された行為の価値であり、製品やサービスの利用の結果として形成されるのが基本である。では、実際の製品やサービスの利用を通して、どのように体験価値は形成されるのだろう。ここでは、経時的な形成プロセスについて解説する。

製品を使う前の予期的UXの段階で、ユーザーには製品に対する利用意欲が形成される。利用意欲は、操作に対する意図を伴うと「期待」となるが、ここでは便宜上意欲には期待が含まれていることとする。当初の意欲（期待）を持って製品を使ってみると、使った範囲で製品の性質を理解することができる。理解には、結果を知覚し期待とのギャップを判断する過程が含まれる。理解した結果は、次にユーザー自身の生活において意味ある結果をもたらすものかどうかが判断される。ユーザーにとっての製品・サービスの意味は、使用開始当初は明確ではないが利用によって製品の理解が進み、そのたびに意味を修正していくこと

2.2.6 UX と体験価値

で、次第に自分にとっての製品・サービスの意味が明確化され体験価値が形成されていく。製品・サービスの意味は、図2.11では累積的UXにあたる。

製品の理解の結果に基づいて、次の利用の意欲が形成される。新しい理解ができれば、別の使い方をしようとしたり、応用的な活用を考えたり次の意欲の形成を促す。このとき、体験価値に応じて意欲が調整される。例えば、自分に役立つことが明確になれば、もっとその製品を使おうとするだろう。逆に、役立たないとされた場合は、使用範囲を限定したり控えたりするだろう。

このように、理解と意欲の連鎖により、製品利用経験が積み重ねられることによって、ユーザー自身にとっての製品の意味が明確化され、体験価値が形成されていく。このモデルは、あくまで著者の仮説的なモデルであるが、実ユーザーが現場で体験しているUXを理解するための、一つの手かがりになるだろう[20]。

「ニーズ」ではなく体験価値に着目する理由

製品開発では、ユーザーのニーズと呼ばれる製品やサービスに対する要望をもとに、製品コンセプトが作られることがある。ニーズは主にマーケティングの用語であり、定義にはさまざまなものがあるが、消費者であるユーザーが製品やサービスに求めているものを指す[21]。マーケティングでは、ニーズを表すとき「○○がしたい」や「○○ができる（商品カテゴリー）が欲しい」といった形で表現することが多い。このニーズと体験価値は、いずれもユーザーが製品やサービスに求めているものに変わりはないが、その違いには注意する必要がある。

図2.13は、図2.11の累積的UXと体験価値の関係で用いた「ユーザー体験の意味の構造」と、体験価値・本質的ニーズとニーズの違いを示したものである。

ニーズは、ユーザーの経験的知識に基づいた欲求であり、経験的知識を形成する「手段」の部分に着目したものである。例えば、「デジカメの写真をすぐに印

---

20 Krippendorff（2006）は、デザインとは「物の意味を与える行為」とし、ユーザーの物に対する理解によって形成された「意味」を中心においてデザインすることが人間中心のデザインであるとしている。また、「人は、物の物理的な質ではなく、人に対するその物の意味に基づいて、理解や行動をする」という「意味の公理」に基づき、「ユーザーの物に対する理解の原理」をモデル化している。

本書のモデルは、Krippendorffのモデルを参考に、UX白書や著者自身の研究成果に基づき構築したものである。

21 マーケティングでは、ニーズのほかに「ウォンツ」という用語が用いられることも多い。しかし、ニーズ以上に定義が多様で、用語を使う人によって都合よく解釈されているのが現状である。本書では誤解を避けるため、ウォンツの用語は用いないこととした。

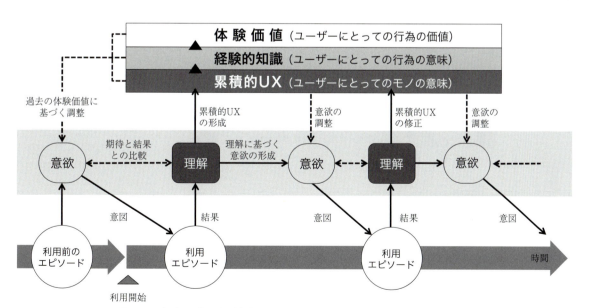

図2.12 意欲・理解と体験価値に注目したUXの構造：体験価値の形成プロセス

刷したい」とか「デジカメの写真をすぐに印刷できるプリンターが欲しい」といったものである。これは、ユーザーのネガティブな経験に基づく経験的知識を、既存の商品に対する問題点であると解釈することで、このようなニーズを抽出することができる。先ほどの例では、ユーザーの経験的知識を「プリンターはあっても、デジカメの写真を手軽に印刷できない」といった問題点として理解することで、ニーズを導出できる。特に実現手段の改善を目的とした提案では、こうした経験的知識レベルの欲求を導出することが役に立つ。

　ニーズには、**本質的ニーズ**と呼ばれるものもある。本質的ニーズは、経験的知識の結果・効果・感情の内容に着目したものである。先ほどのデジカメの例では、例えばパーティーに出席した人みんなに集合写真をすぐに渡したいとすると、「すぐにみんなとの思い出を共有したい」といった本質的ニーズが導出される。ユーザーの経験的知識には、利用文脈が含まれており、その状況でユーザーが得たい結果・効果・感情の内容を考えると、本質的ニーズを導出できる。本質的ニーズは、個別の手段を含んでいない点が特徴である。デジカメの例では、ユーザーは写真をプリントする方法でしか写真を共有する手段を持っていないために、プリンターの問題点を挙げその改善がニーズとなっている。しかし、ユーザーの本当にやりたいことは、プリンターで写真を刷ることではない。写真をすぐにみんなに共有することだった、というわけだ。もし、プリンターという手段にこだわらなければ、もっと違う方法でこのユーザーの本質的ニーズを満たす手段を提案できるかもしれない。ニーズと本質的ニーズの間には、手段を固定化するかしないかといった大きな違いがある。

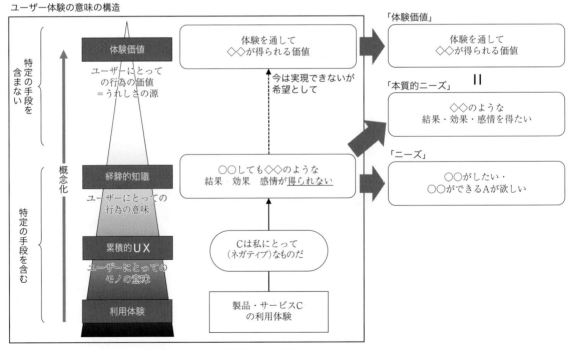

図2.13　体験価値・本質的ニーズとニーズの違い

一方「体験価値」は、ユーザーの経験的知識に基づいた行為の価値である。体験価値には個別の手段は含まれておらず、ユーザーが得られる結果・効果・感情の抽象的な価値である。デジカメの例では、「すぐにみんなと思い出を共有できる価値」と表現できる。語尾が異なるだけで、本質的ニーズと基本的には同じである。つまり、体験価値と本質的ニーズはほぼ同じと考えてよい。しかし、ニーズは慣例的に「〜したい」と表現するため、そのような欲求の度合いや強さがあるように感じられてしまう。「みんなとすぐに思い出を共有したい」というと、ほかのやりたいことと比べて、どれくらい強く思っているのかを考えることになる。しかし、ユーザーの感じるうれしさは、欲求の強さとは直接は関係しない。UXデザインでは、ユーザーがうれしいと感じる体験となるように検討することが重要であり、むしろ現状の欲求の強さを一旦忘れる方が良い場合がある。なお、本書ではUXデザインのプロセスの説明においては、体験価値を基本に説明するが、本質的ニーズも同義として扱う。

2.3 利用文脈

2.3.1 利用文脈とは

利用文脈の位置づけ

　利用文脈は、UXデザインの要素の中で、重要な考え方の一つである。英語では、Context of Useとなるので、「コンテクスト」などとカタカナ語として表現されることもある。また、**利用状況**と呼ばれることもあるが、本書では製品やサービスを使用するまでの時間的な前後関係をイメージしやすい「文脈」という言葉を用いる。状況と文脈は、若干のニュアンスの違いはあるものの、図2.14で示したように、人と製品・サービスとの関わる現場をとらえる言葉として、同じ意味として理解してほしい。

　利用文脈とは、ユーザーが製品・サービスを使用する際の状況やその背景、あるいは使用する前後で起こるさまざまな出来事のつながりを指している。製品・サービスを使う脈絡という説明もできる。

　なぜ、この利用文脈という考え方が必要になるのかといえば、人は脈絡なく製品・サービスを使うことはないからだ。ユーザーはどんな状況で、どんな背景があって、どんな脈絡で、その製品やサービスを使うかがわからなければ、そもそもユーザーを理解したことにならない。

　しかも利用文脈は、人によって違うこともあり得るし、いつも同じ文脈になるという保証もない。例えば、スマートフォンでの通話は、電車の中では使うのを遠慮するが、一人で自宅にいる状況では遠慮することはないだろう。だが、アパートに住んでいて、隣の部屋との間の壁が薄く声が漏れ聞こえてしまうような状況では、自宅にいても通話を控えたくなるかもしれない。いずれにしても、ユーザーと製品やサービスとの関わりの現場には、多様な利用文脈がある。

新しい体験を提案するときにも、利用文脈が重要な鍵を握っている。提案するものが、どんな利用文脈でユーザーが使うのかをシナリオや寸劇や、時には映像などで表現したりすることもある。

図2.14では、ユーザーと製品・サービスとの間に利用文脈が位置づけられることを示しているが、この利用文脈の中には、ユーザーと使用対象の製品・サービスだけでなく、周囲の人との関わりや関連する製品・サービス、空間や環境など、あらゆる状況が含まれている。さらにいえば、ユーザー自身の状況や過去の経験、利用の前後の脈絡などの時間的経緯など、目で見えない要素も含まれている。実際の利用環境だからこそ、複雑で多様な利用文脈が存在するのだが、これをどのように扱い、デザインにつなげていくかがUXデザインの技法の重要なポイントである。

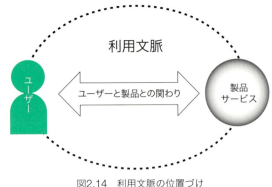

図2.14　利用文脈の位置づけ

人工物と文脈の関係

人間は、文脈の中で物の意味を理解するという知覚のメカニズムを持っている。図2.15は「THE CAT」と読めるだろう。しかし、文字の形をよく見るとTHEの「H」とCATの「A」は実は同じ形をしている。前後の文字の並びの影響を受けて、前者はHに後者はAに見えているにすぎない。このように前後の刺激の影響を受けて、対象となる刺激の知覚過程が変化することを**文脈効果**と呼ぶ。

文脈効果は、人間の過去の経験に基づいたものだが、こうした働きにより人間は多様な意味や解釈可能性を減らし、全体を素早く理解することができる。物の利用も同様で、ある文脈における製品は、使う目的や使い方がほぼ決まってくる。例えば、車の中にあるカーナビは、運転中には操作するのもディスプレイを見つめることも難しい。だからユーザーは、特にいつ操作すべきかを考えなくても、車を発車させる前に操作しようとするだろう。文脈とは、いわば物の使い方に自然な制約を生じさせる要素なのだといえる。

意味論の観点からデザインの理論を構築したクリッペンドルフは、人工物と文脈の関係について「人工物は、そのコンテクストが許容するものを意味する」とし、「人工物の意味の効果は、その使用のコンテクストの多様性において観察できる。その観点は、物理学や、習慣や、偶然では説明できない使用を規定する」と説明している。例えば、道路にある交通標識は、交通ルールをドライバーに伝達するためのものだが、学生の部屋の壁にあるとしたら、物理的には同じ標識が飾りであることを誰もが理解できる。

製品・サービスの使用における文脈を理解することこそが、ユーザーの製品・サービスとの関わりやその意味を把握するうえで極めて重要な要素である。

図2.15　文脈効果（Selfridge, 1955）

ISO 9241-11の定義

利用文脈については、ISO 9241-11：1998というユーザビリティの評価方法に関する国際規格に定義がある。この規格では、ユーザビリティを測定するための条件として利用文脈を位置づけ、以下のように定義している。

「ユーザー、タスク、設備（ハードウェア、ソフトウェアおよび資材）、それに製品が利用されている物理的・社会的環境」（ISO 9241-11）[22]

この定義の特徴は、設備や環境といった周辺状況に加え、ユーザーやユーザーが行うタスクを含んでいる点である。逆に、製品は含まれていない。

ISO 9241-11では、製品の使いやすさの度合いを表す「ユーザビリティ」[23]を図2.16に示すような構造でとらえている。利用文脈は、製品の利用の結果であるユーザビリティに影響を与えるため、ユーザビリティを測定する際には条件として定めておく必要があることを示している。つまり同じ製品でも利用文脈が異なれば製品の利用のされ方が異なるので、ユーザビリティの良し悪しを判断するのであれば、条件をそろえる意味でしっかりと利用文脈を把握しなければならないということだ。

この規格では付録として、把握すべき利用文脈の具体的な内容について、表2.5で示した項目を挙げている。項目は、非常に多岐にわたる。これらの項目は企業など業務で使用するシステムを想定したものになっており、家庭で使うものや個人で使うものについてはイメージしにくいかもしれない。ただ、「仕事」を「やること」と置き換えて考えれば、業務システムでないものにも当てはめて考えやすくなるだろう。

ISO 9241-210で求められた把握すべき利用文脈

ISO 9241-11は、あくまでユーザビリティを測定することについて言及したものであり、測定結果を正確かつ再現性があるようにすることを重視したものであ

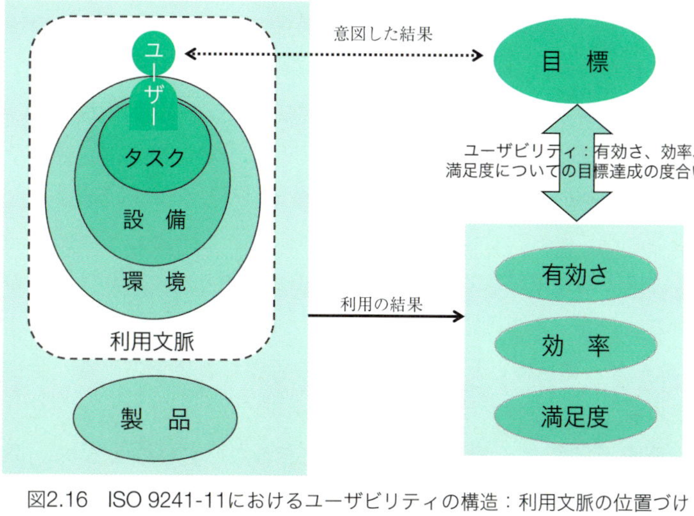

---

[22] ISO 9241-11の日本語訳にあたるJIS（日本工業規格）は、JIS Z 8521である。Z 8521では、context of useの訳語として「利用状況」が使われている。本書の定義は、Z 8521の訳語をもとにわかりやすいよう表現を若干変更している。

[23] ユーザビリティについては、「2.4節 ユーザビリティ、利用品質」を参照。

図2.16　ISO 9241-11におけるユーザビリティの構造：利用文脈の位置づけ

表2.5　ISO 9241-11 付属書 A に示された利用文脈の具体的な項目例

利用者	仕事	設備	環境		
利用者の種類	仕事の構成	基本的記述	組織的環境	技術的環境	物理的環境
主な利用者	仕事の名称	製品名称			
2次的な及び間接的利用者	仕事の頻度	製品説明	構造	構成	作業場所状態
	仕事の期間	主適用領域	勤務時間	ハードウエア	気候的環境
技能と知識	事象の頻度	主要機能	共同作業	ソフトウエア	音響環境
製品についての技能／知識	仕事の融通性		職務機能	参照資料	温熱環境
システムについての技能／知識	生理的及び精神的負担	仕様書	作業慣行		視覚環境
仕事の経験	仕事の依存性	ハードウエア	援助		環境の不安定性
組織上の経験	仕事の結果	ソフトウエア	中断		
訓練水準	誤りに起因する危険	資材	管理構造		作業場所設計
入力装置の技能	安全性に直結する要求	サービス	伝達構造		場所と什器
資格		その他の項目			利用者の姿勢
言語的技能			態度及び文化		位置
一般的知識			コンピュータ利用の方針		
			組織目標		作業場所の安全
個人的特徴			職場での関係		衛生災害
年齢					防護衣及び器具
性別			職務設計		
生理的能力			職務の柔軟性		
生理的限界および障害			成績監視		
知的能力			成績通知		
態度			仕事の速さ		
動機			自律性		
			自主性		

る。一方、人間中心デザインの国際規格である ISO 9241-210：2010では、デザインのために少なくとも明確にすべき利用文脈について、以下の4つを挙げて説明している。

(a) **ユーザーおよび他のステークホルダー**：違うニーズのユーザーグループが多様であるように、他にも重要なニーズを持ったステークホルダーが存在することがある。関連するグループが特定され、主な目標と制約の観点から、想定される開発との関係が記述されなければならない。

(b) **ユーザー又はユーザーグループの特性**：ユーザーの関連した特性が特定されなければならない。これらは知識、技能、経験、教育、トレーニング、身体的特性、習慣、好み、能力を含む。必要に応じて、異なるユーザータイプの特性を定義するのが望ましい。例えば、経験や身体的特性の水準の違いなどによって。アクセシビリティを達成するために、製品、システムおよびサービスは、想定ユーザーとして幅広い能力レベルの人々が使用できるよう設計するのが望ましい。これは多くの国における法的な要求事項である。

(c) **ユーザーの目標と仕事**：ユーザーの目標およびシステムの全体的な目標は特定されなければならない。ユーザビリティとアクセシビリティに影響を及ぼすタスクの特性は、記述されなければならない。例えば、ユーザーがタスクを実行する典型的な方法、その回数および作業に要す

る期間、相互依存性および並行して実行される活動などである。健康および安全へのあらゆる潜在的な悪影響（例：コールセンターでの不適切な応対頻度が原因となる過度な作業負担）がある場合又は、作業を誤ってしまうリスク（例：誤って購入してしまう）がある場合は、これらも特定するのが望ましい。タスクは、単に製品やシステムの機能又はその特徴の観点からだけで記述されないのが望ましい。

(d) システムの環境：ハードウェアおよびソフトウェア、資料を含む技術的な環境は特定されなければならない。物理的、社会的および文化的環境に関連した特性は記述されなければならない。物理的環境には、温度条件、照明、空間のレイアウトおよび什器を含んでもよい。環境の社会的および文化的側面は、仕事の習慣、組織構造および風土を含んでもよい。

これらは規格の文章なのでやや硬い表現にはなっているが、わかりやすく言い換えれば、ユーザーの環境とやりたいことのゴール、そして何よりユーザーの特徴やニーズをしっかりと把握することの重要性を述べている。

2.3.2 さまざまな利用文脈のとらえ方

利用文脈の具体的な内容については、ISO 9241-11の例や9241-210の内容を紹介したが、範囲が広くやや複雑なのは否定できない。利用文脈については、もう少しわかりやすく説明したものもあり、ここではそのいくつかを紹介する。

HMIの5側面

人間工学の知見を活かしたデザイン方法論を体系的に提案している山岡俊樹氏は、人間工学の観点から物のデザインを、人間とシステムとの調和を考えることだとし、人間−機械インタフェース（Human Machine Interface：HMI）をとらえることが重要だと述べている[24]。HMIをとらえるには、以下の5つの側面からユーザーとシステムの適合性を考えることが必要である（図2.17）。

(1) 身体的側面
(2) 頭脳的（情報的）側面
(3) 時間的側面
(4) 環境的側面
(5) 運用的側面

例えば、銀行のATMを例にして考えてみる。まず(1)身体的側面は、ATMのハードウェアのサイズや形状が関係する。ATMのハードウェ

[24] 山岡氏は、人間工学の観点から物のデザインをシステム的に行う「デザイン人間工学（2014）」などを提唱している。

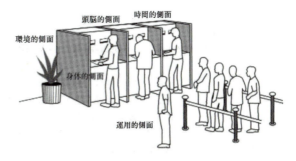

図2.17 ヒューマン・マシン・インタフェースの5側面（山岡, 2008）

アは、想定されるユーザーの身体的な特徴に適合している必要がある。体に合っていない製品を使うと疲労してしまうだけでなく、例えば車椅子ユーザーからは画面が見えず、そもそも使うことができないといった場合もある。

（2）頭脳的（情報的）側面は、操作画面でのわかりやすさや見やすさが関係する。ユーザーはインタフェースからの情報を入手して、理解・判断し操作する。ユーザーの目標に対して、これら一連の操作のわかりやすさが重要となる。

（3）時間的側面は、作業や操作にかかる時間的な面での適合性である。ATMの場合はそれほど長く操作するということはないが、ATMからの反応時間が適切かどうかは重要な課題である。反応時間が適切でないと、誤操作を招いたりする。

（4）環境的側面は、ATMが置かれている店舗空間についてである。例えば、操作するATM画面の頭上に照明器具がある場合、画面への映り込みや反射が起こるかもしれない。また、周囲の音がうるさくてATMが出す操作音が聞き取りにくいといったこともあるかもしれない。

（5）運用的側面は、サポート体制やユーザーへの操作案内などが関係する。銀行によっては、ATMコーナーにサポート要員を配置したりしている。サポートの有無なども利用文脈の一つの要因となる。

山岡氏は、ユーザーの要求事項を明らかにするためは、ユーザーの利用文脈をこの5つの側面を活用して把握・分析することが重要であるとしている。先に紹介したISOの利用文脈のとらえ方は、ユーザーやユーザーの仕事に重点を置いたとらえ方であったが、山岡のHMIの5側面は、人工物に重点をおいたとらえ方であるといえるだろう。

行為のインタフェース

利用文脈をよりシンプルにとらえたものとして、行為のインタフェースの抽出法がある。ユーザー心理行動分析法による商品開発メソッドを提案しているプロダクトデザイナーでもある村田智明氏は、人の行動に着目し、改善点を見つけてより良く新しい形を見つけていくデザインを「行為のデザイン」と呼んでいる。行為のデザインにおける製品をインタフェースととらえ、日常生活におけるインタフェースを抽出することからデザインを始めるべきだとしている。

村田が日常生活のインタフェースの抽出法として紹介しているのが、図2.18の行為のカードである。ここには、ユーザーの行為を構成する要素を「どんなシーンで（時空・条件）」「誰が」「どんな手段で」「目的を果たすのか？」の4つに整理している。

例えば図2.18は、駅の階段で、母親がベビーカーを持って階段を上がるという行為をどのような手段で行っているかを示している。手段を人、物、情報にわけている点が特徴的である。人は一つの目的の行為を達成するのに、状況に応じて手段を変更することがあることをとらえたものであり、同じユーザー、同じ目的でも多様な手段があり得るという利用文脈の多様性を示すことで、新しい製品の

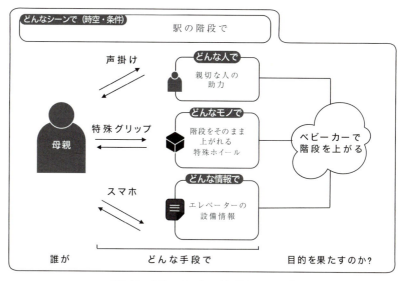

図2.18　行為のカードの例（村田, 2015）

発想をしやすくする効果を狙ったものである。

　人と製品・サービスとの関わりをシンプルに模式的にとらえたフレームワークであるが、利用文脈を端的にとらえるわかりやすい方法である。

2.3.3　手段選択における文脈の多重性

どの範囲のコンテクストか

　人間中心デザインやユーザビリティに関する国際規格であるISO 9241シリーズは、元々業務システムの開発を念頭においたガイドラインである。業務システムのユーザー、つまり従業員はどんなシステムを導入するかを、自ら直接決定することができず、会社から与えられたシステムを使わざるをえない。だからこそ、システムの設計者は従業員が苦痛に感じることなく、使いやすいシステムとなるよう、従業員自身の特性や仕事の内容、環境をしっかりと把握したうえで作ることが不可欠になる。

　しかし、日常生活ではどうだろう。特に個人が使用する製品は、ユーザー自身が選択することが多い。特に、Webサービスではそれが顕著だ。例えば、同じ製品を扱っているネットショップは多数あり、そのどれを選択するかはユーザーの自由である。利用文脈という観点からいえば、複数のネットショップから一つを選ぶという作業も、ユーザーの利用文脈によって左右される行為である。だが、あるネットショップの事業者の視点から見ると、検索結果の中から自社のWebサイトを選ぶ行為は自社の外側にある。そのため、ネットショップの中のユーザーの行動のみに注目してしまうことがある[25]。

　Webサイトに限らず、ユーザー自身によって手段選択が含まれる場合、考えるべき文脈は必ずしも製品やサービスを利用する間だけでなく、その前の文脈も

---

[25] このようにUXをとらえる範囲の違いを「Inside-out（事業者視点）」「Outside-in（顧客視点）」という言葉で説明することもある。Inside-outは、あくまで自社のWebサイトの中だけのUXを扱う。Outside-inは、自社を含めたWebサイト全体を対象としたユーザーのUXを扱う。
　UXデザインの手法では、ジャーニーマップを描く際に、こうした範囲を意識する必要がある（4.4.2項を参照）。

含んだ方が良い。例えば、銀行のATMを考えるとき、自行のATMの利用文脈を考えることは不可欠である。しかし、ユーザー視点で考えると「お金の管理」という広い目的の一部にATMの利用がある。ユーザーによっては、複数の銀行の口座を目的によって使い分けていたりするかもしれない。そのような場合、ユーザーの本質的ニーズは、自行のATMの範囲を超えたところにある。

このように製品の利用場面だけに限定しない、広い範囲の利用文脈を把握することから、新しい製品やサービスを企画できる可能性もある。そのため、どのような範囲の利用文脈を把握するのかについては、あらかじめ検討が必要となる。

Webサイトにおけるコンテクストの多重性

インターネット社会の発展により、あらゆるサービスがWebサービスとしてネット上で利用可能になった。だが、Webサービスを利用する背景や目的は実際の生活世界の文脈の中にあり、それを実現する手段としてWebサービスが選択されているにすぎない。だが、インターネット世界においても文脈は存在する。どの検索サービスからどんなキーワードで検索してたどり着いたか、あるいは検索結果の中でどんな比較をしてそのWebサービスを選んだかなど、その前後関係の文脈を考慮することも不可欠となっている。

このように考えると、Webサイトにおける利用文脈は多重性を持っているといえる（図2.19）。生活世界におけるユーザーの文脈の中で、ユーザーが達成したい目標がある（文脈①）。例えば、子育て中の母親が子どもの紙オムツがなくなりそうだから、買い足ししたいとしよう。Webサイトの事業者から見ると、ここですぐに自社のWebサイトにアクセスして購入してくれることを期待したいところだが、現実ではそういうことはない。ユーザーは目標を達成するために、過去の経験などから実店舗での購買などと比較して、Webサービスを使ってその目標を達成する方が良いと判断する。例えば、オムツを買いに外出できる状況かどうかや現在のオムツの在庫数と過去にネットショップで購入した際の配達までの時間の経験などから、Webサイトに期待する目標が新たに形成される（文脈②）。これは、現実の利用文脈の一部ではあるが、製品やサービスの利用の

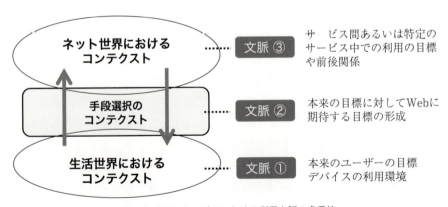

図2.19　Webサービスにおける利用文脈の多重性

文脈というより手段選択に関連する文脈であり、ここでは別の種類ととらえ「手段選択のコンテクスト」と呼んでおこう。

　Webサービスを使用することを決めた後は、Webサイトにアクセスしてキーワードで検索したり、比較サイトなどを利用したりするだろう。このとき、ユーザーはスマートフォンやコンピュータからアクセスしており、その利用状況は生活世界の文脈が反映される。しかし、Webサービスの事業者の視点でネット世界に限定してユーザーの利用文脈を考えると、自社のWebサイトにたどり着くまでにどんな過程を経てきたのか、その文脈が重要となるだろう（文脈③）。

　Webサイトに関していえば、ユーザー視点で利用文脈を広くとらえようとしたときには、こうした文脈の多重性を意識する必要がある。

2.4 ユーザビリティ、利用品質

2.4.1 製品・サービスとは

　ユーザビリティ、利用品質は、製品・サービスに関連する要素である。そこで、最初に製品・サービスの特徴について解説する。

製品・サービスの構成要素

　本書では、UXデザインによって生み出されるものを「製品・サービス」というように表現している。UXデザインは、企業などの組織において実践されることを念頭に置いたものであり、実際のユーザーの手元に届く段階では**商品**と呼ばれる。なお、本書で「商品」と呼ばないのは、製品やサービスなどを市場に出す際に検討する必要のある、価格や販売流通チャネル、あるいは販売促進などについては扱っていないためである。これらの要素を考慮して初めて、製品は商品になる。

　「製品やサービス」のように、製品とサービスを並列で表記しているが、現在のほとんどの商品は製品とサービスが結びついたものである。一般に「製品」は、ハードウェアにせよソフトウェアにせよなんらかの形を持つことから有形性の特徴が強いものである。一方「サービス」は、ヒューマンサービスのように形がなく、生産と消費がその場で行われることから無形性の特徴が強いものである。しかし、消費者（ユーザー）の視点から見るとすべての商品は、有形性と無形性の両方の側面を持っている。食料品のような、物自体に意味があるものの場合でも、消費者の手元に届くためには小売店舗で買うというサービスを介してしか入手できない。わかりやすいのは、ファストフードのようなサービスであろう。消費者の満足度の基本となるのは、ハンバーガーやポテト、フライドチキンなどといった食べ物が美味しいかどうかだろう。しかし、スタッフの接客やお店の清潔感など、サービスとしての要素も満足度を左右する。また、自動車やオフィスで使うプリント複合機（コピー機）など、比較的耐久性のある製品は、製

品だけでなくサポートサービスがあってこそ、ユーザーは使い続けられる。つまり、有形な物と無形なサービスは、複合的に組み合わされて構成されている。

製品・サービスは、図2.20に示す4つの要素で構成されている。これは、消費者（ユーザー）が商品としての製品やサービスを評価する際の品質要素として示されたもので、サービス品質の研究者であるローランド・ラスト（Roland T. Rsut）とリチャード・オリバー（Richard L. Oliver）によって提案された。

「モノ・プロダクト」とは、ユーザーに提供されるユーザーが受け取る「物」の要素である。物の品質レベルは、ユーザーの満足度を左右する要素の中でも重要なものである。UX デザインにおいても、製品の品質レベルは最も重要な要素であり、ユーザーの受容性を左右する。UX デザインの成果物として中心的な Web サイトやスマートフォンのアプリなど、ソフトウェアもモノ・プロダクトとして考える。ただし、モノ・プロダクトはあくまで理想とする UX を実現するための構成要素の一部である。

「サービス・プロダクト」とは、提供されるサービスの内容のことである。パック旅行の行程のように、あらかじめ計画されたサービス内容がこれにあたる。ただし、実際にユーザーが経験するサービスではなく、あくまで理想形として検討された一連の計画である。例えば自動車では、サービス・プロダクトは、自動車販売店での品ぞろえ、接客などの小売サービス、点検や修理、購入時のローンや保険といったものが相当する。UX デザインでは、ユーザーがうれしいと感じる体験を実現するためのモノ・プロダクト以外のサービスの計画である。

「サービス・デリバリー・システム」とは、実際にユーザーが経験するサービス活動の流れである。サービス・プロダクトが、計画されたサービスの内容であったのに対し、サービス・デリバリー・システムは、それをユーザーが一連の体験として経験できるようにするために必要となる仕組みである。ファストフードの例では、接客するスタッフだけでなく、バックヤードで調理しているスタッフや配送サービス、注文管理システムなど、一連のサービスを提供するために必要な仕組み全体が含まれる。UX デザインでは、製品やサービスを作るだけでなく提供する仕組みを設計することまでを含んでいる。本書では、それを「ビジネス」として示しているが、ユーザーからは直接目に触れない部分を含め、提供する仕組みが機能することで、継続して体験を生み出すことができる。

「サービス環境」とは、サービス活動が行われる具体的な場面、環境のことである。レストランであれば、心地よい空間やしつらえ、静かな雰囲気などがこれにあたる。ソフトウェアや Web サービスを中心とする UX デザインでは、提供側が制御できるサービス環境の要素は多くないかもしれない。だが、例えば必要以上に送信されるメールマガジンやユーザーの状況を理解していない広告など、主要な製品やサービスではない部分の活動が、全体の品質や評価を低下させる場合もある。こうした要素が UX デザインにおけるサービス環境にあたる。

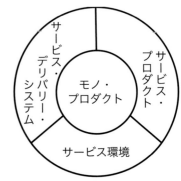

図2.20 製品・サービスの構成要素 (Rsut & Oliver, 1994)

いずれの製品・サービスも、この4つの要素が必ず含まれており、適切なバランスで構成される必要がある。

UXデザインは、第一義的には製品（モノ・プロダクト）やサービス（サービス・プロダクト）の設計である。しかし、本来目指しているデザインの方向性は、製品やサービスの区別なくユーザーがうれしいと感じる体験をデザインすることにある。ユーザーを主体に考えれば、うれしい体験が製品によってもたらされるか、あるいはサービスによってもたらされるかは、特別重要なことではない。製品とサービスを包括的にとらえ、ユーザーの体験価値を重視し、いかにユーザーにとってうれしいと感じる体験を実現するかが、UXデザインの基本的な考え方である[26]。

> 26 こうしたUXデザインの考え方は、マーケティングの分野で注目されている「サービス・ドミナント・ロジック（S-Dロジック）」と、ほぼ同じ考え方である。S-Dロジックは、VargoとLuschらによって提唱されているもので、サービス分野だけでなくマーケティング分野一般に拡大しつつある。

2.4.2 ユーザビリティとは

ユーザビリティの位置づけ

ユーザビリティは、日本語では「使いやすさ」と言い換えられることが多いが、正確な訳語は「使用性」ということになっている。製品が持つ基本的な機能は、ユーザーの目標を達成するための主要な能力であるが、ユーザビリティはその製品の機能をユーザーが発揮させるために、どれほど容易に製品の操作を行えるかを表す用語である。

日常的に使う「使いやすさ」という言葉から、ユーザビリティはユーザーが使いやすいと感じる度合いのことだと思っている人もいるかもしれない。しかし、ユーザビリティは製品・サービスの品質を指す言葉であり、あくまで製品・サービスの側の概念である。

UXと対比させてみると、その位置づけが理解しやすい（図2.21）。ユーザーがある利用文脈において製品を利用する、その結果としてユーザーの側にUXが生じる。一方、そのUXの質を左右する製品・サービス側の要因として、ユーザビリティがある。製品・サービスのユーザビリティが良ければ、ユーザー側のUXが良いものになる可能性は高い。

時折「このWebサイトのユーザビリティは低い！」などと叫んでいる人がいるが、その人が感じた使いにくさはユーザビリティではなく、主観的なユーザビ

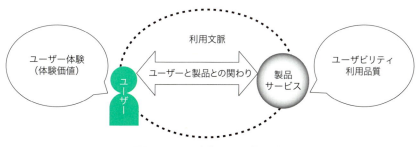

図2.21　ユーザビリティの位置づけ

リティの評価つまり UX である。だが同時に、結果的にユーザーに不満を抱かせた Web サイトのユーザビリティの品質レベルが低いことを意味している。ややわかりにくいかもしれないが、この図で示したように、ユーザー側の UX と対比させるように、製品・サービス側にユーザビリティが位置づけられる。

ユーザビリティの定義

ユーザビリティについては、さまざまな研究者および研究分野において定義や提案がなされてきた[27]。現在、UX や HCD の分野においてほぼ標準的な定義となっているものが ISO 9241-11：1998 による定義である。規格としての 9241-11 の目的は、コンピュータディスプレイを利用したオフィス作業、要するに業務システムを設計し評価する際に、ユーザビリティを測定する効用と測定指標について述べたものある。

ISO 9241-11 では、ユーザビリティを次のように定義している。

「ある製品が、指定された利用者によって、指定された利用の状況下（context of use）で、指定された目標を達成するために用いられる際の有効さ（effectiveness）、効率（efficiency）および満足度（satisfaction）の度合い」（ISO 9241-11：1998）

なお、この定義は人間中心デザインの国際規格 ISO 9241-210：2010 では、「製品」が「システムや製品、サービス」と対象が変更されているが、基本的には同じである。

つまり、ユーザビリティはユーザーの作業に対する有効さと効率という作業成績と満足度という主観的評価によって測定できるもの、としている。また、それぞれの指標には、次のような定義が与えられている。

有効さは、「ユーザーが、指定された目標を達成するうえでの正確さと完全さ」。効率は「ユーザーが、目標を達成する際に正確さと完全さに費やした資源」。満足度は「不快さのないこと、および製品使用に対しての肯定的な態度」。利用の状況（利用文脈）についてはすでに 2.3.1 項で紹介しているが、「ユーザー、タスク、設備（ハードウェア、ソフトウェアおよび資材）、それに製品が利用されている物理的・社会的環境」とされている。この定義を図示したものが、先の図 2.16 である。

先はど、ユーザビリティは、ユーザー側の UX と対比させて、製品・サービス側の品質であると述べた。だが、9241-11 の定義には、「満足度」が含まれていることに違和感を感じる人もいるに違いない。満足度といえば、ユーザーの主観的な反応であり、むしろ UX の範疇だといえるからだ。

しかし、満足度の定義を見てみると「不快さのないこと、および製品使用に対しての肯定的な態度」となっており、いわゆる製品に対する総合的な満足度とは違っている。むしろ不快さがないことを先に述べており、「使うのが嫌になる程ではないか」、あるいは「最低限使える状態かどうか」に主眼がある。つまり、UX としての主観的な満足度評価ではなく、ごく限定的な主観評価を扱っている

[27] Shackerl（1991）や Jordan et al., (1991) などがその先駆けである。1994年に Nielsen が「システム受容性」という階層的な概念の中の一部にユーザビリティを位置づけ「ユーザビリティ工学」を提唱したことにより、ユーザビリティの考え方が普及した。

ことがわかる。限定的な主観評価を扱う理由には、ユーザビリティの品質を測定する物理的な測定器がないことと関係している。現在のところ、製品の品質としてのユーザビリティを測定する測定器はない。そのため、人間を測定器に見立て、利用文脈を特定したうえで実際に使用してもらい、その作業成績によって代用するアイデアが9241-11の考え方である。このように説明したときに、ユーザーの「不快さ」という主観的な感覚を用いて、最低限の利用のレベルが確保されているかを確認しようとしたのが「満足度」指標だといえる。

ユーザビリティと利用品質

9241-11が示すユーザビリティは、利用の結果による品質評価であることから**利用品質**(quality in use / quality of use)と呼ばれることもある。

現在、ユーザビリティには9241-11とは異なる定義も存在している。その有力なものの一つに、システム・ソフトウェアの品質モデルを定義している ISO/IEC 25010：2010[28]がある。この規格は、システム・ソフトウェアの品質評価に関連する SQuaRE（Systems and software Quality Requirements and Evaluation）と呼ばれる体系化された規格群の中で、基本となる品質モデルを示している[29]。

ISO/IEC 25010ではシステムの品質を大きく3つに分けている。「利用品質モデル」「製品品質モデル」「データ品質モデル」である。このうち利用品質モデル（図2.22）と製品品質モデル（図2.23）を見てみよう。

このモデルでは、「ユーザビリティ」は製品品質モデルに含まれており（図2.23）、先に挙げた9241-11の有効さ、効率、満足度の指標は、利用品質モデルの一部を構成している（図2.22）。つまり、9241-11では、ユーザビリティと利用品質は同義としてとらえていたが、25010ではユーザビリティをより客観的で主にインタラクションに関する範囲での品質としてとらえ、製品を利用する際の品質と分けている点が特徴である。

利用品質モデル（図2.22）は、システムがユーザーやステークホルダーに及ぼす影響を、5つの特性としてまとめたものだ。有効性、効率性は9241-11の定義を引用しており、基本的な考え方は同じである。満足性については「製品又はシステムが明示された利用状況において使用されるとき、利用者ニーズが満足される度合い」とされている。また注記には「満足性は、製品又はシステムとの対話についての利用者の反応であり、製品に対する態度を含む」としている。満足性の内訳には、実用性（usefulness）、信用性（trust）、快感性（pleasure）、快適性（comfort）が挙げられている。このように見ると、このモデルにおける満足性はUXの評価を意味していると考えられる。ほかに、リスク回避性と利用状況網羅性が挙げられている。

一方、ユーザビリティは製品品質の一部を構成する特性となっている（図2.23）。その定義は「明示された利用状況において、有効性、効率性および満足性をもって明示された目標を達成するために、明示された利用者が製品又はシステムを利用することができる度合い」となっており、9241-11の定義とほぼ同じ

28　この規格の日本対応規格として、ＪＩＳ Ｘ 25010：2013『システム及びソフトウェア製品の品質要求及び評価（SQuaRE）―システム及びソフトウェア品質モデル』がある。

29　前項で取り上げた ISO 9241-11は人間工学の規格群の一つであり、システムを人間の観点からとらえることを基本としたものである。この ISO/IEC 25010はソフトウェア工学の規格群となっており、システムを品質面からとらえることを基本としたものという違いがある。

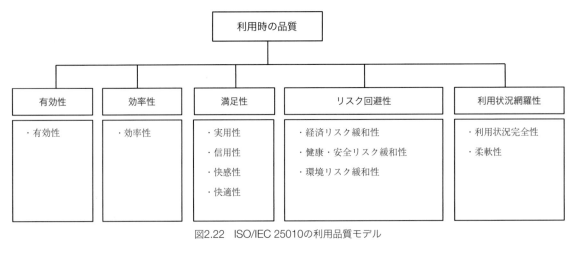

図2.22　ISO/IEC 25010の利用品質モデル

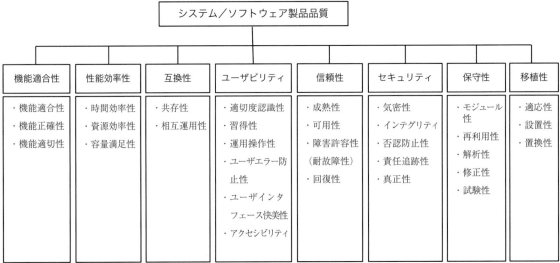

図2.23　ISO/IEC 25010の製品品質モデル

である。さらにいえば注記として「使用性は、副特性、すなわち製品品質特性として明示しもしくは測定するか、又は利用品質の部分集合である測定量によって直接的に明示しもしくは測定できる」としている。利用品質の部分集合とは、おそらく有効性と効率性、満足性のことを指しているのではないかと考えられる。つまり、ユーザビリティに関してはモデルでは製品品質と利用品質を分けてはいるものの、表裏一体のものだということだろう。

　ユーザビリティの内訳を見ると、適切度認識性、習得性、運用操作性、ユーザーエラー防止性、ユーザインタフェース快美性、アクセシビリティの6つが挙げられている。中でも特徴的なものが、適切度認識性とユーザインタフェース快美性である。適切度認識性は、「製品又はシステムが利用者のニーズに適切であるかどうかを利用者が認識できる度合い」としており、適切度を認識するための情報として、ドキュメントやチュートリアル、Webサイトの情報提供まで含ん

だものとなっている。またユーザインタフェース快美性は、「ユーザインタフェースが、利用者にとって楽しく、満足のいく対話を可能にする度合い」としており、ユーザインタフェース（UI）デザインの品質に踏み込んだうえに「楽しさ」を指標に含んでいる点が、これまでにない特徴となっている。

25010におけるユーザビリティは、UIデザインなどより客観的な要素を扱っており、利用品質とは因果関係でいう原因として位置づけていることがわかる。一方、利用品質は利用の結果で測られる度合いであり、UXも利用の結果であることから、UXをも含む概念として利用品質を構成している。ただし、UXといってもユーザーの主観的評価を製品の品質として測定したものであり、ユーザーの体験そのものを意味しているわけではない。

25010の概念整理はUXを視野に入れて検討されており、ユーザビリティと利用品質の違いを必ずしも明確に分離できていない部分もあるが、今後UXデザインの分野でも適用されていくものと予想される。なお本書では、ユーザビリティと利用品質の定義が部分的に包含関係にあることもあり、あえて両者を区別せず「ユーザビリティ」と呼ぶことにする。

2.4.3 目標達成と人工物

目標達成とユーザビリティの考え方

ISO 9241-11およびISO/IEC 25010によるユーザビリティの定義は、いずれも「目標を達成する」際の有効さ、効率、満足度であるとしている。ユーザビリティは、目標達成というユーザーの行為を扱っていることがポイントだ。

人間の行動には、大きく分けて意識的行動と無意識的行動がある。音楽を聴こうとしてプレーヤーを操作するといった行動をするのが前者であり、癖で鼻の頭を掻いてしまうなど本人が意図せず行う行動は後者である。意識的行動には、音楽が流れ始めるといったように、本人が得たい結果の状態＝目標（ゴール）がある。ユーザビリティは、この意識的行動においてユーザーが目標とする状態を得るために、製品・サービスによって支援される目標達成の度合いであると考えることができる。

図2.24は、目標達成の模式図である。例えば、銀行のATMを使ってAさんに一万円を振り込みたいとした場合、「現在の状態」はユーザーの意図だけがある。「目標の状態」はその金額を振り込めたことを確認できた状態であり、両者の間がATMを使って埋めるべき距離である。

ケース1は、ATMを使って操作したが間違えて操作をやり直したり、紆余曲折がありながらも目標の状態にたどり着けたケースである。このとき、ひとまず目標の状態に達成したのでユーザビリティの指標である「有効さ」は良いことになる。しかし「効率」はどうだろう。紆余曲折があり効率は良いとはいえない。このユーザーは紆余曲折があり、イライラを感じていたとすると「満足度」も低いということになる。

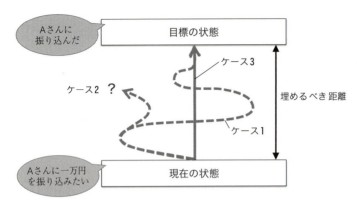

図2.24 目標達成とユーザビリティ：銀行ATMで振り込む例
（黒須，2007をもとに加筆）

　ケース2ではどうか。ケース2は、試行錯誤の途中でわからなくなってしまい、操作をあきらめてしまったケースだ。この場合、目標達成に至っていないので「有効さ」は低いことになる。「効率」は、目標が達成されていないので測定できない。このユーザーは、もうこのATMは使いたくないと思ったとすると「満足度」はかなり低いということになる。

　ケース3はどうだろう。ケース3は、すぐに目標の状態に到達できた。もちろん目標達成しており「有効さ」は良く、「効率」も良い。ユーザーが不満を感じておらず、このATMを使うことに肯定的であれば「満足度」は高いといえる。

　このように、ユーザビリティは人工物を使ったユーザーの目標達成という行動を対象にしたものである。また、このようにして測定され複数のユーザーの結果を集計し、総合的に分析することで製品・サービスの品質としてのユーザビリティを定量的に評価することができる。

目標の階層性

　ところで、ユーザーの目標とはどのようなものだろう。目標を一言で説明すれば「ユーザーが意図した結果」である。製品・サービスを使う場面では、製品・サービスを使うことでユーザーが得られる（と予想される）結果が目標となる。

　例えば、車の中でカーナビを使う場面を考えてみよう。カーナビの機能としては、目的地設定がありユーザーはそれを操作する。だから、ユーザーの目標は「カーナビで目的地設定をしたい」ということになる。しかしそれが本当にユーザーの目標だろうか。少なくともユーザーは、「目的地まで道案内できるようにしたい」と考えているはずだ。その手段として目的地設定という機能を使うことになる。製品を使うという視点だけにとらわれてしまうと、機能を使うことがユーザーの目標のように感じてしまう。だが、製品を使うこと自体、ユーザーにとっては何らかの目標を達成するための手段であるはずだ。カーナビでいえば「目的地まで道案内できるようにしたい」という、カーナビを使う目標を設定する理由は、さらにその前に何らかの目標があることを意味している[30]。

30　ユーザーの目標の階層性と、「2.2.6項 UXと体験価値」の図2.13との関連について考えてみてほしい。

図2.25は、ユーザーの目標の階層性を示している。ユーザーの目標には階層があり、より概念的で目的的なものから、より具体的で手段的なものへと目標が連鎖している。それぞれの目標はそれ自体が独立した目標であるが、同時に一つ上の目標を達成するための手段でもある。このように、それぞれが目標と手段の関係にあり、上位の目標がブレイクダウンされて具体的な手段に変換される。

先のカーナビの例では、上位の目標として「子どもと一緒の時間を楽しみたい」そのために「子どもと一緒に海までドライブしたい」というユーザーの本来の目標があったかもしれない。だから、子どもが長時間のドライブで疲れないよう「車で海までスムーズに移動したい」という目標ができたのかもしれない。それを実現する手段として「目的地まで道案内できるようにしたい」という目標が設定されたのかもしれない。これらはもちろん想定だが、製品の利用文脈として、こうしたユーザーの本来の目標や背景が表現される。ユーザビリティを計測するにしても、ユーザーの目標を適切なレベルで理解することが重要となる。

目標達成におけるユーザーの指向性と満足感

ユーザーと製品・サービスとの関わりの中には、必ずしも目標達成だけが目的でない場合もある。例えば、寝心地の良いベッドで寝るという行為は、寝るという目標の達成よりもそのプロセスの心地よさを重視していることになる。また、

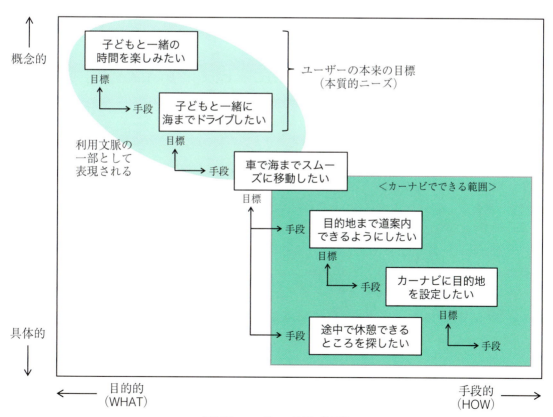

図2.25　ユーザーの目標の階層性

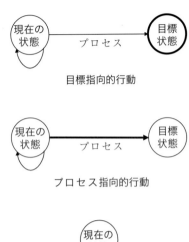

図2.26 目標達成と人間の行動の種類
（黒須，2010）

デザインが気に入った腕時計を、時間を知るという目標達成とは関係なく眺めるという行動をとることもある。

　日本でHCDの研究を開拓してきた黒須正明氏は、ユーザーの目標達成行動の種類を図2.26で示す3つに分類した。1つ目は「目標指向的行動」で、これは目標を達成することが主眼となる行動である。2つ目は「プロセス指向的行動」で、目標達成の過程が主眼となる行動である。例えば、車でのドライブは目的地に到着することが目標ではあるものの、その過程を楽しむ要素も多い。3つ目は「状態指向的行動」である。これは、目標達成行動ではなく純粋にその状態にあることを主眼とする行動である。先にも挙げたデザインの良い時計を眺めるといった行動である。

　また黒須氏は、これら3種類の行動のあり方によって、ユーザーが重視する評価尺度は異なる可能性を示している。目標指向的行動では「満足感」、プロセス思考的行動では「楽しさ」、状態思考的行動では「心地よさ」である。これらはまだ実証的に示されていないものの、同じ目標達成型の行動であってもユーザーが目標の達成を重視しているか、そのプロセスを重視しているかによってユーザーの主観的な評価、つまりUXは異なることを示唆している。これは、ユーザビリティとUXの関係を考えるうえで、参考となる指摘であるといえよう。

2.5 人間中心デザインプロセス

2.5.1 人間中心デザインプロセスとは

人間中心デザインプロセスの位置づけ

　人間中心デザイン（HCD）プロセスは、UXデザインを実践するためのプロセスとして活用されるデザインの理論である。特定のデザイン対象分野に限定されず、あらゆるものに当てはめられるプロセスの考え方である。ここではデザインのプロセスに焦点を当てるが、その目的はユーザーを中心においたデザインを行うためのものだ。

　UXデザインはHCDと同義ではないが、HCDプロセスの考え方を活用してデザインに取り組んでいく。HCDプロセスに従ってUXデザインを行う理由には、いくつかある。

　1つには、HCDプロセスが示す開発のアプローチを実施することにより、結果的にユーザー中心の開発を行うことができ、ユーザーの観点からの手戻りや失敗を極力防ぐことにつながるからである。ユーザーの観点からの手戻りや失敗とは、作ってみたら実はユーザーのニーズに合致しない使えない製品だった、というような事態だ。そのような製品を作っても、誰も幸せにはなれない。

　2つ目の理由は、多様な立場からなる開発メンバーにとって、開発プロセスの基準となると同時に、立場が違っても同じ目標を持つための基盤となるからである。一つの製品を開発するには、企画者、エンジニア、デザイナー、マーケターなど実に多様な立場のメンバーが関わることになる。立場が異なれば、時として意見や考え方が対立することもあるだろう。そのようなとき、チームが目指す目標が共有されていれば解決しやすいはずだ。HCDプロセスは、ユーザーを中心に置いた開発プロセスである。つまり、誰のために開発しているかといえば、ユーザーのため、顧客のためだ。どんなビジネスでも、顧客のことを考えないビジネスはないはずである。だが、どんなユーザーなのか、何を求めている顧客なのか、開発メンバー間で共通の理解がないまま開発が行われることが少なくない。HCDプロセスは、ユーザーが求めていることを明確にし、それを開発に関わる誰もが目標にしながら開発するための基盤として機能する。

　「1.2.1項 人間中心というデザインの哲学」でも述べたように、HCDは作り手がユーザーのことを理解するという二次的理解を前提としたデザインである。デザイナーはユーザーではない。だから、HCDプロセスではユーザーを理解して開発する過程を定義しているのだが、どれほど深く理解できたとしても制作したものがユーザーの求めるものと合わないものになってしまうことはある。そのような事態を避けるにはどうするか。それには、ユーザーに直接確認すれば良い。ユーザー自身に確認できない場合でも、ユーザーを調査したときに把握したユーザーの体験価値や本質的ニーズに立ち戻って確認する。そのように、常に確認し

なければ、知らず知らずのうちにユーザーから離れていってしまう。そのため、HCDプロセスではユーザーの体験価値や本質的ニーズを常に確認して、問題があれば修正するという反復過程が必ず含まれている。また、その反復の過程を、開発が進んで後戻りできないタイミングで行うのではなく、開発のどの段階においても実施できるようにし、問題が深刻化しないようにする全体のプロセスが、HCDプロセスには組み込まれている。

　ISO 9241-210：2010は、HCDプロセスの代表的なガイドラインである。このほかにも、さまざまなバリエーションが提案されているが、基本的には共通した特徴を持っている。本書では、最も代表的なISO 9241-210について解説する。

ISO 9241-210が示すHCDプロセス

　ISO 9241-210：2010の正式なタイトルは「人間工学－インタラクティブシステムの人間中心設計」である。タイトルにあるように、この規格はインタラクティブシステムの開発を念頭に置いたものであり、人間中心デザインを次のように定義している。

　　「システムの使い方に焦点を当て、人間工学やユーザビリティの知識と技術
　　を適用することにより、インタラクティブシステムをより使いやすくするこ
　　とを目的とするシステムの設計と開発へのアプローチ」（ISO 9241-
　　210:2010）

　この定義は、主にHCDプロセスの目的を示したものになっている。また、HCDはそれ自体が開発手法を示したものではなく、開発のアプローチつまり取組み方であると位置づけている点も重要である。

　9241-210では、HCDプロセスの具体的な取組み方として**反復設計**というコンセプトを示している。そのコンセプトを具体的に示したものが、図2.27である。

　この図の中で長方形で囲われたものは、人間中心デザインの活動（アクティビティ）を示しており、大きく5つある。左上の「人間中心設計プロセスの計画」は、最初の計画段階での活動で、残りの4つが設計段階での活動である。それぞれ一番上から順に「利用状況の把握と明示」「ユーザーの要求事項の明示」「ユーザーの要求事項を満たす設計による解決策の作成」「要求事項に対する設計の評価」である。なお、一つだけ楕円でくくられているのは「設計された解決策がユーザーの要求事項を満たす」となっており、製品がユーザーのニーズを満たして完成したことを示している。

　「利用状況の把握と明示」は、利用文脈を調査によって把握し、文書としてまとめておくことを指している。既存のシステムがある場合は、もちろんそのユーザーの利用文脈を調査すればよい。まったく新しいものであっても、関連する行為や業務あるいは似たような行為や業務の利用文脈を調査する。この調査結果をもとに次の段階である「ユーザーの要求事項の明示」を行う。この段階は、ユーザーだけでなく組織が求める目標を考慮したうえで、ユーザーの要求事項、つまりユーザーのニーズを明確に示す。ここでいうユーザーの要求事項はシステムや

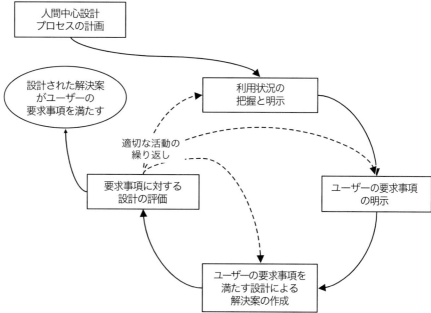

図2.27　ISO 9241-210：2010が示す人間中心デザインプロセスの相互依存関係

機能の要求事項ではない。あくまで利用文脈の中でユーザーがどのようなことを求めているかに関する項目である。システムや機能の要求事項は、ユーザーの要求事項と相互に関連しながら、これとは別に決める作業である。

　利用文脈の調査からユーザーの要求事項を明確化した後は、「ユーザーの要求事項を満たす設計による解決策の作成」である。これは企画やデザイン、設計など、段階はあるものの解決策を制作する段階である。ここで作られたものは次の「要求事項に対する評価」の段階で、2番目の「ユーザーの要求事項の明示」で示された要求事項と照らして適切にできているかを評価する。図2.27で示された図中の4つの活動は、おおむねこのような人間中心デザインの活動の連続したつながりを示している。

　この図の大きな特徴は、4つの活動を円のようなサイクルとして表現し、4つ目の「要求事項に対する設計の評価」からは他の長方形に破線が伸び、評価の過程を経て、問題があれば必要な活動に戻って再度行うことを求めている。

　繰り返すといっても、「間違っていたからやり直す」というようなネガティブな意味ではない。ユーザー中心という基本的な考え方では、常にユーザーの体験価値や本質的ニーズと照らし合わせて確認しながら進める必要がある。つまり、このサイクルを一回転させれば良いわけではなく、開発の全体でこのサイクルを何度も回すことをあらかじめ計画しておき、らせん階段を登るようにスパイラルアップして、徐々に完成度を上げていく。そのための繰り返しなのだ。

　繰り返すことで品質を高めていく過程は、いわゆるデミングサイクルと呼ばれるPlan（計画）→ Do（実行）→ Check（評価）→ Act（改善）のPDCAと基本的には同じ考え方といっても差し支えない。ただし、PDCAのCheckは、当

事者の振り返りを意味することがある。この点 HCD プロセスの評価は、あくまでユーザーによる評価あるいはユーザーを念頭に置いた評価であり、その点は大きく異なるので注意が必要だ。

HCD の原則
9241-210には、HCD の 6 つの原則が示されている。
- (a) 設計がユーザー、タスク、環境の明確な理解に基づいている
- (b) ユーザーが設計と開発全体を通じて参加している
- (c) 設計がユーザー中心の評価により実施され、洗練されている
- (d) プロセスを繰返している
- (e) 設計がユーザエクスペリエンス全体に取り組んでいる
- (f) 設計チームが学際的なスキルと視点を取り込んでいる

ここに挙げられた特徴を含んだものが、HCD でありその具体的な過程が HCD プロセスと呼ばれる。それぞれについて、適宜図2.27のプロセス図と照らし合わせながら説明する。

(a) は、本書で述べている利用文脈であり、プロセス図の 1 つ目「利用状況の把握と明示」を指している。9241-210の HCD プロセスは、開発のどの段階からでも適用できるとしているが、理想的にはユーザーおよびユーザーの利用文脈を把握するところから始めるのが良いだろう。むしろ、途中段階で HCD プロセスを適用しようとしても、まずこの「利用状況の把握と明示」の過程を行わなければならなくなる。例えば、製品の評価から HCD プロセスを適用しようとすると、どんなテストを行えば良いか検討する必要がある。「2.3節 利用文脈」でも解説したように、利用文脈が異なればユーザビリティや製品評価は大きく異なってしまう。そこで正しい評価を行うためには、評価を行う前に「利用状況の把握と明示」を行わなければならなくなる。そもそも、ユーザーの体験価値や本質的ニーズなど要求事項がわからないまま、開発を進めることはできないはずだが、現実には意外とそうした開発は多い。HCD プロセスは、この利用状況（利用文脈）の把握なくしては成り立たない。

(b) は、プロセス図には表現されていないが、ユーザーの参加を求めたものである。ユーザーの参加といっても、参加型デザインのことを述べているわけではない。「利用状況の把握と明示」や「要求事項に対する設計の評価」といった段階で実際のユーザーに協力してもらい、開発を進めるべきということだ。どれだけユーザーの利用文脈を理解して開発したとしても、やはりユーザーに直接確認できた方がよく、ユーザーの協力を得ることはより良い製品やサービスを開発するための近道である。もちろん、参加型デザインのアプローチを排除するわけではない。最近では、ユーザーグループと一緒に開発する取組みがマーケティング的な効果もあるとされ、さまざまな事例も紹介されている。

(c) は、「要求事項に対する設計の評価」に該当する内容である。ここのポイントは、「ユーザー中心の評価」という点である。(b) で指摘されているよう

に、実ユーザーに参加してもらい評価を行うこともあるが、開発段階や予算の都合で実ユーザーに参加してもらえない場合もある。そのような場合でも、あくまでユーザーの利用文脈を理解して、ユーザーの立場で評価することが必要だ、というわけだ。HCDプロセスにおいては、ユーザー中心の評価はユーザーの要求事項とのズレや乖離を避けるための活動であり、HCDプロセスの中でも最も重要な活動と位置づけている。

(d) は、HCDプロセスの図そのものを指している。プロセスを繰り返すことが原則ということは、繰り返すことを前提に開発を計画しなければならないことを意味している。つまり、(c) の評価をしっかり実施し、そこで発見された問題点は確実に解決されなければならない。

(e) は、HCDプロセスの目的と関わっている。HCDプロセスを適用する目的は、良いUXを実現するためである。想定されるUXの全体を対象とした開発でなければ、良いUXを実現することはそもそも難しい。特にソフトウェアの場合、ソフトウェアの都合を考えるだけでは十分でなく、ユーザーが用いるハードウェアや利用する状況、あるいは取扱説明書、サポート体制など、UXに関わる全体を考慮しなければならない。

規格の定義では、HCDを「インタラクティブシステムをより使いやすくすることを目的」にしたアプローチであるとしているが、規格の本文の中では、次のように説明している。「人間中心デザインの目的は、設計プロセス全体を通じて、UXを十分に考慮することにより、良いUXの質を達成することである」（ISO 9241-210：2010, 6.4.1）。つまり、HCDプロセスの目的を端的に言い表すと、**ユーザー要求に適合したUXの実現**であるといえよう。

(f) は、開発チームのメンバー構成に言及したものである。HCDプロセスは理想的ではあるのだが、実際の開発の現場ではユーザーの要求事項が、設計や実現性との間でトレードオフが起こることがしばしばある。このようなときに、技術やビジネスの都合が押し通されてしまい、ユーザーの要求事項が実現されなくなってしまうことが多い。9241-210はこのような現状を理解したうえで、あえて開発チームのメンバー構成に言及している。ユーザーのニーズとのトレードオフが起こった場合に、問題を解決しながらUXの質を落とさない、あるいは逆に高めるような解決策を導き出すために有効なのは、学際的で多様な専門分野のメンバーの参画である。多様なバックグラウンドのチームにおいて、創造的で革新的なアイデアで問題を解決することを期待しているわけだ。なお、規格では、以下のようなスキルや視点を挙げている。

・人間工学、ユーザビリティ、アクセシビリティ、ヒューマンコンピュータインタラクション、ユーザーリサーチ
・ユーザーおよび他のステークホルダー（又は彼らの視点の代わりを務められる者）
・アプリケーション分野の専門知識、目的物の専門知識
・マーケティング、ブランディング、販売、技術サポートおよびメンテナン

ス、健康および安全
- ユーザインタフェース、ビジュアルデザイン、プロダクトデザイン
- テクニカルライティング、研修、ユーザーサポート
- ユーザーの管理、サービスの管理およびコーポレートガバナンス
- 経営分析、システム分析
- システム工学、ハードウェアおよびソフトウェア工学、プログラミング、生産／製造およびメンテナンス
- 人的資源、持続可能性および他のステークホルダー

2.5.2 HCDプロセスの理解

HCDプロセスの計画

　HCDプロセスは、図2.27で示した4つの活動が中心となるが、実際にHCDプロセスを適用した開発を進めるためには、「HCDプロセスの計画」が非常に重要となる。

　9241-210では、HCDプロセスを、構想、分析、設計、実装、試験、保守という製品ライフサイクルのすべての段階に組み込まなければならないとしている。先にも述べたように、HCDプロセスはサイクルを繰り返すことで、徐々に問題点を修正し完成度を上げていくスパイラルアップのプロセスである。製品を開発するどの段階においても、このプロセスを回すことが不可欠であり、あらかじめ開発プロセスに組み込んでおかなければ実際に実施することはできない。もちろん、一部の段階であってもHCDプロセスを実施しないよりは良いかもしれないが、不十分な結果になるのは確実である。開発プロジェクトのリーダーがHCDプロセスへの理解を持ち、主導的に計画しなければHCDプロセスによる開発は困難となる。

　昨今では、UXデザインによる製品企画が先行し、その流れで設計・実装を行うことも増えつつある。構想・企画の当初からHCDプロセスによる企画立案プロセスを採用しておくことは、その後の開発にHCDプロセスを組み込みやすくなると考えている。いずれにせよ、HCDプロセスはプロジェクトの責任者がトップダウン型で適用・導入を決めることが望ましい。

HCDプロセスと実施手法

　9241-210が示すプロセス図は、あくまで人間中心デザインにおける設計活動の概要を示したものである。そのため、具体的な実施方法やテクニックなどについては言及されていない。だが、人間中心デザインプロセスのISOが発効してすでに20年近くが経過しており、さまざまな実践に基づいた手法の開発・整理・体系化がなされている。

　図2.28は、日本において人間中心設計を推進しているNPO法人人間中心設計推進機構のパンフレットに掲載された各活動とそれに対応する手法の例である。

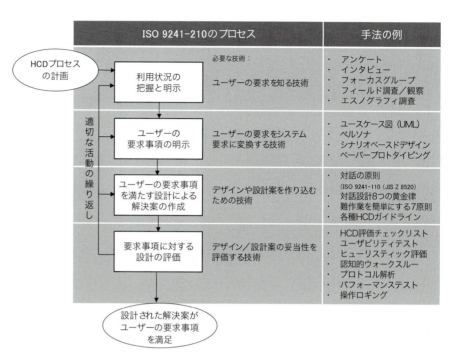

図2.28 人間中心デザインプロセスの各活動における手法の例(出典:NPO法人人間中心設計推進機構)

もちろんこれ以外にもさまざまな手法があり、現在でも新しい手法が提案され続けている。

なお、本書でUXデザインの手法として紹介するものの多くは、HCDプロセスで用いられているものであり、特に「利用状況の把握と明示」および「ユーザーの要求事項の明示」の段階で行われるユーザー調査やユーザー分析では、共通している。

HCDプロセスと開発手法との関係

HCDプロセスは、本来さまざまな設計・開発手法に組み込んで活用するものであり、開発段階を逐次的に実施していく**ウォーターフォール型開発**でも、短期的な反復設計を行い迅速に開発する**アジャイル型開発**でも、いずれにも適用できる考え方である。しかし、HCDプロセスの4つの活動は、一つひとつの活動がそれなりに時間を要するものであり、ウォーターフォール型の開発手法と同じように順次実施されるものとしてイメージされるため、さまざまな開発手法に組み込んで実施するものとの認識はあまりなされていない。

図2.29は、ウォーターフォール型と反復型、およびアジャイル型開発の一つのアプローチであるXP(エクストリーム・プログラミング)のイメージを比較したものである[31]。(a)ウォーターフォール型開発は、分析の段階で決定した仕様に沿って、設計・実装・テストまでを順次行うものである。(b)反復型開発は、企画・設計・開発といった大きなスコープの中で、仕様・設計・実装・テス

31 図2.29の説明は、XPの考案者であるBeck (1999)によるもの。

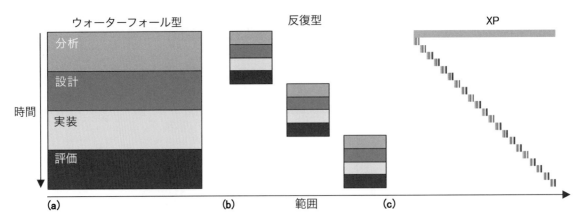

図2.29 開発手法の違い：ウォーターフォール、反復型、XP（Beck, 1999）

トを繰り返すものである。あくまで一つのシステム、あるいは分割することはあってもサブシステムごとの単位で開発する。(c) XP は、システムの全体の機能を分割し、そのうちの小さな機能ごとに短い期間で部分的な設計・実装・テストを行い半完成システムのリリースを繰り返し行うものである。

このように見ると、HCD プロセスは順次段階を経るウォーターフォール型や反復型開発での適用はしやすいと考えられる。一方、アジャル型開発ではその期間の短さから、この小さな単位ごとに9241-210が示す HCD プロセスをそのままの形式で回すことは難しいと考えられる。

このようなことから、アジャイル型開発に適した HCD の取組みが試みられている。アジャイル UCD やアジャイル UX、Lean UX などと呼ばれる取組みがそれにあたる。アジャイル UX はさまざまな取組みがあるものの、まだ定まった方法があるわけではない。だが、ユーザビリティやアジャイル UX のコンサルタントである樽本徹也氏によると、経験から導かれた基本的な原理・原則はあり、それが以下に示す3点である。

(1) 内から外へ：ユーザーにとって最も価値の高い中核的な特徴・機能から開発を始め、徐々にオプション的な部分へ拡大する。
(2) 平行して：実装と UX デザインを平行して実施し、かつ UX デザインを実装より少し先行させて実施する。具体的には「パラレルトラック法」がデズリー・サイ（Desirée Sy）によって提唱されている。
(3) 軽い手法で：これまでの HCD プロセスで用いられている手法を、より簡易化した手法を用いる。

このように、9241-210の HCD プロセスは、その考え方自体はあらゆるものに適用できるものの、アジャイル型開発では具体的な適用方法についてさまざまな実践が行われている段階である。今後さらに実践が積まれることにより、アジャイル型開発を前提とした HCD プロセスの具体的なノウハウも蓄積されていくだろう。

長期的モニタリングの重要性

　HCDプロセスは、製品の開発過程に焦点があるため、製品をリリースした後や保守におけるHCDプロセスに関して意識が向けられることは少ない。9241-210では、長期的なモニタリングの重要性に言及している。

　長期的モニタリングは、製品を市場に導入した後に、一定期間を通じてさまざまな方法でユーザーからの情報を収集することである。システム導入後の3ヶ月、6ヶ月、1年といった特定の間に実施される追跡評価は、システム評価の一部として行われることがある。特に短期間の評価と、長期間のモニタリングの結果には大きな違いがある。特に業務システムなどでは、ある程度使われないと仕事の効果を判断できないこともある。

　実利用環境におけるUXという観点では、実際の利用文脈でのユーザーの評価を把握することは不可欠であり、こうした製品のUXに関する情報を収集することで、有用な情報を次期製品の開発にフィードバックすることができる。

2.5.3 ISO以外のHCDプロセスの体系

　HCDプロセスは、9241-210以外にもさまざまなものが提案されている。いずれもユーザーによる評価や繰り返しの過程を含むものが多いが、若干の違いはある。ここでは、UXデザインやその関連で言及されることの多いHCDプロセスについて、簡単に紹介する。

ノーマンの人間中心デザイン

　ノーマンはHCDプロセスを、デザインの「ダブルダイヤモンド・デザインプロセスモデル」[32]とともに、**デザイン思考**（Design Thinking）の主要な技法と位置づけている。問題の発見と解決策の検討の過程を、発散と収束によって行うダブルダイヤモンドのプロセスを具体的に実施する方法として、HCDプロセスを用いるとしている。

　ノーマンは、人間中心デザインを以下のように定義している。

　「対象とする人々のニーズと能力にデザインが合っていることを保証するプロセス」（Norman, 2013）

　また、HCDプロセスには、次の4つの活動を位置づけており、これらは何度も繰り返され、望ましい解決策に接近していく（図2.30）。4つの活動とは、(1)観察、(2)アイデア創出、(3)プロトタイピング、(4)テストである。

　またノーマンは、HCDの原則として次のように述べている。

　「モノの仕様を決定するのはデザインの中で最も難しい部分なので、HCDの原則は、できるだけ長い間、問題を特定することを避け、その代わりに暫定的なデザインを繰り返していくことにある。これは、アイデアをすばやく試行し、一つひとつの試行の後に手段と問題提起を修正していくことで実現される。結果として、人々の真のニーズにきちんと合致する製品が得られ

32　ダブルダイヤモンド・デザインプロセスモデルとは、問題の発見と問題の解決という2つのデザイン過程を、それぞれ発散と収束という段階を経てデザインの提案を行う、デザインのプロセスを示したモデルである。
　4つの過程は、正しい問題を見つけるための「探索」と「定義」、正しい解決策を見つけるための「展開」と「提供」にわかれている。2005年に英国デザイン協議会が導入したプロセスモデルである。

る」（Norman, 2013）

ノーマンの示すHCDプロセスも、基本的には9241-210のプロセスと大きな違いはない。しかし、ユーザーの要求事項をあらかじめ定義し、要求事項をもとにして製品の解決策を作ることを念頭に置いた9241-210とは異なり、ノーマンは問題提起そのものを修正するためにプロトタイピングを繰り返すことを想定し、漸進的にユーザーのニーズを満たそうとする点ではやや異なった考え方をしている。

9241-210は、どのようにプロセスを回すべきかについては直接言及していないが、ダブルダイヤモンドに適用するというノーマンの考え方は、より具体的でありUXデザインにも適用できる考え方だといえよう。

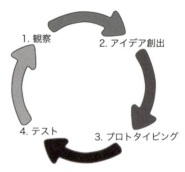

図2.30　ノーマンの人間中心デザインプロセス（Norman, 2013）

ハートソンとパイラのUXデザインのライフサイクルテンプレート

UXデザインに関する概念と手法およびテクニックを体系的に整理した、レックス・ハートソン（Rex Hartson）とパラ・パイラ（Pardha S. Pyla）は、UXデザインのライフサイクルテンプレートとして、図2.31に示すようなプロセスを示した。ハートソンらはこれを「ホイール（Wheel）」と呼んでいる。

ハートソンとパイラは、主にソフトウェアのインタラクションデザインを対象としたUXデザインのプロセスとして（1）分析：ビジネスドメイン、ユーザーの仕事、ニーズの理解、（2）設計：コンセプトデザイン、相互行為、見栄え（Look & Feel）の創出、（3）プロトタイプ：デザインの選択肢の具体化、

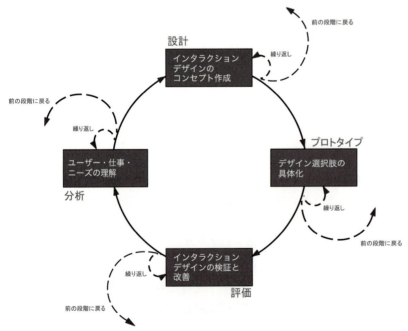

図2.31　UXデザインのライフサイクルテンプレート「ホイール」（Hartson & Pyla, 2012）

(4) 評価：インタラクションデザインの検証とリファイン、という4つの活動を繰り返すサイクルとして示している。また、それぞれの活動には、その活動に対する評価が含まれている。そこで課題があれば、その活動自体を繰り返すイテレーション（反復）を行うか、前段階の活動に戻って再度行うかを判断する必要がある。

　ハートソンらのホイールの特徴は、デザインとプロトタイプが分かれている点である。デザイン過程は多様なアイデアの可能性を検討するとともに、ユーザーの行動をデザインする過程である。プロトタイプは、そこでのアイデアを具体的なインタフェースデザインとして具現化していく過程を指している。この両者を分けたことにより、UXデザインに適したHCDプロセスを実現している。

IDEOのHCDプロセス

　米国に拠点を置くデザインコンサルティング会社IDEO（アイデオ）は、デザインでイノベーションをもたらす会社として著名である。デザイン思考という考え方を普及させた会社としても知られており、企業の課題に留まらず社会的な課題を解決する方法としてのデザイン思考を普及・推進している。

　IDEOは、2つのデザインプロセスがあることが知られている。1つは、IDEOが公開している「HCDツールキット」で示したHCDプロセスである。IDEOのHCDプロセスは、デザイン思考を主に社会的課題に適用させることを念頭に置いたプロセスであり、デザイナーではなく何らかの課題に直面している当事者が、デザイン思考に基づく課題解決に取り組めるようわかりやすく整理されている。

　IDEOのHCDプロセスは、デザイン対象者（つまりユーザーやステークホルダー）と一緒にデザインを行うことを念頭に置いたプロセスとなっている。この点は、デザイナーがユーザーを解釈してデザインする二次的理解による人間中心デザインというより、参加型デザインを指向している。

　プロセスは3段階に分かれており、H（HEAR：理解）、C（CREATE：創造）、D（DELIVER：実践）と、ちょうどH-C-Dとなるように工夫されている。Hは、デザインチームが対象となる人々から生活や課題に関する利用文脈、ストーリーを把握し、デザインのインスピレーションを得る段階、Cは、調査で得た結果をフレームワークや解決策、プロトタイプ等に落とし込むためにデザイン対象者を含んだワークショップ形式で検討する段階、Dは、収益モデルの構築や実行能力の評価・確認、実行プランの立案などを通じて、解決策を形にしていく段階である。

　プロセスは図2.32で示したように、山なりの曲線で表現されている。これは、具体的な生活の情報を次第に抽象化し、新しい解決策を検討しながら具体的な実行プランを導くという、時間に伴う抽象度を示したものである。

　また、解決策を判断するための見方として「HCDの3つのレンズ」を示している。「有用性：人々が求めているのは何だろう？」「実現可能性：技術的・組織

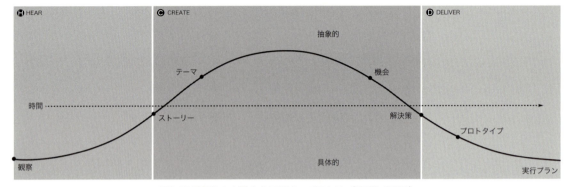

図2.32 IDEOの人間中心デザインプロセス（IDEO, 2008）

的に実現可能なのは何だろう？」「持続可能性：経済的に持続可能なのは何だろう？」の3つである。HCDの最終段階のアウトプットは、この3つのレンズが重なる領域に位置するものでなければならないとしている（図2.33）。

IDEOは社会的課題を、デザイン対象者つまりユーザーやステークホルダーを巻き込んで、解決策を導くための道具としてHCDプロセスを示している。ここには反復プロセスは表現されていないが、現場での実践では反復は必須となっている。これは、いわゆるデザイン思考のデザインプロセスそのものであり、社会的課題に限定せずさまざまなところで実践できるものといえる。特に、HCDの3つのレンズは解決策の判断として普遍的であり、非常に有用な視点である。

だが、基本的な考え方として参加型デザインを指向しており、9241-210などとは立脚点が異なることは理解しておく必要がある。

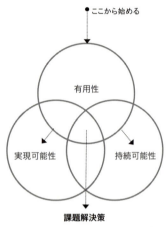

図2.33 HCDの3つのレンズ（IDEO, 2008）

IDEOのデザインプロセス

IDEOのデザインプロセスとしてもう一つ知られているものがある。これは、企業の製品開発やデザイン開発を依頼された際のデザインプロセスである。HCDプロセスという名称はつけられていないものの、実践している内容はHCDプロセスと同様でありここで紹介しておこう。

IDEOのデザインプロセスは、図2.34に示すように、5つの段階でデザインを洗練させていく。デザインの過程はリサイクルになっており、視覚化・実現化・評価・改良を繰り返し行う。IDEOの共同経営者のトム・ケリー（Tom Kelly）は、このプロセスの中でも観察（Observation）によるユーザー調査が重要だと主張している。アイデアのインスピレーションを得るためにも、デザイナー自身がユーザーの利用環境を訪問したり、自分自身が体験したりすることで利用文脈を理解することが重要だとしている。

このデザインプロセスは、1999年ごろから知られており、現在は先に示したHCDプロセスと融合しているかもしれない。だが、IDEOのHCDプロセスでは描かれていない実現化の段階での反復プロセスなどが示されており、両者を合

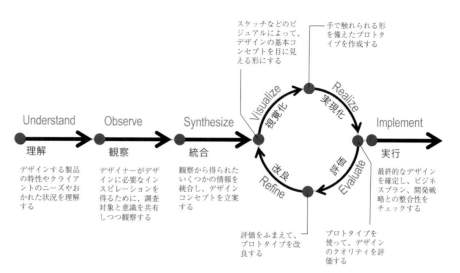

図2.34 IDEO のデザインプロセス（日経デザイン, 2009）

わせて理解することでより正確に IDEO が考える HCD のプロセスを理解できるだろう。

2.6 認知工学、人間工学、感性工学

2.6.1 関連する学問領域

関連学問領域と UX デザイン

UX デザインを実践するためには、HCD プロセスに関する知識や実践手法に関する知識だけでは十分ではない。UX デザインは、ユーザーの体験という人間の本質的な反応に関する領域を扱うため、人間に関する工学分野の基礎的な知識は必須となる。中でも、認知工学、人間工学、感性工学などは直接的に関わる分野である。それぞれ、どのような分野なのかを紹介する。

なおこのほかに、認知心理学・認知科学、社会心理学、社会学、文化人類学など、周辺の学問領域まで含めると人間科学および社会科学分野におよび、とても幅広くそのすべての知識を習得することは到底困難である。しかし、リアルな人間をとらえるには、やはり学問的な基盤を持っておくことが望ましい。特に、認知心理学・認知科学を基礎とした認知工学に関する知識は、ぜひ関連書籍にもあたり基礎知識に触れておくことを勧めたい。

認知工学

認知工学は、認知心理学および認知科学の知見を応用し、機器やシステムを利用するユーザーの認知的側面を支援する仕組みを設計するための工学技術分野である。1980年代にノーマンが提唱し、情報処理技術の発達とともに発展してきた分野である。人間の記憶、学習、思考、判断、問題解決といった人間の認知的

特性を理解したうえで、それらに適合させた使いやすい機器やシステムの設計を目標としている。

特に機器やシステムの操作やインタラクションに関連する、内的な過程に着目しているのが特徴である。アフォーダンスやメンタルモデルといった、インタフェースデザインの現場などでもよく使われる言葉は、認知工学の用語である。

人間工学

人間工学は、エルゴノミクスやヒューマンファクターとも呼ばれる。その歴史は古く1850年代のヨーロッパにまでさかのぼることができる。国際人間工学連盟（IEA）による人間工学の定義は次のようになっている。

> 「人間工学とは、システムにおける人間と他の要素とのインタラクションを理解するための科学的学問であり、人間の安寧とシステムの総合的性能との最適化を図るため、理論・原則・データ・設計方法を有効活用する独立した専門領域である」（日本語訳：日本人間工学会）

人間工学の視点は、認知工学よりもやや広く組織における運用や管理の体制、あるいは組織文化といったことも人間とシステムとの相互作用に影響する要因ととらえている。図2.35は、ISO 11064-1が示す人間中心設計の原則の模式図の一部である。人間を中心に、機器やシステムだけでなく、環境や運用・管理といった要素との相互作用の最適なバランスを取ろうとするのが、人間工学である。使いやすさも重要な目標ではあるが、人間の肉体的・精神的な疲労や何よりエラーが起こらない安全で快適なシステムとなるような設計を目指している。

感性工学

感性工学は、1970年代に広島国際大学名誉教授の長町三男氏によって提唱されたもので、人間の感性をさまざまな方法を用いて把握し、その結果をものづくりに応用するための工学技術分野である。

長町氏は感性工学を「感性を設計の具体的内容に置換する技術」と定義した。人間が持っている感性を把握して、それを物理量に置き換えてデザインスペックに表現し、全体としての設計を実現する工学的手法が感性工学である。例えば、既存のデザインに対して複数の感性ワードを用いた心理調査（感性評価）を行い、数量化理論など統計的手法を用いながら、デザインの物理量と感性との関係性のモデルを作ることで、デザインの仕様を明確化するアプローチなどがある。

2.6.2　UXデザインに必要な認知工学の基礎知識

UXデザインを実践するにあたり、主なデザイン対象とな

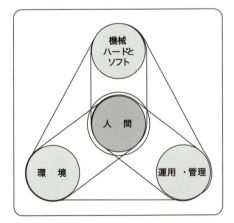

図2.35　ISO11064-1が示す人間中心設計原則（一部）

るソフトウェアを想定し、ここでは最低限知っておきたい認知工学の基礎知識について取り上げ、簡単に紹介しておきたい[33]。

33 ここで紹介する基礎知識のほとんどは、D. A. ノーマン，岡本明ら訳，誰のためのデザイン？ 増補・改訂版，新曜社，2015. に書かれている。この本は認知工学の入門書なので、ぜひ一読を勧める。

インタフェースの二重接面性

人間とコンピュータのインタフェースを考えるうえで、二重接面性という視点は重要である。コンピュータのインタフェースは、ユーザーとシステムの間に存在する直接的なインタフェース（第一接面）と、システムが物理的世界で実際にタスクを遂行するところに存在する間接的なインタフェース（第二接面）の二つがある（図2.36）。つまり、人間から情報などを入力するために直接触れる物理的な「操作のインタフェース」と、システム側が何らかの仕事を処理する「制御のインタフェース」に分けられる。

インタフェースの難しさは、第二接面を介した「道具・機械の世界」と「仕事世界」との対応づけがソフトウェアによって多様に可能であるのに対し、ユーザーの「心理的世界」と「道具・機械の世界」との間の第一接面における対応づけが限定的であることに起因する。本来のユーザーの興味は第二接面におけるタスクであるのだが、第一接面における操作インタフェースを介してしか操作や情報取得ができない。第一接面のインタフェースは、一般的にはキーボードやマウス、ディスプレイなどである。だから、第二接面の状況や処理できることを、第一接面でいかにわかりやすく、操作しやすく設計するかが重要になる。

行為の7段階モデル

行為の7段階モデルは、人が何かの行為を行う際の思考プロセスを、模式的にモデル化したものである（図2.37）。人の行為には、「実行」と「評価」の二つの側面がある、実行とは何かをすることである。評価とは起こってほしいこと、つまり「ゴール」と「外界」に実際に生じたことを比較することである。

実行の段階では、最上部の「ゴール」の状態が出発点となる。ここでゴールとは達成されるべき状態を表す。そのゴールは、何らかの行為をしようという「プラン」に変換される。このプランの意図を実現するために、遂行しなければならない行為の「詳細化」へと、意図が変換される。この詳細化の過程はまだ頭の中だけで生じている出来事であって、実際に「実行」されて外界に効果を及ぼすまでは何も起こらない。

評価の段階では、外界を「知覚」することから始まる。その知覚は、私たちが持っている予期・期待に沿って「解釈」され、次に「プラン」と「ゴール」に照らして「比較」される。

このように、一つの行為の認知的な過程をモデル化することにより、それぞれの過程が正確に円滑に行えるようにする

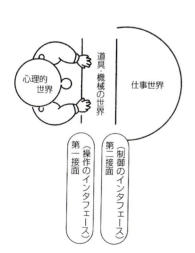

図2.36 インタフェースの二重接面性
（佐伯，1988）

ことが、わかりやすいデザインを実現することになる。

概念モデル

概念モデルは、人間が実世界で何かがどのように作用するかを思考する際に、人間の内部に生じたイメージを指す。例えば、エアコンが自動で設定した温度を保ってくれる仕組みについて、自分が理解しているイメージがあるだろう。それが、エアコンの温度管理の仕組みに関する概念モデルである。一般に、概念モデルは実際のシステムの機能や構造とは関係なく、ユーザーが利用経験を通して理解した仕組みの説明である。**メンタルモデル**と呼ぶこともある。

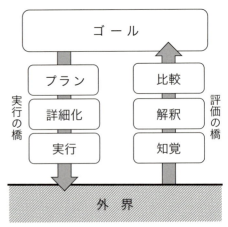

図2.37　7段階モデル（Norman, 1986, 2013）

概念モデルには、2つの概念モデルがある（図2.38）。デザイナーが持つ概念モデルと、ユーザーが持つ概念モデルである。デザイナーが持つ概念モデルは、製品のデザインや操作体系に関する概念である。システムはデザイナーが持つ概念モデルを反映したものであり、ユーザーが持つ概念モデルとデザイナーが持つ概念モデルが同じであれば、わかりやすいあるいは結果を予想しやすいシステムになると考えられる。

ユーザーの持つ概念モデルは、製品・システムに関連するさまざまな事前情報あるいは文書を含む周辺情報（これをシステムイメージと呼ぶ）と、実際に製品・システムを操作することによって徐々に概念モデルを構築、修正していく。そのため、製品・システムやシステムイメージがデザイナーの持つ概念モデルをうまく反映させたものでなかったら、ユーザーは間違った概念モデルを作り上げることになる。

デザイナーの持つ概念モデルと、ユーザーの持つ概念モデルが同一であると、ユーザーは思い通りに使え、使いやすい製品だと感じる。そのため、デザイナーはユーザーの持つモデルが、自分たちと同じであって欲しいと考える。だが、デザイナーとユーザーは直接話すことはできないため、システムイメージが重要な役割を果たす。

アフォーダンスとシグニファイア

アフォーダンスとは、環境や物理的な対象物が人を含む動物に与える「意味」である。例えば、目の前に高さ40センチほどの木の箱があったとしよう。それを見て人は「座れる」「上に立てる」「物を置ける」と感じるはずだ。しかも、それは考えなくても、また誰が教えてくれなくてもそう感じる。例えば、幼児にとって40センチほどの木の箱は、「座れる」よりも「よじ登れる」と感じるかもしれないが、私た

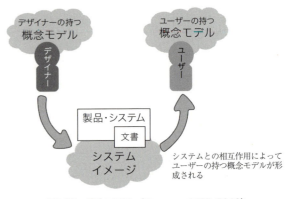

図2.38　概念モデル（Norman, 1983, 2013）

ちは物理的な物を見たときに、できることをすぐに理解することができる。これは、木の箱自体が「座れる」や「よじ登れる」というメッセージを発していると考えられる。このように、環境の中にある情報のことを**アフォーダンス**[34]と呼ぶ。これは知覚心理学者で生態心理学を開拓したジェームス・ギブソン（James J. Gibson）が提唱するアフォーダンス理論である。

アフォーダンス理論では、40センチの木の箱そのものが動物に対して「座れる」ことをアフォードしており、人は見ただけでその情報を考えることなく知覚できるとする。アフォーダンスそのものは、自然界に存在し変わることはない。ただし、同じ物であっても、人によって知覚されるアフォーダンスは異なる。例えば、荷物を持っている人にとっては「荷物が置ける」というアフォーダンスを知覚する。

アフォーダンスは、物理的な物をパッと見ただけで、誰にでも何ができるのかわかることから、ノーマンはわかりやすさをデザインするための概念として援用することを試みた。例えば、ソフトウェアのボタンのデザインでは、物理的なボタンらしく飛び出ているような手がかりをつけ、いかにも押せそうなデザインをすることを「アフォーダンスをつける」、といったように。しかし、アフォーダンスの概念は、デザイナーが影をつけるかつけないか、といった次元のものではない。アフォーダンスは自然界に存在し、環境の中にある意味や価値の情報のことであり、ノーマンの言葉の使い方は誤りがあった。

そこでノーマンは、デザインにおいてモノを適切に使ってもらうためのさまざまな手がかりのことを**シグニファイア**という言葉で説明している。シグニファイアには多様なものがあり、例えば実物のボタンのように「押す」行為を促すと知覚されたアフォーダンスを、ソフトウェアのUIデザインのグラフィックに再現する（具体的にいえば、飛び出ているように影をつける）ようなものもあれば、言葉で「押す」と明示するのもシグニファイアである。アフォーダンスには、良し悪しはないが、シグニファイアには良い（わかりやすい）と悪い（あまり効果がなく間違える）がある。シグニファイアの概念自体はとても幅広い。だが、適切なシグニファイアを用いることで、より自然でわかりやすいモノをデザインすることが可能となる。

認知工学に基づくデザインの原則

ノーマンは、ここに紹介したような認知工学の考え方に基づいたデザインの原則として、以下の7つを挙げている。いずれの原則も、わかりやすい製品やサービスを作るための基本的な考え方であり、デザインするときにはいつもこれらの原則を念頭に置き、検討することが望ましい。

（1）**発見可能性**：どのような行為が行えるのか、機器の今の状態はどうなっているのかが判断できる。

（2）**フィードバック**：行為の結果と製品やサービスの現在の状態についての完全かつ継続的な情報がある。行為が実行された後、新しい状態がどうなっ

---

[34] アフォーダンスの用語は、提唱者のGibsonがアフォード（afford：与える）という動詞から作り出した造語。

たかがわかりやすい。
(3) **概念モデル**：デザインは理解と制御感につながるように、システムの良い概念モデルを作るのに必要なすべての情報を伝える。概念モデルは発見可能性と評価の両方を向上させる。
(4) **アフォーダンス**：望ましい行為を可能にするために適切なアフォーダンスがある。
(5) **シグニファイア**：効果的にシグニファイアを利用することによって、発見可能性を確かなものにし、フィードバックが理解可能な形で伝えられる。
(6) **対応づけ**：制御部と行為の間の関係は良い対応づけの原理に従う。それは、可能な限り空間的なレイアウトや時間的な接近によって支えられる。
(7) **制約**：物理的、論理的、意味的、文化的な制約を与える。これによって行為を導き、解釈のしやすさを助ける。

2.7 ガイドライン、デザインパターン

2.7.1 ガイドライン

ガイドラインとは

　ガイドラインとは、デザインを行う際に用いるルールをまとめたもので、デザインの指針としての役割を果たすものである。ガイドラインにはさまざまなレベルがあり、企業等の組織におけるデザイン活動では一定水準の品質を確保するために不可欠なものである。主に企業におけるガイドラインは、大きく以下の3種類に分けられる。

(1) **設計指針**：複数の製品において数世代にわたり継続させるようなガイドライン。ソフトウェアやハードウェアなどデザイン対象物の種類を横断する場合は、ユーザー中心の考え方に基づくデザイン原則を示すことが多い。ソフトウェアなど特定の種類に限定される場合は、全体と要素に分け基本的な考え方や原則を示すことが多い。デザイン原則は、全社的な取組み姿勢を表すことにもなる。
(2) **デザインガイド**：複数の機種において数世代にわたり継続させるようなガイドライン。同一製品群での基本的な操作体系を統一させたり、その製品群で使用されるいくつかの操作パターンを整理し、その詳細のデザインを示したりする。同一製品群を継続して使用するユーザーの、操作に対する学習効果を高めたり、ブランドイメージを高めたりする効果がある。
(3) **スタイルガイド**：特定の機種において数世代にわたり継続させるようなガイドライン。画面デザインの詳細について示したものであり、デザインの一貫性の確保を主眼に置いたものが多い。内容的には、仕様書に近い表現になる。

　実際には、これらの目的をあわせ持ったガイドラインが作られることもある。

例えば、Apple が提供しているスマートフォン向けの「iOS ヒューマンインタフェースガイドライン」などは、iOS 用のアプリを開発する技術者に広く公開しているものである。これは iOS という特定の OS に関するガイドラインであるが、内容的にはデザインの原則および基本的なタスクや基本の操作に関するデザインガイドも示しており、（1）と（2）を兼ね備えたものとなっている。

特にスマートフォンアプリのように、ガイドラインによって基本的なインタフェースや操作のふるまいを統一しておくことでユーザーの学習を促進させ、どのアプリを使っても同じような操作方法で使えるような状況を作ることができる。

さまざまなデザイン原則

ソフトウェアのユーザーインタフェースの設計に関しては、一般的なデザイン原則がいくつか示されている。ここでは代表的な 2 つについて紹介する。

シュナイダーマンの「8 つの黄金律」

ベン・シュナイダーマン（Ben Shneiderman）は、『ユーザーインタフェースの設計』という、ヒューマン・コンピュータ・インタラクションの授業でよく使用されている教科書の著者である。この教科書は1980年に初版が発刊されて以降、5 度の改訂を経てなお使用されている名著である。この書籍の中で、「インタフェースデザインの 8 つの黄金律」と呼ばれるインタフェースデザインのルールを示している[35]。

(1) **一貫性を持つようにする**：似たような状況では、一貫した一連の操作が要求される。削除の確認やパスワードの再確認などの例外は、わかりやすくしてその数を限定する。

(2) **あらゆる人のユーザビリティの要求を満たす**：初心者と熟達者、年齢、障がい、技術理解の多様性といったような、ユーザーの多様なニーズを理解し、内容を変形できるような柔軟なデザインをする。

(3) **有益なフィードバックを提供する**：どんな操作に対しても、システムはフィードバックを与えるべきである。しばしば実行され、しかも影響の少ない操作に対する応答は簡潔に、たまに実行されて大事な操作の応答は情報量を多くすべきである。

(4) **完了感を与えるための対話を設計する**：操作の流れにも起承転結（始まり・中間・終わり）が必要である。一連の操作を完遂した時に操作者がそれを知らせるフィードバックは、一つのことをやり遂げたという満足感、安心感を与え、不測の事態を起こす可能性を少なくするとともに次の動作への準備を促す。

(5) **エラーの処理を簡単にさせる**：できる限りユーザーが致命的なエラーを起こさないように設計しなければならない。もし、エラーが起きてしまったら、システムがその原因を見つけ出し、簡単でわかりやすいエラーの処理方

[35] シュナイダーマンの 8 つの黄金律は、『Designing the User Interface: Strategies for Effective Human-Computer Interaction（ユーザーインタフェースの設計）』が改版されるたびに、基本の考え方を維持しながらも少しずつ表現を変更している。
ここで挙げたのは、第 5 版に基づくもので、解説については一部のみを翻訳して掲載している。すべての解説は、シュナイダーマンの Web サイトでも閲覧できる。

法を提供するように心がけなければならない。間違った操作をしたときは、システムの状態が変化しないようにするか、元の状態に戻せる方法がなければならない。

(6) 簡単にやり直しができるようにする：操作はできる限り可逆にすべきである。操作を誤ったとしても、それを取り消せることを知っていれば不安にならず、よく知らない機能でも試してみる気になる。

(7) 制御の内部の働きをわかるようにする：経験豊富なユーザーは、自分がシステムを制御し、システムは単にその操作に応答しているという感覚を強く望む。ユーザーを驚かすようなシステムの反応や、うんざりするほどの量のデータ入力、あるいは欲しい情報を得ることが不可能または困難であったり、期待していた操作ができないなどは、すべてユーザーを不安にしたり不機嫌にさせる原因である。

(8) 短期記憶領域の負担を少なくする：人間の短期記憶領域には限度があるので、表示は簡潔にし、何ページにもわたるような表示は統合し、一連の操作を学習するために十分な時間を用意する。

ISO 9241-110：2006の『対話の原則』

ISO 9241-110：2006は、ソフトウェアのインタラクションに関する一般的な原則を規定した国際規格である[36]。この規格は、特定のインタフェースの形式に限定されない一般的な原則を示したものである。原則として示されている項目は7項目で、さらに原則を具体的にした推奨事項が設定されている。これらの項目は、インタラクティブシステムを設計する際に、使いやすさに大きく影響する要素を示しており、インタラクティブシステムの設計や評価の際の目指すべき目標となる。

(1) 仕事に対する適合性：インタラクティブシステムが、ユーザーが仕事を完了するうえでの助けとなり完了を促進する場合、そのインタラクティブシステムは、仕事への適合性の原則にかなっている。すなわち、機能性および対話が仕事で使用する技術ではなく仕事の特性に立脚している場合、インタラクティブシステムは、仕事への適合性の原則にかなっている。

(2) 自己記述性：ユーザーがシステムとの対話において、自分が何についての対話をしているか、対話のどのステップにいるのか、どのような操作が許されてどのように操作を実行すればよいかが常に明らかである場合、その対話は自己記述性の原則にかなっている。

(3) ユーザーの期待への一致：対話が状況に応じて予想されるユーザーの必要性及び広く受け入れられている習慣と調和している場合、その対話はユーザーの期待への一致の原則にかなっている。

　　注記1：既存の慣習に合わせることは、ユーザーの期待への一致の一側面にすぎない。

　　注記2：一貫性をもたせると一般に対話の予想しやすさは向上する。

36 ISO 9241-110：2006に対応する翻訳規格は、JIS Z 8520：2008、『人間工学―人とシステムとのインタラクション―対話の原則』である。インタラクションの原則をわかりやすく解説したものとなっており、インタフェースデザインを理解する良い参考書になる。

（4） 学習への適合性：対話において、ユーザーがシステムの使い方を学習することを支援しその案内を与える場合、その対話は、学習への適合性の原則にかなっている。

（5） 可制御性：ユーザーが目標を達成するまで、やりとりの方向およびペースを主導し制御できる場合、対話は可制御性をもつ、すなわち、可制御性の原則にかなっているという。

　　注記：やりとりの方向とは、ユーザーからシステムへの働きかけかシステムからユーザーへの働きかけかの区別をいう。

（6） 誤りに対しての許容度：入力で明らかな間違いがあったにもかかわらず、ユーザーによる最小限の修正で意図する結果が得られる場合の対話は、誤りに対しての許容度をもつ。すなわち、誤りに対しての許容度の原則にかなっている。誤りに対しての許容度を対話にもたせるには、生じる誤りに対しての次の取組み方がある。誤りの制御（被害の最小化）、誤りの修正、誤りの管理。

（7） 個人化への適合性：個人の能力および必要性に応じてインタラクションおよび情報の提供を変更できるとき、対話は、個人化に適している。すなわち、個人化への適合性の原則にかなっているという。

　　注記1：ユーザーが自分に合わせて対話を変えることを可能にするのは、多くの場合望ましいことではあるが、人間工学上の見地から望ましく対話を設計することそのものの代用とはならない。また、個人化は一定の範囲内で行われることが望ましく個人化が不快な状況を生じさせないことが必要である。不快な状況とは、例えば、聴覚フィードバックのレベルが過剰な雑音であったりする場合を指す。

　　注記2：個人化への適合性は、広い範囲のユーザーを受け入れやすくすることでアクセシビリティを高める手段になり得る。

こうしたデザイン原則は、あくまで原則であり個別の状況に応じて、原則のあてはめ方や優先順位を決める必要がある。9241-110では、利用文脈によってあてはまる原則が変わるとし、その優先度は主に次の4つで決まるとしている。「組織の目標」、「想定するユーザーが必要とするもの」、「支援しようとする仕事」、「利用可能な技術及び資源」である。

このほかにも、先に挙げた「iOS ヒューマンインタフェースガイドライン」にもデザイン原則は含まれている。原則のレベルでは、いずれも似たような項目があることに気づく。ソフトウェアのインタフェースをデザインするときに、まずこれらの原則を学ぶことは、効率よく確実にユーザー中心のインタフェースデザインを実現するためには不可欠である。

2.7.2 デザインパターン

デザインパターンとは

　デザインパターンとは、デザインを行うときの基礎となる典型的な要素や、要素間の関係のことである。元は建築分野で用いられていた方法だが、ソフトウェア開発の分野に応用され、デザインやプログラミングの品質や効率を確保するために用いられている[37]。

　デザインパターンは、建築家のクリストファー・アレグザンダー（Christopher Alexander）が1970年代に住民参加のまちづくりを支援するために提唱した、「パターンランゲージ」に由来する。パターンランゲージは、よいデザインに潜む共通のパターンを記述するために考案された。アレグザンダーは、古くからの街や建物が持っている調和のとれた「質」を、これから作る街や建物においても実現することを目指した。そこで、その共通言語としてパターンを作り、住民たち自身がデザインのプロセスに参加する際のツールとした。パターンランゲージには、ある「状況（Context）」において生じる「問題（Problem）」とそこでの「制約事項（Force）」、そして「解決（Solution）」の方法がセットになって記述され、それに「名前」（パターン名）がつけられている。このようなパターンを共有することで、建築家ではない人々が、建築家の視点・発想をふまえて考えたり、コラボレーションできるようになったりすることが可能になる。

　ソフトウェアのインタフェースデザインでは、ジェニファー・ティドウェル（Jenifer Tidwell）がまとめた『デザイニング・インタフェース』や、アラン・クーパー（Alan Cooper）らによる『About Face 3』、テリーサ・ニール（Theresa Neil）『モバイルデザインパターン』などがよく知られている。

　ティドウェルは、「使いやすいアプリケーションは、"慣用的"になるようにデザインされている」とし、アプリケーションのすべてのパーツが十分に慣用的（見慣れたもの）であり、パーツ同士の関係が明確になっていれば、ユーザーは初めて目にするインタフェースであっても経験的知識を駆使して理解できるとしている。そのようなとき、慣用的なパーツによるデザインパターンが役に立つ。

　またクーパーは、インタフェースデザインにおけるデザインパターンの目的として、次の4つを挙げている。

- 新しいプロジェクトのデザインにかかる時間と労力を削減する
- デザインソリューションの品質を向上させる
- デザイナーとプログラマーの間のコミュニケーションを円滑にする
- デザイナーを教育する

　デザインパターンはガイドラインとは異なり、推奨事項や避けるべき事項が書かれているわけではない。また、デザインルールでもない。これまでの歴史の中で繰り返し用いられてきた、デザインの用法である。デザインパターンをまねればよいわけではなく、使われる利用文脈の理解が不可欠である。

[37] ソフトウェア開発におけるデザインパターンは独自の展開を遂げている状況があるなど、デザインパターンの意味は、使われる分野によってニュアンスが異なる場合がある。ここでは、慣用的なデザインの共通した表現と用い方（用法）を指して、デザインパターンと呼んでいる。

2.8 UX デザイン

2.8.1 UX デザインのプロセス

UX デザインのプロセス

　本章ではここまで、**UX デザイン**を実現するためのさまざまな要素とその関係性について解説した。UX デザインは、デザイン対象領域の既存の UX や利用文脈、製品・市場から現状を把握するとともに、デザインの理論である HCD プロセスや関連分野の知識、ノウハウを活用して行うデザインの実践である。

　UX デザインを実践するプロセスには、クーパーのゴールダイレクテッド・デザイン[38]やハートソンとパイラが体系化した UX デザイン・ライフサイクルテンプレートによるものなど、さまざまなものが提案されている[39]。いずれの方法も、ユーザー調査からデザイン仕様を確定するまでの段階を手法とともに明解に示している。ただし、これらのプロセスは、製品・サービスを具体化することが中心となっており、提供する仕組みをどの段階で検討するのかや各段階での実践上の注意点までは言及されていない。

　本書では、企業などの組織において新しい製品やサービスを、提供する仕組みまでを含んでデザインするプロセスとして、図2.39に示す7段階のプロセスを紹介する。このプロセスは、これまでの UX デザインに関する知見や多数の企業の課題を支援してきた経験から、UX デザインの実践において重要なポイントをすべて組み込んだものであり、プロセスを理解するだけでも、UX デザインの要点を理解できるようにしたものである。もちろん、これはあくまでも理想的なプロセスを示したもので、デザイン対象の製品やサービスの種類あるいはプロジェクトの目的によって、プロセスの変更は必要となる。

　この **UX デザインプロセス**が他のデザインプロセスと異なる特徴的な点は3つある。1つは、「②ユーザー体験のモデル化と体験価値の探索」の段階で、体験価値に着目する点である。「1.3.1項　ビジネスにおける UX デザインの適用パターン」でも示したように、UX デザインのアプローチではビジネスの目標によって、提供する体験価値をどのように設定するかが違ってくる。提供する体験価値を定め、それを中心にしながらデザインプロセスを進めていくことが、このプロセスの基本となる考え方である。

　2つ目は「④実現するユーザー体験と利用文脈の視覚化」を行う点である。コンセプト作成の段階で実現する体験価値を設定してアイデアを発想し、そのアイデアが実現する UX とその利用文脈がどのようなものかを視覚化するのが、この段階の主な活動である。これにより、早い段階で UX を評価可能にし、目標とする UX が実現できる製品やサービスの具体的な方向性を明確化できる。

　3つ目は、「⑤プロトタイプの反復による製品・サービスの詳細化」の過程である。これまでもプロトタイプを制作し評価を繰り返すことは一般的に行われて

38　「3.2.2項 の「ユーザー調査からデザインを導くアプローチ」を参照。

39　「2.5.3項 ISO 以外のHCD プロセスの体系」を参照。

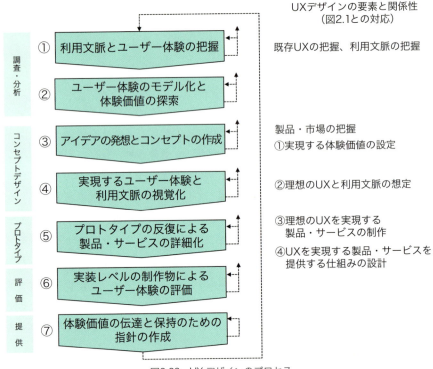

図2.39　UXデザインのプロセス

いるが、特に UX デザインでは目標とするユーザー体験が実現できるよう、製品やサービス自体のプロトタイプの精度を上げながら評価を繰り返し行うことが重要となる。また、製品やサービスそのものだけでなく、それらを提供する仕組みについても合わせて検討を行い、プロトタイプに反映させていくこともこの段階で行う UX デザインならではの過程となる。製品やサービスを支える後ろ側のシステムやサービスが想定されていなければ、そもそもプロトタイプを詳細化することはできない。

　このプロセスは、3つの反復プロセスを表現した破線が描かれている。1つは、すべての過程で必要に応じた反復が想定されており、同じ段階で矢印がループしているものがそれにあたる。2つ目は、各過程で問題があれば、必要に応じてそれまでの適切な過程に戻るもので、上方向の矢印がそれを表している。3つ目は、「⑦体験価値の伝達と保持のための指針の作成」の後から、「①利用文脈とユーザー体験の把握」に戻る矢印である。製品やサービスを提供した後で導入後の評価を行いながら、次期バージョンの製品・サービスの計画につなげる。

HCD プロセスおよび開発プロセスとの関係

　UX デザインのプロセスと HCD プロセスおよび開発プロセスとの関係を、図2.40に示す。
　UX デザインでは、企画・仕様検討段階で制作するべき製品やサービスを詳細化する。つまり開発の上流工程が重要となる。そのため HCD プロセスも、この

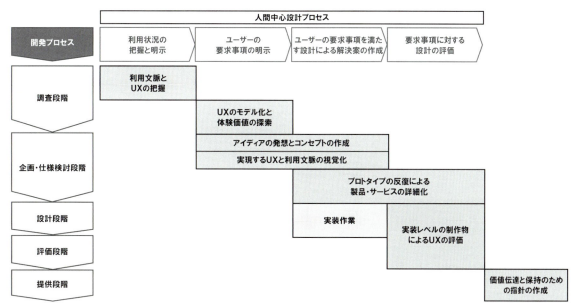

図2.40 UXデザインプロセスとHCDプロセスの関係性[40]

40 この図には、HCDプロセスで重要となる評価によるフィードバックのループは表現していないが、必要に応じてサイクルを繰り返すことを行う前提で描いている。

企画・仕様段階までに評価を行うサイクルを繰り返し行っておく必要がある。

UXデザインを実践する手法

UXデザインプロセスをスムーズかつ効果的に進めるために、さまざまな手法が用いられている。プロセスの各段階における手法については3章で紹介し、各手法のうち代表的なものについては4章でその具体的な実践方法について解説する。UXデザインは、「デザイン」という名前がついているが、いわゆる専門的なデザイン教育を受けていなくてもこれらの手法を理解することで、ある程度のレベルまで実践することが可能であることも大きな特徴となっている。つまり、これらの諸手法を学ぶことで技術者やマーケッターなど、多様な関係者がUXデザインを実践できるようになる。

図2.41は、UXデザインプロセスを実践する主なデザインの手法である。これらの手法は、UXデザインが注目されるようになった10年ほどの間に、さまざまな手法が体系的に整理され、実施しやすい環境が整いつつある。

2.8.2 UXデザインの取組み方

チームの共同作業を通した共通認識の醸成

UXデザインの取組み方として、プロジェクトチームによる作業が基本となる。特にユーザーが現在置かれている状況での利用文脈を調査し、ユーザーに対する理解を深めていく調査・分析の過程では、可能な限り分担作業ではなく共同作業で行うことが望ましい。共同作業といっても、ワークショップ形式のものである。

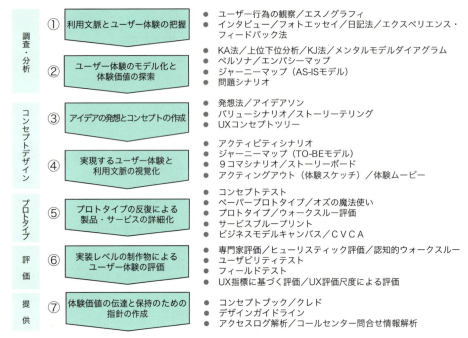

図2.41　UXデザインプロセスと主なデザイン手法

　ユーザーに対する理解をプロジェクトメンバーが、共同作業を通して共有しておくことは、UXデザインにおいてとても重要な意味を持つ。特に、コンセプトデザインに関わるメンバーには、ユーザー調査から得られた生の情報を分析し、ユーザーモデルを作る作業をワークショップ形式でともに経験しておくことが望ましい。この作業は、ユーザーに対して共感する作業でもある。多様なプロジェクトメンバーの目や感覚を通して、ユーザーに関する情報を読み解くことで、ユーザーに対する理解の幅が広がり、ユーザーへの共感がより深いものとなる。そしてそのことが、コンセプトデザインでのアイデアをより良いものにする。

　UXデザインでは、ユーザーモデルとしてユーザーの現状の利用文脈を表現し、関係者全員がユーザーへの理解を共有できるようにする。しかし、モデルには詳細なニュアンスを盛り込むのが難しい場合が多い。実装の段階などでは、ユーザーモデルだけでも十分共有できるが、アイデア発想の段階では共同作業を通した共通認識を醸成することが、より良い提案を作り出す近道でもある。

良いデザインプロセスとよい意思決定は別次元

　UXデザインプロセスに沿った開発を行うことで、良いUXを実現する製品やサービスを作ることは可能である。しかし、UXデザインプロセスに従ったからといってビジネスとして成功するわけではない。どのような判断や意思決定をすべきかについて、デザインプロセスは答えを持っていない。例えば、コンセプトテストでA案への支持は80%で、B案は20%の支持に留まったとする。しかし、ビジネスの判断で20%の人が支持していたB案を選択し、ビジネス的に成

功したというような例はいくつもある。これまでにない新しい体験価値を提案するものほど、アイデアレベルの評価では上位にならないことはしばしば起こる。どのような製品やサービスを提供するかは、ビジネスの総合的な判断である。当初は20％の人しか支持しないアイデアでも、体験価値がうまく伝わるような広告やプロモーション活動の工夫をすることでユーザー側の意識が変化し、支持が広がっていくかもしれない。

意思決定の中には、適切な段階に戻る判断をしなければならないこともある。例えば、評価の段階でユーザーの体験価値を実現できていない場合には、必要な段階に戻って修正するかを決めなければならない。問題を抱えたまま製品やサービスを提供してしまうことのリスクと、修正することで提供が遅れることのリスクを正確に判断したうえで意思決定することが重要となる。昨今では、インターネットでの口コミの伝播力の強さを考えて、企業イメージやブランドイメージへの影響を考慮すると、スケジュールが遅れても修正する方を選択することが長期的には賢明な判断だといえる。だがそれもケースバイケースであり、適切な意思決定を要する。

意思決定に必要な情報は、デザインプロセスの過程で提供することはできるが、意思決定そのものは誰かが行わなければならない問題である。

組織全体の意識変革の必要性

UXデザインは、従来型のものづくりの発想とは意識を変えて取り組むことが必要である。UXデザインは、単にユーザーの要求を満たす製品やサービスを作って提供する、というだけに留まるものではない。ユーザーと製品・サービスとの、長くより良い関係を生み出すことに主眼が置かれている点が重要となる。

特に製造業ではこれまで、よい製品をユーザーに提供することが基本的な発想だった。これは技術・機能の発想であり、製品の価値は企業側にありユーザーに与えられるものだった。そのため、想定ユーザーなどに対してニーズ調査を行い、ニーズを充たす製品を開発してきた。もちろんこの構造自体は今後も変わらないかもしれない。しかしUXの発想では、企業が考えるべきことは、ユーザーと自社製品との関係性である。価値は、ユーザーが製品を手段として利用した経験によって生み出されるもので、企業がすべてを与えるものではない（図2.42）。いうなれば、新たな価値を付ける「付加価値」から、ユーザーの「体験価値」を提案することへと、視点がシフトしたのだ[41]。

わずかな違いのようだが、この基本的な発想の転換は特に製造業にとって重要な意味がある。自動車はわかりやすい例だ。かつてはよい車を所有していること自体がステータスだった。しかし現在では、車を所有すること自体に価値が置かれていないばかりか、負担さえ感じられている。今求められているのは、車がユーザーにもたらす新しい体験価値である。家電製品や電子機器についても同様で、もはや機能が売りになるのではなく、ユーザーが製品を使う経験を通して実現できる生活における体験価値こそ、求められているものだ。

41　従来のものづくりの発想は、グッズドミナントロジック（G-Dロジック）と呼ばれることもある。また、UXの発想は、サービスドミナントロジック（S-Dロジック）と呼ばれることもある。

図2.42　従来のものづくりの発想からUXの発想へ

　サービスを中心とした企業には、この考え方は比較的受け入れられやすい。しかし、製造業などものづくりを中心とした企業では、理解を浸透させるには努力が必要になる組織も多いだろう。UXデザインに取り組む際には、組織全体でこのことを理解し、意識変革をしなければならない。

参考文献

2.1 UXデザインの要素と関係性
- J. J. ギャレット，ソシオメディア訳，ウェブ戦略としての「ユーザーエクスペリエンス」，毎日コミュニケーションズ，2005．

2.2 ユーザー体験
- 黒須正明編著，松原幸行，八木大彦，山崎和彦編，人間中心設計の基礎（HCDライブラリー第1巻），近代科学社，2013．
- JIS X 8341-1: 2010，高齢者・障害者等配慮設計指針−情報通信における機器，ソフトウェア及びサービス−第1部：共通指針，2010．
- 内閣府，平成27年度版障害者白書，2015．
- M. Hassenzahl, The thing and I: understanding the relationship between user and product, In Funology, pp.31-42, Springer, 2005.
- All About UX: http://www.allaboutux.org/
- ISO 9241-210:2010, Ergonomics of human-system interaction — Part 210: Human-centered design for interactive systems, 2010.
- UXPA, Definitions of User Experience: https://uxpa.org/resources/definitions-user-experience-and-usability
- D. A.Norman, and J.Nielsen, The Definition of User Experience: https://www.nngroup.com/articles/definition-user-experience/
- M.Hassenzahl, N.Tractinsky, User experience-a research agenda, *Behaviour & information tech-*

- *nology*, **25** (2), pp.91-97, 2006.
- V. Roto, E. Law, et al., hcdvalue 訳，ユーザエクスペリエンス白書，2011/ 2 /11.
- 安藤昌也，インタラクティブ製品の利用におけるユーザの心理的要因に関する定性的研究，ヒューマンインタフェース学会論文誌，**12** (4), pp.345-355, 2010.
- 安藤昌也，インタラクティブ製品に対する利用自己効力感尺度の信頼性の検討，産業技術大学院大学紀要，No.2, pp.17-22, 2008.
- 安藤昌也，長期実利用の結果としての製品使用評価をどう把握すべきか―利用特性による分析の試み，ヒューマンインタフェース学会研究会報告集，**11** (1), pp.41-46, 2009.
- 安藤昌也，長期的なユーザビリティ評価の変化とその特徴―HDDレコーダ購入者のパネル分析，ヒューマンインタフェースシンポジウム2010，pp.219-223, 2010.

2.3 利用文脈

- O. G. Selfridge, Pattern recognition and modern computers, Proceedings of western joint computer conference, pp.91-93, 1955.
- K. クリッペンドルフ，小林昭世ら訳，意味論的転回，エスアイビーアクセス，2009.
- ISO 9241-11:1998, Ergonomic requirements for office work with visual display terminals (VDTs) ― Part 11: Guidance on usability, 1998.
- 山岡俊樹編著，ヒット商品を生む観察工学，共立出版，2008.
- 村田智明，問題解決に効く「行為のデザイン」思考法，CCCメディアハウス，2015.

2.4 ユーザビリティ、利用品質

- R.T. Rust, L. O. Richard, Service Quality― New Directions in Theory and Practice, Sage Publications, 1994.
- 近藤隆雄，第3版 サービスマネジメント入門，生産性出版，2007.
- B. Shackel, Usability-context, framework, definition, design and evaluation, Human factors for informatics usability, pp.21-37, 1991.
- P. W. Jordan, et al. Guessability, learnability, and experienced user performance, HCI'91 People and Computers VI: Usability Now, pp.237-245, 1991.
- Jacob Nielsen, Usability engineering, Elsevier, 1994.
- ISO/IEC 25010: 2010, Systems and software engineering ― Systems and software Quality Requirements and Evaluation (SQuaRE) ― System and software quality models, 2011.
- ユーザビリティハンドブック編集委員会編，ユーザビリティハンドブック，pp.3-63, 2007.
- 黒須正明，ユーザエクスペリエンスと満足度，放送大学研究年報，**28**, pp.71-83, 2010.
- M. Kurosu, A.Hashizume, Describing Experiences in Different Modes of Behavior, *International Journal of Affective Engineering*, **12**, 2, pp.291-298, 2013.

2.5 人間中心デザインプロセス

- K. Beck, Embracing change with extreme programming, *Computer*, **32**, 10, pp.70-77, 1999.
- 樽本徹也，ユーザビリティエンジニアリング 第2版，オーム社，2014.
- Sy,. Desirée, Adapting usability investigations for agile user-centered design, *Journal of usability Studies*, **2**, 3, pp.112-132, 2007.
- D. A. ノーマン，岡本明ら訳，誰のためのデザイン？増補・改訂版，新曜社，2015.
- R. Hartson, S. PP.yla, The UX Book, Morgan Kaufmann, 2012.
- IDEO, Human-Centered Design Toolkit, 2011.
- 日経デザイン編著，デザイン・リサーチ・メソッド10，日経BP社，2009.
- トム・ケリー，ジョナサン・リットマン，鈴木主税ら訳，発想する会社！，早川書房，2002.

2.6 認知工学、人間工学、感性工学

- 日本人間工学会，人間工学とは：https://www.ergonomics.jp/outline.html
- ISO 11064-1: 2000, Ergonomic design of control centres — Part 1: Principles for the design of control centres, 2000.
- 長町三男，第 1 回感性工学入門―顧客満足をねらいとする新製品開発技術，ヒューマンインタフェース学会誌，**3** (4), pp.213-220, 2001.
- 竹内啓編，意味と情報，pp.21-72，東京大学出版会，1988.
- 岡本明，安村通晃，伊賀聡一郎，アフォーダンスからシグニファイアへ―ドン・ノーマンの新しい提案（第 1 回），ヒューマンインタフェース学会誌，**14** (2), pp.109-114, 2012.
- 岡本明，安村通晃，伊賀聡一郎，アフォーダンスからシグニファイアへ―ドン・ノーマンの新しい提案（第 2 回），ヒューマンインタフェース学会誌，**14** (3), pp.191-194, 2012.
- T. ケリー，J. リットマン，鈴木主税ら訳，発想する会社！，早川書房，2002.

2.7 ガイドライン、デザインパターン

- B.Shneiderman, The Eight Golden Rules of Interface Design：https://www.cs.umd.edu/users/ben/goldenrules.html
- ISO 9241-110: 2006, Ergonomics of human-system interaction — Part 110: Dialogue principles, 2006.
- 井庭崇，創造的な対話のメディアとしてのパターン・ランゲージ―ラーニング・パターンを事例として，Keio SFC journal, 14.1, pp.82-106, 2014.
- J. ティドウェル，ソシオメディア監訳，デザイニングインタフェース 第 2 版，オライリージャパン，2011.
- A. クーパー，R. レイマン，D. クローニン，長尾高弘訳，About Face 3，アスキー・メディアワークス，2008.

UXデザインの教科書

3 プロセス

3.1 利用文脈とユーザー体験の把握

3.2 ユーザー体験のモデル化と体験価値の探索

3.3 アイデアの発想とコンセプトの作成

3.4 実現するユーザー体験と利用文脈の視覚化

3.5 プロトタイプの反復による製品・サービスの詳細化

3.6 実装レベルの制作物によるユーザー体験の評価

3.7 体験価値の伝達と保持のための基盤の整備

3.8 プロセスの実践と簡易化

3.1 利用文脈とユーザー体験の把握

　2章では、基礎知識としてUXデザインを構成する7つの要素を取り上げて、その関係性と概要について解説してきた。本章では、2.8節で示した7段階のUXデザインプロセスに基づいて、1段階ごとに、プロセスにおける位置づけと実施概要、その段階を実践する際に用いられる代表的な手法、実践のための知識と理解について解説する。

3.1.1 位置づけと実施概要

この段階の目的

　「①利用文脈とユーザー体験の把握」の段階は、UXデザインを始める第一歩である。主に、ユーザーの行動観察やインタビューなど、利用文脈とそこでのユーザー体験を把握する調査が中心となる。調査といっても、市場調査や顧客満足度調査などの目的で行われるアンケート調査のように、多くの人に質問しその回答として得られる量的なデータから市場や顧客の実態を把握するようなものではない。むしろ、調査人数は多くなくても、実際の利用環境でのユーザーや関係者の実態を、その人の心理的な要因にまで迫るように

丁寧に把握することがここで実施する調査である。こうした、ユーザーの利用実態を把握することで得られる情報が、UXデザインでは重要な情報となる。

　新しい製品やサービスを開発することが目的であっても、現在ある製品やサービスの中でよく似た体験を提供しているものを探し、そのユーザーへの調査を実施する。実際の利用環境におけるユーザーの行動は、企画者やデザイナーなど製品・サービスを提供している側が想像もしていないようなことが、あたり前のように行なわれていることがほとんどだ。そのような実際のユーザーの行動を調査することで、ユーザーが求めている体験価値や本質的なニーズにつながる情報を得ることができ、新しい製品やサービスのヒントになる。

　この段階での目的は、以下の2点である。

- デザインが実現すべきことの手がかりを得るために、デザイン対象となるユーザーの行為について、人々の利用文脈における行為の実態や状況を調査によって把握する
- ユーザーの体験価値や本質的ニーズに迫れるよう、人々の文化的・心理的な背景まで含んだリッチな情報を収集する

この段階は、ユーザーの実態を調査によって把握するため、一般的に「ユーザー調査（user research）」と呼ばれている。調査対象者が必ずしもユーザーでないこともあるため、多少誤解があるかもしれないが、わかりやすさのために本書ではこの段階で行う調査を**ユーザー調査**と呼ぶ。

ユーザー調査を実施するために、まずは調査計画を立案する必要がある。調査計画は、ユーザーの体験価値や本質的ニーズを明らかにできるように、プロジェクトの目的にあった適切な調査手法の選定、デザイン対象となるユーザーの行為、および調査対象者の設定などを行う。

上記目的の一点目、「デザイン対象となるユーザーの行為」というのは、これからデザインしようとするプロジェクトのテーマに関するユーザーの行動を指す。例えば、ショッピングに関するアプリを作ろうと考えていたら「買い物をする」という行為のことである。このとき、プロジェクトのテーマに限定した行為を対象とするか、より広い対象とするかはプロジェクトの目的による。一般的に、新しい製品やサービスを作るための手がかりを得ようとする場合は、やや広く対象行為を設定しておく方が気づきが多い。特に、初めてのテーマで調査を実施するときには最初から絞り込んで調査するよりも、デザイン対象となる行為を広めに設定しておき、必要に応じて徐々に絞り込んでいけば良いだろう。

調査を実施する際には、調査対象者の設定も問題となる。テーマによっては既存のユーザーを対象とするだけでなく、ユーザーでなくなった人、つまり使用をやめてしまった人を対象に調査した方が良い場合もある。

この段階は、ただユーザーの利用文脈を調査すれば良いというものでもない。特に、モノに囲まれた中で暮らす人々の生活を、表面的に調査しただけではデザインのヒントになるような良い結果は得られない。人々の文化的・心理的な背景に迫るような調査をすることが、ここでは重要になってくる。またそのような情報を得られる調査法を選ぶことがポイントになる。

ユーザー調査というと、従来の業務分担のイメージからマーケティング担当の仕事だと思っている人もいるかもしれない。だが、UXデザインにおけるユーザー調査は、それ自体がユーザーの利用文脈や体験価値に基づいた製品作りを行うための、「デザイン行為の一部である」という認識が重要である。

実施概要

この段階では、まずプロジェクトの目的や方向性を確認することから始める（図3.1）。特にビジネスの目的でUXデザインを行う場合は、必ずビジネス戦略の把握を行うことが不可欠である。プロジェクトの目的には、デザイン対象となる行為が示されていることが多い。

次に、調査計画を立案する。調査計画の精度はプロジェクトの目的によるが、計画立案の正確さや的確さに慎重になるよりも、一度仮説的な調査計画で調査を実施し、必要に応じて修正した計画で調査を繰り返す方が良い。特に、これまでに扱ったことのない行為を対象とする場合は、一回の調査でうまく実施しようと

するより、手軽に実施できる方法でも良いので、調査の範囲を徐々に絞り込みながら調査を繰り返した方が良い成果を得られることが多い。

調査手法は次の項で代表的なものを紹介するが、基本的には定性的調査法を実施する。多様な方法があるが、目的に応じた手法を選択する。定性的調査法では、一度にすべての調査協力者の実査[1]を行うよりも、1人実施したら担当者間で振り返りを行い、その後次の協力者の調査を実施するといったように段階的に実施する方が良い。定性的調査では、調査の観点がずれていると、深くてリッチな情報を得ることが難しくなる。そのため、担当者同士で実査の所感を共有するとともに、調査の観点について議論すると良い。想定していなかった新たな観点が見つかり、それがプロジェクトにとって参考になる情報をもたらす可能性がある場合は、調査の観点を変更したり追加したりして、次の協力者の実査にのぞむ。

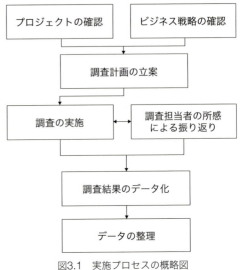

図3.1 実施プロセスの概略図

[1] 調査を実施することを実査と呼ぶ。

調査で得られた結果は、写真やビデオなど質的なものが多くなる。そのため、次の段階で作業しやすいように文章で書き起こしたり、同じフォーマットで整理しておくといった、データ化の作業やデータの整理の作業が大切になる。この作業は、デザインとは直接つながらないように感じるが、手を抜かないで実施しておいてほしいことの一つだ。ユーザーの利用文脈のローデータ（生データ）を整理しておけば、デザイン作業の過程で実ユーザーの環境を確認したいときにすぐに閲覧できたり、分析結果からすぐに確認できたりできる。想像のユーザーではない、実際のユーザーをいつでも確認できる環境を整えておくことは、UXデザインの質を高める取組みの一つである。

なお、実際の作業では、次の「②ユーザー体験のモデル化と体験価値の探索」と一体的に実施することが多い。

主なアウトプット

この段階では、プロジェクトの目的に応じた調査計画を立案し、調査を実施することが目的となる。主なアウトプットとしては、以下のように調査で得られたデータが中心となる。これらが、インプットとなり次の段階で、UXのモデル化および体験価値の導出につながる。

- 調査計画書
    - デザイン対象となる行為の定義（範囲や対象となる状況等）
    - 調査方法の選定とその理由
    - 対象ユーザーの仮説と調査対象者の設定
    - 調査対象者のサンプリング方法
    - 調査対象者の属性等

- 調査実施日、実施状況等
・ユーザー調査の結果（ローデータ）
- フォトエッセイや日記法など、調査対象者自身に作業を依頼した場合には、その結果を集めたもの
- 写真、インタビュー記録、発言録など調査の記録をデータ化したもの
- 調査を直接実施あるいは立ち会った担当者の所感等[2]

なお、調査計画書の中でも、どのような対象行為を想定し、どのような調査対象者をどのような方法で調査したかについては、得られた結果の解釈を左右する重要な情報となる。そのため、これらの情報は資料化して後から確認できるようにしておく必要がある。

> [2] 訪問調査やインタビュー調査を実施した場合、実施担当者がそのとき感じた所感は、分析の際の重要な手掛かりになることが多い。調査が終わるたびに、担当者所感をまとめておくことは重要な調査作業の一つである。

3.1.2 代表的な手法

ユーザー調査の種類

一般にユーザー調査には、**定量的調査**（量的）と**定性的調査**（質的）2つの方法がある（表3.1）。

定量的調査は、行動記録データ（アクセス・ログ、操作ログ等）や質問紙法（いわゆるアンケート）など、多数の人の情報を数量に変換して把握する調査法で、得られた数量データを統計的に処理することができる。定量的調査は、数量化する際に一定の仮説を設定していることが多い。アンケートなどはその典型で、仮説がなければ選択肢を作ることはできない。また、選択肢にない項目には回答しようがない。このようなことから、定量的調査は、基本的には仮説検証型の調査である[3]。

一方、定性的調査はインタビューなど、調査で得られる情報が発話や写真、映像など数値では表現されないデータを把握する方法である。定性的調査は、事前に明確な仮説がない場合に用いることが多く、仮説発見・探索型の調査である。

UXデザインにおける調査では、新しい気づきやユーザーの体験価値や本質的なニーズの仮説を得るために行うことから、主に定性的調査法が用いられる。

定量的調査と定性的調査は、どちらか一方を選択しなければならないといったものではなく、実際にはこれらを組み合わせてより深くユーザーの利用文脈を理解するべきである。定量的調査と定性的調査を目的に応じて組み合わせる方法

> [3] 定量的調査で得られたデータから、多変量解析などを用いて探索的に分析を行うことも可能である。しかし、データそのものが仮説の範囲の中で得られたものであり、探索的に新たな仮説を発見できたとしても、その範囲に限定される点は注意が必要である。

表3.1 定性的調査と定量的調査

	定量的調査	定性的調査
代表的調査法	質問紙法（アンケート）、アクセスログ、操作ログなど	インタビュー法、観察法など
データの例	回答数、頻度、段階評価点など数字で表現される情報	発話、写真、音声、テキストなど言語・非言語の情報
主な実施目的	事前の仮説を検証・確認する仮説検証型	新たに仮説を発見・探索する発見・探索型

を、**混合研究法**（MMR: mixed-methods research）と呼ぶ。UXデザインでは、定性的調査であるインタビュー調査を実施し、そこでの気づきや仮説をふまえてWebアンケートなど定量的調査を実施し、仮説の検証や量の推計（例えば、ターゲット層の推計等）をするといった組合せが多い[4]。

なお、本書では定性的調査の手法を紹介するが、アンケートなどの定量的調査法が必要ないということではないので、注意してほしい。プロジェクトの目的に応じて、組み合わせることが望ましい。

代表的な手法

ユーザー調査の手法は、その目的に応じて大きく2つに分けることができる。

一つは、ユーザーの感情・意見・態度・価値観など、ユーザー自身の考えを知るための手法群。もう一つは、ユーザーの生活世界や利用文脈、つまり社会・文化的背景や物理的環境などを含めユーザーが置かれている環境全体を知るための手法群である。ユーザーの生活世界や利用文脈を知る方法には、現場に出向き実際の現場を通して知る方法と、ユーザーの過去の経験を引き出すことから把握する方法とがある。これらの手法は単独で用いることもあるが、複数の方法を組み合わて実施することもある。

また、これはユーザー調査の手法ではないが、調査で得られたユーザーの生活世界・利用文脈に関する情報を整理する手法がある。

なお、これらの方法はあくまで代表的な方法であり、実務に役立つよう工夫された方法がいろいろと提案されている。手法はあくまで目的によって用いられるものであり、やみくもに手法を適用すればよい結果が得られるわけではないことには留意すべきである。新しい手法であればあるほど、なぜそのような手法が必要となったのか、どういう目的で用いることを想定して開発されたのかといった点をよく理解して用いることが望ましい。

ところで、Webサービスなどの分野では、調査として**アクセスログ**の解析をすることが多い。確かに、アクセスログはユーザーの操作の結果であり、ユーザーの行動の一端を把握することはできる。しかし、それだけではUXデザインにおける利用文脈を把握したことにはならない。ユーザーがどのような意図を持って、どのような情報をどんな行動判断につなげたかなど、ユーザーの内的なデータを取得するには至らないからである。もちろん、混合研究法の一つの組合せとして用いることは有効だと考えられるが、この段階で用いる主要な方法ではないとの理解が必要である。

ユーザーの感情・意見・態度・価値観を知る
- 質問紙法（アンケート）[5]
- 個人面接法（インタビュー）
- フォーカスグループ（グループ・インタビュー）
- フォトエッセイ

---

[4] 同じテーマを調査するのに、異なる調査方法を組み合わせるトライアンギュレーションは、混合研究法の一つであり、UXデザインにおける調査では有効な方法である（3.1.3項の「トライアンギュレーションによる調査計画を参照）。

[5] 一口にアンケートといっても、分野によって問いの方法や作法に違いがある。UXデザインで応用される質問紙調査は、社会調査、マーケットリサーチ、感性工学などの分野で行われる方法を用いたものが多い。

ユーザーの生活世界・利用文脈を知る
〈現場を通して知る〉
・エスノグラフィ（フィールドワーク・行動観察）
 －観察（オブザーベーション）
 －参与観察
 －シャドーイング
 －フライ・オン・ザ・ウォール
・コンテクスチュアル・インクワイアリー（文脈的調査）
 －人工物ウォークスルー／ユーザビリティラウンドテーブル
〈ユーザーの経験を通して知る〉
・ダイアリー法（日記法）
 －フォトダイアリー
 －カルチュラル・プローブ（文化観測）
・体験曲線法（UXカーブ）
 －エクスペリエンスフィードバック法
 －クリティカル・インシデント法
ユーザーの生活世界・利用文脈に関する情報を整理する
・AEIOU（アエイオウ）法

3.1.3 実践のための知識と理解

文脈理解を重視したデザイン手法の原点「コンテクスチュアル・デザイン」

　ユーザーの利用文脈を把握したうえでデザインする手法は、ヒュー・ベイヤー（Hugh Bayer）とカレン・ホルツブラット（Karen Holzblatt）によって1997年に発表された、ソフトウェアのシステムとインタフェースのデザイン手法「コンテクスチュアル・デザイン（Contextual Design：文脈によるデザイン）」で体系化された。コンテクスチュアル・デザインは、参加型デザインで取り入れられたフィールドワークによる手法を活用したものであり、利用文脈に基づく人間中心デザインの理論と具体的な実践法をまとめた体系的手法である。

　現在、UXデザインの過程で用いられる代表的な手法は、コンテクスチュアル・デザインで示された調査方法や分析方法と共通するものが多い。コンテクスチュアル・デザインは、フィールドで得た情報をデザインにつなげていく具体的なステップを示しており、文脈理解を重視するUXデザイン手法の原点といえる[6]。コンテクスチュアル・デザインのプロセスについては、3.2.2項で紹介する。

調査対象者の選定方法①「リードユーザー法」および「エクストリームユーザー法」

　ユーザー調査では適切な調査手法の設定も重要だが、調査対象者の選定は、得られる調査結果の範囲や質あるいは解釈を左右する。どのような調査対象者を選

6　ベイヤーとホルツブラットは、2015年にコンテクスチュアル・デザインを構成する具体的な手法を刷新したプロセスを発表している。もともとのコンテクスチュアル・デザインのプロセスは業務システムを念頭に置いたものであり、タスクの遂行に関する行動が主な対象だった。
　ところが、昨今のスマートフォンの普及で、どこでもサービスやシステムを利用できるようになり、こうした環境においてはユーザーの生活に着眼する必要があることから、新しい方法を提案している。
　特徴的なのは「生活での楽しさ（Joy in Life）」や「使う楽しさ（Joy in Use）」を重視することが大切だとしている点である。コンテクスチュアル・デザインもよりUXを意識した手法へと進化している。

定すれば良いかについては、調査の目的によって異なるものの、いくつかの方法がある。ここでは、主に2つの方法、①リードユーザー法およびエクストリームユーザー法と、②SEPIA応用法について紹介する。

まず、リードユーザー法およびエクストリームユーザー法について解説する。

リードユーザー法とエクストリームユーザー法は、厳密にいえば異なる考え方だが、いずれも極端なユーザーを調査対象とする方法である。いずれもイノベーションのヒントになることが研究で示されており、UXデザインにおいてもよく応用される。

リードユーザーは、将来のニーズを先取りしているユーザーであり、ユーザーイノベーション研究の第一人者であるエリック・フォン・ヒッペル（Eric von Hippel）らによって研究され、以下のように定義される。

（1）リードユーザーは、市場で将来一般的になるニーズに直面している。しかも、大部分のユーザーがそれに直面する何年か何ヶ月か前にこれを認識している

（2）リードユーザーは、ニーズに対する解決策（イノベーティブな解決策）を獲得することで高い便益を得る

また図3.2のリードユーザー曲線が示すように、リードユーザーは自らが何らかの解決策を工夫しながら実現している。そうしたユーザーを探し出し、リードユーザーが実施している行為からヒントを得た製品やサービスを実現することで、イノベーティブな製品を生み出そうとするアプローチである。

考え方としては理解でき、実際に事例研究などが行われており、UXデザインにおいても有効な方法である。しかし、どのようにこのリードユーザーを発見し、調査に協力してもらうかを考えると、実際に実践するのは簡単ではない。

一方、エクストリームユーザーは、一般的なユーザーでは経験できない特殊（極端）な状況で製品やサービスを使うニーズを持つユーザーである。エクストリームユーザーのイメージは、図3.3のように一般的なユーザー分布の両極端にある。

「極端」といってもさまざまな切り口がある。表3.2はその例である。例えば、極端なニーズや極端な使い方、極端な環境などである。ここでは、かつてユーザーだったが現在は使っていない人も極端なユーザーとして位置づけられる。いずれも、デザイン対象となるユーザーの行為に関連して検討することができるので、リードユーザー法に比べて現実的な方法だといえる。また、エクストリームユーザーの中には、リードユーザーもいる可能性が高い。

エクストリームユーザーを対象に設定することで、特徴的な利用状況からUXデザインのヒントを得ることができる。しかし、エクストリームユー

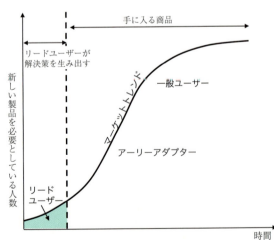

図3.2　リードユーザー曲線（von Hippel et al., 1999）

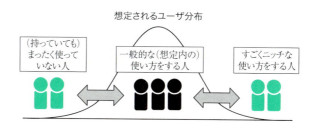

図3.3 極端なユーザーとしてのエクストリームユーザー

表3.2 エクストリームユーザーの設定例（Pichyangkul et al., 2012）

タイプ	例
極端なニーズ	カーナビ開発のために、パイロットを対象に調査
極端な使い方	歯磨き粉の開発のために、歯磨き粉なしで磨いている人を対象に調査
極端な環境	BOPマーケットのために、不利な環境に住む人を対象に調査

ザーを調査対象に設定する場合には、一般的なユーザーに対する調査も合わせて実施する方が良い。一般的なユーザーとエクストリームユーザーとの結果を対比させることで、体験価値や本質的ニーズをより分析しやすくなる。

調査対象者の選定方法②「SEPIA応用法」

もう一つの方法は、利用意欲を構成する2つの要因を用いて利用態度を分類する、SEPIA法[7]を応用する方法である。

SEPIA法は、製品やサービスを利用する自己効力感とその製品・サービスに対する製品関与度の2つの変数の組合せによってユーザーを4つの群に分ける方法である。

これを応用し、デザイン対象となる行為について、ユーザー自身がその行為を行う自己効力感の評価とその行為に対する関与度の評価を事前のアンケートによって把握し、その結果からユーザーを4群に分け、その群の中からそれぞれ数名を調査対象者として選出する方法である。

例として、自動車の車載情報サービス機器に関するユーザー調査の調査対象者の選定方法を紹介する。このプロジェクトでは、調査の初期段階ではデザイン対象は具体的になっておらず、車載のインタラクティブ製品ということしか決まっていなかった。そこで、車載インタラクティブ製品の代表としてカーナビについての自己効力感と製品関与度を、表2.3および表2.4の測定尺度を参考に、それぞれ4問程度に絞り込み、事前アンケートを行った。得られた回答を自己効力感、製品関与それぞれに尺度得点を計算し、それぞれ中央値で分割してその組合せで4つの群に分けた（図3.4）。A〜Dの群のうち、Cを除く3つの群からそれぞれ2〜1名を選出した。

この方法は、あらかじめ調査対象者が製品やサービスを使う意欲で分類される

7 SEPIA法については、「2.2.5項 使う意欲と利用態度」を参照。

ため、定性的調査を実施した際の結果の解釈がしやすいというメリットがある。また、調査対象者の状況を事前にアンケートで把握した後で対象者を選定しているため、あらかじめ幅広いユーザーを対象とすることができる。

元々のSEPIA法は、インタラクティブ製品を対象にしたものであるが、この方法はSEPIA法の考え方を応用し、ユーザーが行為を行う際のスキルに幅が想定されたり、関心の度合いに幅が想定されるようなものの場合に適用することができる。例えば、「料理が得意で関心がある」といったように、スキルと関心の組合せができそうなものであれば応用可能である。

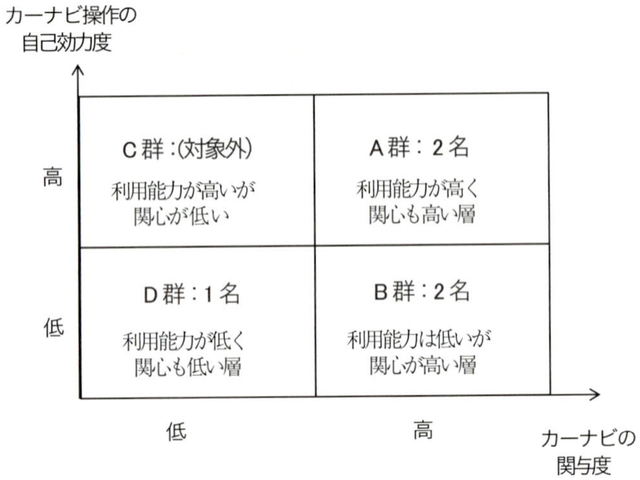

```
                カーナビ操作の
                自己効力度
                    ↑
          ┌─────────────┬─────────────┐
          │ C群：(対象外)│ A群：2名    │
     高   │ 利用能力が高いが│ 利用能力が高く│
          │ 関心が低い   │ 関心も高い層 │
          ├─────────────┼─────────────┤
          │ D群：1名    │ B群：2名    │
     低   │ 利用能力が低く│ 利用能力は低いが│
          │ 関心も低い層 │ 関心が高い層 │
          └─────────────┴─────────────┘
              低            高      → カーナビの
                                       関与度
```

図3.4　SEPIA応用法を用いた調査対象者の設定の例（安藤，2013）

トライアンギュレーションによる調査計画

トライアンギュレーションは混合研究法の一つである。三点測量という意味で、ある対象の行為を理解するために複数の異なる研究法や異なる調査対象者を組み合わせ、その結果を対比しながら考察することで仮説立案の妥当性を高める研究アプローチの呼び名である。

UXデザインでは、ユーザー調査で得られたデータから、ユーザーの生活世界や利用文脈の仮説的なモデルを作り、その仮説に基づいてユーザーの体験価値や本質的なニーズを導出する。この過程の質を高めるには、調査で得られる情報の質をよりリッチなものにする[8]ことが必要となる。トライアンギュレーションは、情報をリッチなものにするための一つの方法である。

トライアンギュレーションは、定性的調査と定量的調査を組み合わせるだけではない。定性的調査であっても異なる方法を組み合わせることで、より深い理解につながるデータを得ることができる。

よく行われる方法は、行動観察とインタビューを組み合わせることである。ユーザーの生活世界や利用文脈を理解するためには、行動観察だけでなくインタビューを組み合わせることが基本的な方法といっても良い。両者は互いに補い合う相補の関係にある。トライアンギュレーションでは、観察とインタビューをそれぞれ実施し、その両者から考察することが念頭にある。しかし、実際のユーザー調査では、観察とインタビューを繰り返し行うことでより深い理解につなげることができる。観察法で見えてきたことをインタビューでたずねると、ユーザーにとっての行為の意味を理解できるようになる。そうすると、観察で見えてくる行動もより詳細に見ることができるし、また別の行動を発見できるようになる（図3.5）。このような観察とインタビューの繰り返しこそ、ユーザー調査にお

[8] 人類学の分野では、よりリッチな情報を「厚い記述」と呼ぶことがある。つまり、実際の行為やその状況を知らない人でも、それを理解できるくらいの情報を収集し記述するという意味である。
文化人類学者のクリフォード・ギアツがエスノグラフィの記述方法として提示して知られるようになった（Geertz, 1973）。

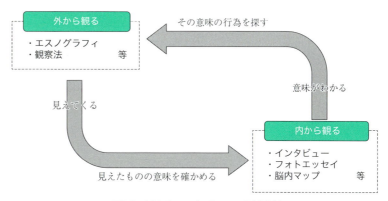

図3.5　観察とインタビューの相補関係

ける基本のスタイルといえよう。また、こうした考え方を方法論として体系化したものの一つが、コンテクスチュアル・インクワイアリーである。

3.2 ユーザー体験のモデル化と体験価値の探索

3.2.1 位置づけと実施概要

この段階の目的

「②ユーザー体験のモデル化と体験価値の探索」の段階は、先に実施したユーザー調査の結果を分析することから始める。分析により、ユーザーの体験価値や本質的なニーズの仮説を導出し、何をデザインすべきかの手がかりを得たうえで、デザインが実現すべき体験価値の候補を検討する。

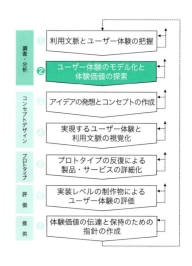

ユーザー調査を行えばユーザーが欲しいと考えるものがすぐにわかる、という誤解は比較的よくあるものだ。例えば、ユーザーに「どんなものが欲しいですか？」とか、「〜できるものがあると嬉しいですか？」と聞き、その反応をまとめることがニーズ探索だといった誤解さえある。もちろんこれは極端な例ではあるが、調査で得られた情報をデザインにつなげられなければ、どれほどリッチな情報を得ても意味はない。

特に、エスノグラフィなどによって得られた定性的な情報は、非常にリッチな情報ではあるものの、さまざまなレベルの情報が混在し、そのままデザインに活かすことは難しい。そこで必要となるのが、定性的なデータの分析手法である。適切な方法で分析することができれば、これまで気づけなかった本質的ニーズを

発見することができるかもしれない。

しかし、定性的なデータの分析を詳細に行えば良いというものでもない。対象の行為に関する解説書が書けるほど理解できたとしても、デザインの役に立たないこともある。UXデザインとして、何を提案すべきかの手がかりが得られるような分析が必要なのだ。ユーザーの情報をデザインの過程で扱いやすい形に整理することも、この段階で必要な作業である。

この段階では、ユーザー調査で得られた利用文脈とユーザー体験に関するリッチな情報から、以下の2点を行うことが目的となる。

- ユーザー調査の結果から、発見的・探索的にユーザーの体験価値や本質的なニーズの仮説を導出し、デザインが実現すべき体験価値を探索する
- この後のデザインプロセスをユーザー中心に円滑に進められるよう、ユーザーモデルを作成する

伝統的なものづくり企業の組織では、ユーザー調査とデザインはそれぞれ別の専門家が実施していることも多く、ユーザー調査の分析はリサーチャーが実施し、その結果をデザイナーにポンと渡すということがある。このようなやり方では、本来デザインに役立つユーザーの情報が抜け落ちてしまったり、調査レポートではユーザーの実態が理解しにくく、結局デザイナーが思い込みで考えたユーザー像に基づく提案になってしまったりする。つまり、ユーザー調査とデザインの間のギャップを、いかに埋めるかがこの段階での実践上のポイントとなる（図3.6）。

一つの解決策は、プロジェクトのメンバー全員がユーザー調査に積極的に関わることである。プロジェクトに関わる全員がユーザー調査に参加することができれば、ユーザーの利用文脈に対してより共感できるようになり、体験価値の仮説の探索がやりやすくなる。しかし現実的には、すべての関係者が調査に関わることは難しい。

そのため、この段階ではユーザー調査のデータに基づいた**ユーザーモデル**を作成することで、既存のUXや利用文脈をわかりやすく整理し、関係者間でユーザー情報を共有しやすくする。しかし、ユーザーモデルは、モデルそのものよりもユーザー調査の結果を分析しモデルを作る作業、つまり「ユーザーモデリング」の過程が重要である。ローデータ（生データ）を一つひとつ丁寧に分析し、その過程でユーザーの利用文脈に共感していく作業でもある。この作業は、オフィスなどでワークショップ形式で実施できるものが多いため、ユーザー調査の

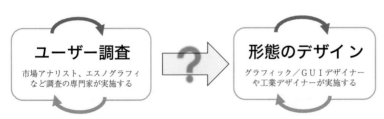

図3.6　ユーザー調査とデザインとの間にギャップのあるプロセス
　　　（Cooper et al., 2007）

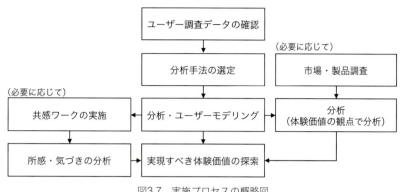

図3.7　実施プロセスの概略図

現場に参加できなかった関係者を含め、多くの関係者と一緒に実施すると良い。

　この段階を実施する際に、最も気を付けなければならない点がある。それは、この段階ではユーザー調査で得られた結果を分析することに集中し、ビジネス戦略やビジネスの要求事項については一切考えないことである。ビジネスの要求事項が明確であればあるほど、そのフィルタを通して調査結果を分析することになり、都合の良い結果しか得られないことになる。この段階は、現実のユーザーの利用の実態と向き合い、そこからデザインの手がかりを得ることだけに集中することが大事である。ユーザーの体験価値や本質的ニーズの探索を行う際は、市場の分析を行いその結果を用いるが、それはあくまでユーザーの観点で市場全体をとらえる作業であり、自社のビジネスの要求事項を扱うわけではない。ビジネスの要求事項を考慮するのは、次の「③アイデアの発想とコンセプトの作成」の段階で行う。その段階までは、ユーザーに集中することが大切な留意点である。

実施概要

　この段階では、まずユーザー調査で得られたデータの確認から始める（図3.7）。前段階から一体的に実施する場合は、この過程は省いても良い。ただし、この段階から調査に参加できなかったメンバーが参加する場合は、必ず調査結果のローデータに目を通してもらうことが不可欠だ。

　次に、ユーザーモデリングを行うための分析手法の選定を行う。どのような手法を選んでも問題ないが、それぞれに特徴があるため、得られたデータの種類や実施メンバーのスキルなどを考慮して、実施しやすい方法を選ぶと良い。具体的な方法については、後の項で紹介する。分析方法とユーザーモデリングの方法は必ずしも一致していないが、アウトプットとしてユーザーモデルを作ることができれば良く、プロジェクトの目的に応じた適切な方法であれば、実施しやすい方法を見つけることが大切である。

　ユーザー調査のデータを分析しユーザーモデルを作成できたら、実現すべき体験価値や本質的ニーズを探索するために、市場や製品の分析をこの段階で行う。市場や製品の分析は、従来のように競合製品をリサーチするだけでなく、ユーザーがそれらの製品からどのような体験価値を感じているか、というようにユー

ザーの観点から分析する。

　なお、プロジェクトメンバーの多くがユーザー調査に参加できず、現実のユーザーの利用文脈を共有しにくい場合には、体験価値や本質的ニーズを定めるのが難しい場合もある。特に、業務を対象とするような場合ではよく起こる。そのような場合は、プロジェクトのメンバー自身が、その業務を体験したり模擬したりすることで注目すべきニーズや体験価値に気づけることが多い。この段階では必要に応じて、関係者がユーザー体験を追体験する**共感ワーク**を行う。

　これらの結果をふまえ、着目する体験価値や本質的ニーズを絞り込み、提案するデザインが実現する体験価値を探索する。この段階では、いくつかの有力な体験価値が明らかになっていれば良い。

主なアウトプット

　この段階では、前段階の「①利用文脈とユーザー体験の把握」のアウトプットに対して分析を行いユーザーモデリングを行う。手法によって得られるモデルの形態は異なるものの、観点の異なる複数のタイプのモデルを作るのが通常である。

　次の段階でアイデア発想の起点となる体験価値を絞り込む検討を行い、実現すべき体験価値のいくつかの候補が、次の段階のインプットとなる。

- ユーザーモデル（UX 3 点セット）
    - 対象ユーザーの典型を分析したモデル（例：ペルソナ）
    - 対象ユーザーの典型的な行為と認知や感情を含んだモデル（例：ジャーニーマップ）
    - 対象ユーザーの体験価値を分析したモデル（例：価値マップ）
- 市場および製品・サービスの分析結果
    - 競合製品・サービスのリスト
    - 競合製品・サービスがユーザーにもたらす体験価値分析の結果
- 共感のためのワークの結果
    - 共感のためのワークの実施概要（目的、方法、メンバー）
    - 共感のためのワークの結果（各メンバーの所感、気づきのまとめ）
- 体験価値の検討結果
    - 着目するユーザーの体験価値・本質的ニーズとその解釈
    - プロジェクトで実現すべき体験価値の候補

3.2.2　代表的な手法

ユーザー調査からデザインを導くアプローチ

　ユーザー調査の結果からデザインを導くためのアプローチには、いくつか体系化された方法が提案されている。いずれの方法も、調査で得られた結果をユーザーの利用文脈を考慮しつつ抽象化や表現の変換を行い、モデルなどに整理する分析過程を含んでいる。データからユーザー情報の抽象化とモデル化を行う作業

が、**ユーザーモデリング**である。ユーザーモデリングは、ユーザー調査で得られた膨大な情報の中から、典型的なユーザーの利用文脈を視覚化あるいは要件化することが目的である。

以下に代表的なアプローチを紹介する。いずれも、システムやソフトウェアの開発のために提案されたアプローチである。

コンテクスチュアル・アナリシス（Dzida & Freitag, 2001）

主に対象となる行為のタスクについて、ユーザーの要求事項を導出する方法（表3.3）。

普段のタスクの遂行過程をインタビューし、一つひとつの行為を「○○さん

表3.3 コンテクスチュアル・アナリシスの例：ゆで卵機（Dzida, Geis, Hanashima, 2001）

No.	利用状況説明	内在化されたニーズ（○○さんは～したい）	要求事項（機器は～できる必要がある）	対話の原則（ISO9241-10）
1	鈴木さんは家族のいる専業主婦	－／－	－／－	－／－
2	結婚しており、4歳の娘がいる	－／－	－／－	－／－
3	1週間に2回程度、鈴木さんは家族のために、朝にゆで卵をつくる。火曜日と金曜日にゆでることが多い	－／－	－／－	－／－
4	朝は夫婦ともに忙しい	・卵はできるだけ早くゆでたい ・ゆで卵機だったら、すぐに利用できるようにしたい	ゆで卵機は少なくとも、普通の鍋より早くゆでられる必要がある	仕事への適合性
5	いつも3人分を調理する。自分の分、夫の分、娘の分	1つ以上の卵を同時に調理できるべき。少なくとも3つの卵は同時にできるべき	ゆで卵機は少なくとも、同時に3つの卵をゆでられるようにする必要がある	仕事への適合性
6	ゆで加減はそれぞれ違う。娘は固めにしている。やっぱり生っぽいと健康によくなさそうだし。夫はやわらかめ。鈴木さんはミディアム	3つの卵は、違ったゆで加減ができるようにしたい。しかも同時に	ゆで卵機は、3つの卵をそれぞれ異なったゆで加減（ソフト、ミディアム、ハード）で同時にゆで上げる必要がある	仕事への適合性 可制御性
7	鈴木さんは電気式のゆで卵機を使っていない。いつも普通の鍋と冷たい水で調理している	冷たい水をすぐに使える	（これは、要求事項ではない。利用環境に関すること）	－／－
8	キッチンはガスレンジ	－／－	－／－	－／－
9	鈴木さんは、水の中に卵を入れて火にかける。お湯が沸いたらすぐに火を消す	使う人が、調理方法をコントロールできるようにしたい	ゆで卵機は、ゆでる過程でスタート、ストップができるようにすべきである	可制御性
10	時々、火を消すのを忘れてしまって、水がなくなってしまうこともあった	・彼女が火を消すことを忘れないようにしたい ・彼女は、お湯が沸いたらすぐに火を止めたい	・ゆで卵機は、出来上がったら自動的に火が消えるようにすべきである ・ゆで卵機は、ゆでる過程でスタート、ストップができるようにすべきである	利用者の期待との合致 エラーに対する許容度 可制御性
11	お湯が沸くまでキッチンで待っていたりしない。いつもは、沸くまで洗面所か寝室にいることが多い	彼女は、お湯が沸いたら、キッチンから遠くにいてもすぐにわかるようにしたい	ゆで卵機は、出来上がったら、たとえ遠く離れていてもわかるようなフィードバックを出す必要がある	利用者の期待との合致

は、〜したい」と表現し直した後、さらに「機器・システムは〜できる必要がある（要求事項）」という表現に変換する。この際、ISO 9241-110の『対話の原則』[9]との対応を考慮することで、ユーザーに内在化されたニーズからデザインに役立つ要求事項を導出する。要求事項を分析した後、似た要求事項を整理しユーザー要求事項としてまとめる。

　この手法は、元々ユーザビリティテストを実施するために改めて利用文脈を把握し直すための分析方法として開発されたものであり、デザインのための手法ではない。しかし、ユーザーの要求事項やその導出の原理とはどのようなものかを知るには良い方法である。

　この手法の強みは、手順が明確でわかりやすい点である。一方弱みは、既存の仕事や作業のやり方に着目しているため、タスクそのものの見直しや新しい提案には対応しにくい点である。

9 『対話の原則』については、「2.7.1項 ガイドライン」を参照。

コンテクスチュアル・デザイン（Bayer & Holtzblatt, 1997）

　ユーザーの利用文脈を重視し、利用文脈を考慮した理想の仕事のビジョンを策定することで、ユーザーに受け入れられるシステムを開発するための包括的で一貫したデザイン手法（図3.8）。

　ユーザーの行為（仕事）の現場を訪ねるフィールドワークを実施し、そこで得られた利用文脈に関する情報を**ワークモデル**と呼ばれる5つのモデルで分析する。その結果からビジョンを作成し、ストーリーボードやペーパープロトタイプなどを用いて、ユーザー評価と改善を繰り返しながらシステムのユーザーインタ

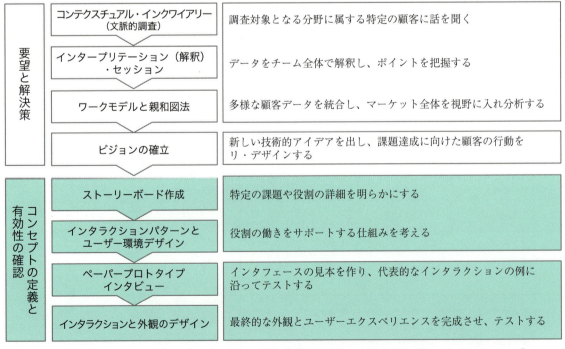

図3.8　コンテクスチュアル・デザインのプロセス概要（InContext Enterprises, http://incontextdesign.com/）

フェースをデザインしていく。

特にフィールドワークでは、**コンテクスチュアル・インクワイアリー**[10]を用いるのが特徴である。コンテクスチュアル・インクワイアリーは、フィールドワークの際にユーザーに普段の作業を行ってもらい、観察とインタビューを組み合わせ、作業の際に考えていることやコツなどを深く聞きだす手法である。

ワークモデルには以下の5つがある。

①フローモデル：フィールドの中で人やモノがどのように関係し影響を与え合っているかを分析する。

②シーケンスモデル：仕事がどのようなステップで行われるか、何が仕事を起動するきっかけとなるか、達成されるべき目的は何かを明らかにする。

③物理モデル：ユーザーが存在する・行為を行う物理的空間を描き、物理的な空間がその一連の仕事にどのような影響を与えているかを分析する。

④人工物モデル：フィールドで使われる道具に着目し、その道具の種類や状態を分析する。

⑤文化モデル：影響者と影響の範囲や度合いを分析する。

この手法の強みは、手順や手法が明確であり、デザイナーでないメンバーもこのステップに従って実施することで、人間中心デザインを実現できる点である。一方弱みは、主に業務システムなど一連の作業のような行為を念頭にしたものであり、日常生活での製品やサービスは適用できないわけではないが、実施には工夫が必要となる点である[11]。

シナリオベースト・デザイン（Carroll, 2000）

文章で表現された「シナリオ」を、ユーザー要求事項やデザイン仕様の表現方法として位置づけた、システムを設計するための一貫したデザイン手法（図3.9）。

関係者の分析やフィールド調査から、現場における問題認識に基づいて問題シナリオを作成する。これは文章で書かれたもので、ユーザーがどのような目標を達成しようとして、システムや機器を利用した際にどのような問題に直面したかが表されている。それを解決する「活動」「情報」「インタラクション」の各シナリオによりユーザー要求仕様を導出しながら実際のシステムをデザインする方法である。「活動シナリオ」は主に問題の解決した状態を文章で表し、「情報シナリオ」は主に画面デザインを、「インタラクションシナリオ」は主に操作方法を設計する。

この手法の強みは、文章により問題の状態や解決された状態を表現でき、手軽に実施できるため、反復しやすい点である。一方弱みは、フィールドで得られた情報のうち、どの範囲をどの程度の詳細さで問題シナリオとして整理するかについて、方法論として十分サポートされていない点である。

ゴールダイレクテッド・デザイン（Cooper, 1998）

ユーザーの目標（ゴール）をいつも考慮しながらシステムやサービスを設計す

---

[10] コンテクスチュアル・インクワイアリーについては、4.2.3項を参照。

[11] 2015年に新しいコンテクスチュアル・デザインの手法が発表されており、日常生活を意識した開発プロセスが提案されている（3.1.3項の注6を参照）。

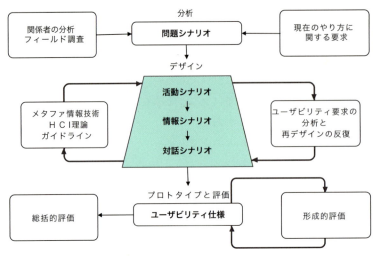

図3.9 シナリオベーストデザインのプロセス概要（Carroll, 2000）

る、一貫したデザイン手法。ユーザーのゴールを典型ユーザーとして表した**ペルソナ**を用いる点が特徴である（図3.10）。

ステップとしては6つに分かれている。エスノグラフィや関係者へのインタビューなどの調査結果をもとに、ユーザーの典型（アーキタイプ）としてペルソナを作成する。ユーザーのゴールを明確にすることで、ゴールを達成できるようなふるまいを、シナリオを用いながら検討し、デザイン要件を確定させていく。

この手法の強みは、仮想のユーザー像であるペルソナという表現がわかりやすく、デザインや開発に関わるすべての人とユーザーの情報を共有しやすい点である。一方弱みは、デザインの目標がペルソナに含まれているユーザーのゴールを満たすことにあるため、ペルソナの良し悪しがすべてを左右してしまう点である。ペルソナが強力なツールであるだけに、ペルソナをうまく作ることができていないと、その後のデザインの妥当性が低下してしまうかもしれないからである。

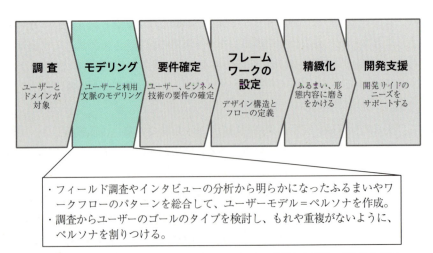

図3.10 ゴールダイレクテッド・デザインのプロセス概要とモデリング工程の内容

ビジョン提案型デザイン手法（山崎ら，2012）

　調査の分析から得られたユーザーの本質的要求に着目し、実現するアイデアを段階的に詳細化しながらシナリオによって表現する**構造化シナリオ法**を用いて、システムやサービスの企画を行うデザイン手法（図3.11）。

　まず、調査で得られたユーザーの情報を**上位・下位関係分析**を用いて上位化・モデル化し、本質的なニーズを価値として導出する。導出された価値の中からデザインで提案するべき価値を見定め、アイデアを検討する。アイデアは、何が実現できるのかという価値レベルに焦点を当てた「バリューシナリオ」、ユーザーの行動に焦点を当てた「アクティビティシナリオ」、具体的なシステムやサービスとのインタラクションに焦点を当てた「インタラクションシナリオ」の3つのレベルで書き分けつつ、詳細化していく。

　この手法の強みは、デザインのアイデアをバリュー、アクティビティ、インタラクションとそれぞれの抽象度でユーザー評価を行うことができ、徐々に具体化するプロセスを採用しやすい点である。一方弱みは、システムやサービスの企画を念頭に置いたプロセスであるため、実際にシステムを開発する際には、プロトタイピングなど別の方法論と組み合わせる必要がある点である。

代表的な手法

　シナリオベースト・デザインやゴールダイレクテッド・デザインなど体系的なデザインアプローチは、それぞれの考え方に沿ったユーザーモデリングの方法を提案している。ほかにも、ユーザーモデリングの手法として活用されているものもある。これらの方法は大きく3つに分けることができる。

　1つは、ユーザーの目標の違いに着目した属性モデリング手法群。2つ目は、ユーザーのふるまいの違いや時間的な変化に着目した行為モデリング手法群。3つ目は、ユーザーの行為の価値や意味、理解の違いに着目した価値モデリング手法群である。これ以外に、どのようなレベルの情報であってもモデリングできる汎用モデリング手法群もある。この分類の考え方については、次項で解説する。

ユーザーの目標の違いに着目した属性モデリング

　・ペルソナ法（ゴールダイレクテッド・デザインより）

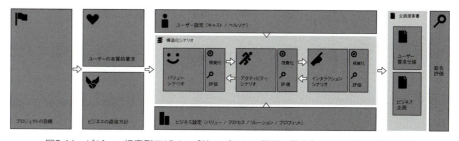

図3.11　ビジョン提案型デザイン手法のプロセス概要と構造化シナリオ法の位置づけ
　　　　（山崎ら，2012）

ユーザーのふるまいの違いや時間的な変化に着目した行為モデリング
- タスク分析
- ワークモデル分析（コンテクスチュアル・デザインより）
- ジャーニーマップ（AS-ISモデル：現状）

ユーザーの価値や理解の違いに着目した価値モデリング
- KA法（価値分析法）
- 上位・下位関係分析
- メンタルモデル・ダイアグラム
- グラウンデッド・セオリー・アプローチ（GTA／M-GTA）
- SCAT

汎用的なモデリング技法
- KJ法
- シナリオ法（シナリオベースト・デザインより）

3.2.3 実践のための知識と理解

ユーザーモデリングの3階層

　ユーザー調査に基づいたUXデザインを実践するためには、ユーザー調査で得られた情報からユーザーモデリングを行う。これは、多くの体系的なデザインアプローチでも同様の考え方をとっている。だが、UXデザインのプロセスを円滑に進めていくためには、一つのモデリング手法を適用するだけでは不十分である。

　UXデザインのためには、調査で得られた利用文脈やユーザー体験に関するデータを以下の3つの階層に分け、モデリングする必要がある。3つの階層とは、「属性層」「行為層」「価値層」である。図3.12を使って解説する。

　一番下の「属性層」はユーザーの属性的側面のことを指し、ユーザーの目標の違いに基づいてユーザーを類型化することで明らかになる。次の「行為層」は、実際にユーザーが行う行為的側面に対応し、ユーザーのふるまいの違いや行為の経時的な変化に基づいてユーザーの行動をパターン化することで明らかになる。一番上の「価値層」は、行為に対するユーザーの価値観に対応し、ユーザー自身がその行為を行うことで得られる価値や意味、あるいはそれを行う理由などの違いによって類型化することで明らかになる。

　それぞれの階層にある丸や四角は、それぞれの階層での類型やパターンを示している。3つの階層を縦につなぐ矢印は、実際の行為の文脈（コンテクスト）を表している。図の左側に、属性層から上に伸びる矢印は、ユーザー調査で得られるデータを示している。具体的にいえば、特定の目標を持ったある属性の人が（属性層）、特定の行為をすることで（行為層）、その人にとっての何らかの価値を実現している（価値層）、という構図を示している。

　ユーザー調査では、対象者によってさまざまな行為がたくさん見えてくる。図

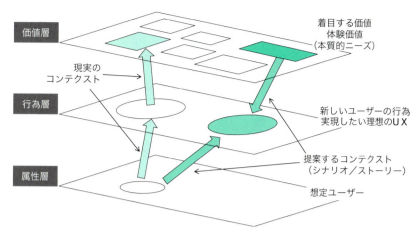

図3.12 ユーザーモデリングの3階層

でいえば、縦のつながりが多数あるイメージだ。ユーザーモデリングでは、ユーザー調査で把握されたデータから、ここで示した3つの観点で個別の文脈を切り離すことが必要となる。個別の文脈を一旦切り離すことで、得られたデータ同士の比較ができるようになり、共通点や相違点を分析することを通してより深い理解が可能になる[12]。

この図では、ユーザーモデリングの結果からいかにUXデザインを実施するかについても理解することができる。想定ユーザーが決まっているときに、そのユーザーの体験価値および本質的ニーズにあたる価値を定める。次に、この価値を感じられるような行為で、かつ想定ユーザーが実施可能な新しい行為を作り出す。これがUXデザインである。このようにして新たな行為を作るからこそ、体験のデザインといわれる。

提案するデザインが魅力的なものになるためには、想定ユーザーにとって魅力的な行為であること、さらにそれによって得られる体験価値が本質的なニーズを満たすものであることが条件となる。このように考えると、UXデザインにおいては、ユーザーにどんな体験価値を実現しようとするかを探索することがポイントとなる。

3階層に対応した調査手法とユーザーモデリング手法

ユーザーモデリングの3階層の考え方に基づくと、ユーザー調査で適した手法を検討しやすくなる。ユーザー調査の手法には、それぞれ把握できる情報に特性がある。それぞれの手法で得られる情報の種類が、属性・行為・価値のどの層に相当するかをよく見極める。取り組むべきプロジェクトの目的に合わせ、ユーザーモデリングのどの階層の情報をより手厚く収集するかといった観点から、手法の選択・組合せを検討するとよい。

それぞれの階層に適したユーザー調査の手法と、その結果をもとに行うモデリングの手法との対応関係を図3.13に示す。

ユーザーの属性層を明らかにするために適しているのはアンケート調査であ

12 個別の文脈を切り離して、全体像を明らかにする作業を「脱文脈化」という。定性的研究法の代表であるグラウンデッド・セオリー・アプローチ（GTA）でも、データから距離をとる方法として切片化（発話データを細かく区切る）によって脱文脈化を行う。

る。マーケティング調査でユーザーを属性や行動、考え方などが共通する集団（セグメント）に分けるのは、典型的な属性の抽出方法といえる。現場でのユーザーの目標を把握するために、インタビューやグループインタビューもよく使われる。また、エスノグラフィなどフィールドワークの結果からも属性層に相当するデータを得ることができる。

　行為層は、エスノグラフィに代表されるように、実際の現場での行為の観察が適している。エスノグラフィでは、コンテクスチュアル・インクワイアリーなどの方式で、ユーザーにインタビューを行うことも多くリッチなデータを得られるため、行為層だけでなく属性層や価値層の情報も得ることができる。

　価値層は、より深くユーザーの考えに迫るデプスインタビューやフォトエッセイのような内面や価値観に迫る自己報告型の調査が適している。

　また、ユーザーモデリング手法も、この3階層との対応で整理することができる。属性層にはペルソナ法が相当する。ペルソナ法自体は、ユーザーのゴールに基づいてユーザー像を作るものであり、属性情報のみに基づいてモデリングするわけではない。その意味では、ペルソナは3階層のすべてを統合する形で作るものだが、ユーザーの属性的側面を含んでいるという点が特徴である。行為層は、調査で把握された現状の行動をモデリングする方法が相当する。ジャーニーマップや問題シナリオ、コンテクスチュアル・デザインのワークモデル分析における文化モデルを除く4つのモデルが相当する。

　ところで、**ジャーニーマップ**には、カスタマージャーニーマップ（CJM）やユーザージャーニーマップ、エクスペリエンスマップなどさまざまな呼び方があ

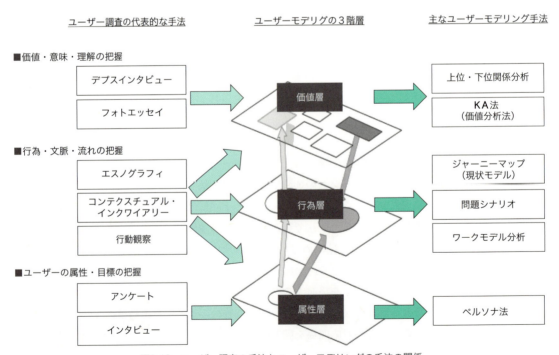

図3.13　ユーザー調査の手法とユーザーモデリングの手法の関係

るが、いずれもユーザーの行動を軸に、環境的要因や心理的な反応を経時的に表現するという点では同じである。「ジャーニー（旅）」は、ユーザーの行動を紆余曲折のある「旅」に見立てた名称である。本書ではシンプルに「ジャーニーマップ」と呼ぶ。

　価値層は、ユーザーにとっての行為の意味や行為の価値を抽出したものである[13]。ユーザー自身が体験価値を語ることは少なく、観察されたりインタビューで話されたりした情報を分析し、解釈によって価値を導出する作業が必要になる。これには、KA法（価値分析法）や上位・下位関係分析などが相当する。

　このように、ユーザーモデリングの3階層の考え方を用いることで、ユーザー調査とユーザーモデルの手法を体系的に理解することができ、調査計画も立案しやすくなる。

13　体験価値および本質的ニーズについては、「2.2.6項 UXと体験価値」を参照。

UXデザインのための基本ユーザーモデル：「UX3点セット」

　ユーザーモデリングの3階層は、ユーザー調査からUXデザインにつなげるために必要なユーザーモデルとして、それぞれの階層の情報が必要であることを示している。調査やモデリングの手法は異なっていても、少なくともこの3つの種類の利用文脈を表現したモデルは必要になる。

　著者は、属性層はペルソナ、行為層はジャーニーマップ（現状のモデル）、価値層はKA法による価値マップを作成することを推奨している。これらの方法は、すでに一般的なモデリング手法でありプロジェクトに関わるメンバー間で理解しやすいと考えられる。この3つのユーザーモデルを「UX3点セット」と呼んでおり、UXデザインのプロジェクトではまずこの3つのモデルを作成することを目標にすると良い（図3.14）。

3.2.4　実現すべき体験価値の候補の検討

　この段階では、ユーザー調査に基づく分析からユーザーモデルを導出するだけでなく、着目するユーザーの体験価値および本質的ニーズを絞り込む必要がある。この作業は、体験価値の仮説を構築することでもあり、UXデザインプロセスの前半部分の一つの山場である。

　体験価値を絞り込むのに決まった方法はないが、複数の観点から得られた調査結果の比較によって、本質的に求められている価値を明らかにすることができる。以下はそのパターンである。もちろん、ここに挙げたパターンを実施すればうまくいくわけではない。ユーザーの体験価値と比較することを基本に、目的にあった方法でアプローチする必要がある。

（1）インタビューと観察など、異なる観点での調査結果を比較してギャップのある価値に着目する（事例1）

（2）ユーザーの体験価値・本質的なニーズに対し、技術や既存サービスのマッピングを行い、十分充足できていない価値や自社の強みとなりそうな価

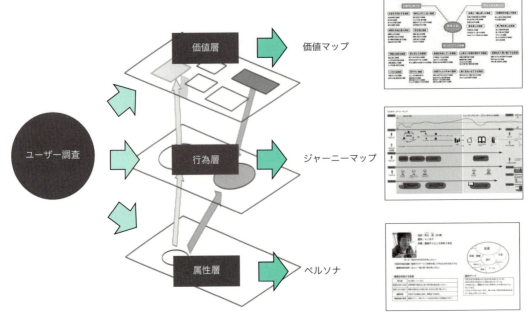

図3.14 ペルソナ・ジャーニーマップ・価値マップの「UX 3点セット」

値に着目する（事例2）
(3) 関係者自身がユーザーと同じ環境でユーザー体験を追体験（共感ワーク）し、その経験から重視して欲しいと思う価値に着目する
(4) エクストリームユーザーと一般ユーザーとを対比的に調査し、エクストリームユーザーのみに出現する体験価値に着目する
(5) ユーザー調査から得られた結果から、ユーザーが対象行為に対する理解のモデル（メンタルモデル）を推測し、メンタルモデルの構造で重視される価値に着目する
(6) ユーザーの体験価値を、体験の時間軸に沿って並べ替え、対象行為の前・中・後それぞれから主要と思われる価値を選択する

以下では、(1) と (2) の事例を紹介する。

事例1：ペルソナのニーズと観察結果とを比較したフードコートサービス

大手ショッピングセンター内にあるフードコートでの食事体験をテーマに、インタビューと観察による調査からフードコートの改善提案を行うプロジェクトを実施した[14]。

まず、調査計画としてエクストリームユーザー法[15]を用い、フードコートをあまり利用しない女性3名に対してインタビューを実施した。得られたインタビュー結果から、上位・下位関係分析を実施した（図3.15）[16]。この結果の上から2段目の5つの項目を本質的ニーズと位置づけた。また、ほかにもよくフードコートを利用する2名へのインタビュー結果も参考にしながら、ペルソナを6体を作成した。6体の内訳は、想定利用客として学生（24歳 女性）をメインユー

14 この事例は、廣瀬ら(2009) による事例である。

15 エクストリームユーザー法は、3.1.3項を参照。

16 上位・下位関係分析は、4.5.1項を参照。

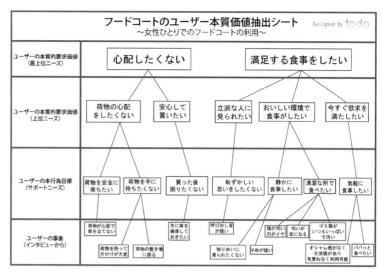

図3.15 上位・下位関係分析の結果（廣瀬ら，2009）

ザーとし、ほかに会社員（28歳 男性）、会社員（38歳 男性，家族持ち）、会社員（27歳 女性）の4名。潜在顧客として主婦（34歳）。ステークホルダーとして施設の清掃員（67歳 男性）を設定した。

　図3.15で示した5項目のニーズは、メインユーザーとして定めたペルソナ①に関するものと位置づけ、ほかのペルソナでのニーズの重要度を検討し、それぞれのニーズの優先度付けを行った。メインユーザーのペルソナ①の価値評価を基準（○）とし、ほかの4つのペルソナを相対的に評価した。ただし、ペルソナ⑥に関しては、役割の違いから評価からは外した。この方法により、応えるべきニーズの中でも、ペルソナにおける共通性が高く優先すべきニーズを明らかにすることができた（表3.4）。

　次に、フードコート7店舗を観察し、そこで得られた気づきを、ユーザーの本質的ニーズの観点で整理した。その際、ユーザーの本質的ニーズが満たされていない場合は、背景をグレーにするなどして一目で課題であることがわかりやすいようにし、問題が多く発見された順に並べた（図3.16）。

　表3.4のペルソナからの優先度と図3.16の観察結果の気づきの整理から得られた問題点の順位とを比較することにより、2つのニーズを導出した（表3.5）。ユーザーの優先度が高く、観察での課題が大きい「優先的ニーズ」である。ここでは、「おいしい環境（清潔でうるさくない環境）で食事がしたい」が相当する。もう一つが、ユーザの優先度は低いものの、観察での課題が大きい「潜在的ニーズ」である。ここでは、「荷物の心配をしたくない」が相当する。このニーズは、ユーザーがあたり前のこととして許容してしまっているが、本質的には解決すべき課題だといえる。これら2つをアイデアを検討する体験価値の候補として設定した。なお、このプロジェクトでは、「潜在的ニーズ」に着目し、荷物を入れられる椅子を最終的に提案している。

表3.4 本質的ニーズに対するペルソナ間の共通性および優先度（廣瀬ら，2009）

本質的ニーズ (◎/○/△/×)	①下田さん (24歳 学生)	②藤田さん (28歳 会社員)	③金田さん (38歳 会社員)	④桃井さん (27歳 OL)	⑤藤沢さん (34歳 リッチな主婦)	⑥瀬田さん (67歳、清掃業)	優先順位
荷物の心配をしたくない	○	△ 荷物はそんなに多くない	△ 盗られてもいい物を置いておくので	△ それ程荷物を持っていかない	○ やっぱり置きっぱなしは心配	別に客の荷物には無関心	5
立派な人に見られたい	○	△ フードコートではあまり感じない	△ あまり気にしない	○ あまり知り合いには見られたくない	◎ フードコートに一人でいるのを見られたくない	別にそんな関心はない	4
おいしい環境で食事したい	○	○ せっかく来たから	○ フードコートに限らない	◎ 汚れるのが嫌	◎ きれいな所で食べたい	できる限りの掃除で済ませたい	1
今すぐ欲求を満たしたい	○	◎ 限られた昼の時間だから	△ 別に急ぐ必要はないので	○ 限られた時間だから	◎ 仕方なく利用している感じ	急いでいても分別・片付けをして欲しい	2
安心して買いたい	○	△ 一人でも複数でも何とかなることが多い	◎ 必ず先に席を確保する	○ 買ってウロウロしたくない	○ 買ってウロウロしたくない	ウロウロしている人が邪魔だ	3
その他	この列はメインターゲット自身を表す	・食後のゆとりに使いたい ・軽食や飲み物がもっとあるといい	これといった不満はない	一人だと寂しい時もある	きれいで一人でも平気そうだったら利用してもいいかも	自分の仕事は楽であって欲しい	

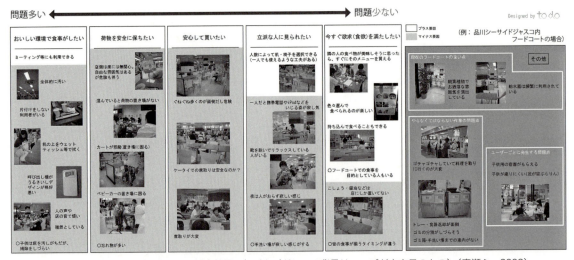

図3.16 本質的ニーズで整理した観察結果の気づき（グレーの背景はニーズが未充足のもの）（廣瀬ら，2009）

事例2：市場の製品・サービスの提供価値とユーザーの体験価値を比較した音楽配信サービス

音楽配信サービスを提供している企業で、新しいサービスを検討するプロジェクトを実施した[17]。

[17] この事例は、企業において実施した内容であり、概要のみを紹介するとともに、データの一部を加工している。

表3.5　ペルソナの優先順位と観察による問題の大きさの順位の比較（廣瀬ら，2009）

	ペルソナによる優先順位	観察による問題のある順位	
荷物の心配をしたくない	5位	2位	潜在的ニーズ（価値の優先度：低、課題の大きさ：大）
立派な人に見られたい	4位	4位	
おいしい環境で食事したい	1位	1位	最優先のニーズ（価値の優先度：高、課題の大きさ：大）
今すぐ欲求を満たしたい	2位	5位	
安心して買いたい	3位	3位	

表3.6　SEPIA応用法による調査対象者の設定

		音楽への興味	
		低	高
デジタル音楽活用スキル（ITスキル）	高	C（冷静合理ユーザー）	A（マニアユーザー）
	低	D（ミニマムユーザー）	B（期待先行ユーザー）

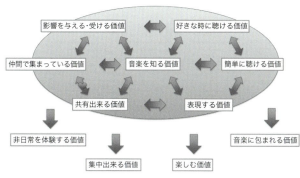

図3.17　KA法による価値マップ（一部）

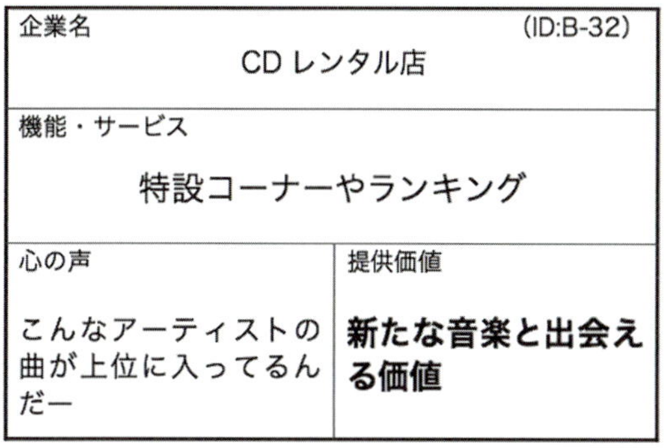

図3.18　KA法を応用した提供価値分析法で機能・サービスをユーザーの体験価値に変換する

18　SEPIA応用法については、3.1.3項を参照。

19　KA法については、4.4.3項を参照。

20　「市場・製品調査」の位置づけについては、図3.7を参照。

　まず、調査計画としてSEPIA応用法[18]を用いて表3.6のように設定し、デジタル音楽配信の現在のユーザーに対するアンケート調査を実施した。各セル1名ずつ4名の調査対象者を選出した。調査は訪問インタビュー調査とした。
　得られたインタビューデータから、KA法[19]を用いて価値マップを作成した。価値マップの一部を図3.17に示す。
　次に、「市場・製品調査」を実施した[20]。現在ユーザーが、利用可能な音楽に関するサービスを幅広く取り上げ、そこで提供されている主な機能・サービスをリストアップした。それらの機能・サービスについて、KA法を応用した**提供価値分析法**を用い、機能・サービスがユーザーに提供する提供価値を抽出した（図3.18）。自社が提供しているサービス、競合企業が提供しているサービス、Youtubeなどの代替サービスなど幅広く約80項目ほどの機能・サービスを同様に分析した。なお、この際自社が提供しているサービスは区別がつくようにした。

表3.7 市場の製品・サービスの提供価値とユーザーの体験価値の対応づけ（一部）

ユーザーの体験価値	機能・サービスの提供価値			
体験価値	提供価値（グループ名）	企業名	機能・サービス	定義した価値
音楽を知る価値	音楽と出会える価値	A社	ランキング機能の充実	音楽を知る価値
		F社	再生数ランキング	流行と新しい曲を発見できる価値
		CDレンタル	特設コーナーやランキング	新たな音楽に出会える価値
		A社	特集音楽の充実	音楽を知る価値
		CDセル	お勧め表記	知らない曲・アーティストに出会える価値
		A社	Webでの視聴機能	音楽を知る価値
		B社	急上昇ワード	人気コンテンツを手に入れる価値
		カーオーディオ	ラジオ	新しい曲を知る価値
		B社	年代別ヒット曲一覧	思い出の音楽を聴く価値
		C社	公式アカウント	最新情報を得られる価値
		CDセル	ランキングコーナー	流行の曲がわかる価値
		D社	○○○（サービス名）	ユーザー全員が共通言語で表現できる価値
	オススメしてくれる価値	E社	1つの曲から似た曲をまとめてくれる	曲をまとめてオススメしてくれる価値
好きなときに聴ける価値	簡単に入手できる価値	CDレンタル	生活圏に店がある	音楽入手に手間がかからない価値
		A社	○○○曲の配信	簡単に聴ける価値
		B社	アルバム購入	簡単に購入できる価値
	タイムリーに手に入れる価値	CDセル	予約販売	きちんと忘れずに購入できる価値
		CDセル	予約販売	絶対購入できる価値
		E社	○○○（サービス名）	定期的に自動で音楽が入手できる価値
	普及している価値	CDレンタル	CDが借りられる	よく知っている手順で入手できる価値
		自社	○○○販売	今までの使い方で使える価値

　抽出した提供価値に注目し、似たものをグルーピングしたうえで、図3.17で作成した体験価値と対応づけを行った。この作業は、ユーザーの体験価値が、どのような既存の機能やサービスで充足されているかを分析するために行う。このとき、自社の提供している機能やサービスの位置づけを分析することで、ユーザーの立場から求められる体験価値の方向性を明確にすることができる。

　表3.7はその分析の一部である。この表を見てわかるように、自社サービスでは、ユーザーの「好きなときに聴ける価値」を満たすことはできている可能性はあるが、多くの企業が提供している「音楽を知る価値」という基本的な価値は提供できていないことがわかる。

　このような分析から、新しいサービスの方向性として、「音楽を購入してもらうのではなく、知ってもらう（音楽を知る価値）」ことを改めて重視するという方針が導出できた。

その他の方法

ユーザーの体験価値を導出した後、大雑把でも自社や競合他社との体験価値の関係を知りたいことがある。そのような場合は、ユーザーの体験価値に対して、既存の製品やサービスがどの価値を満たしていると考えられるかを検討し、表3.8のような対応表を作ると良い。

さらに対応関係の強さを想定できる場合は、○ではなく関係の強さを示す数字に置き換え、統計分析の手法の一つであるコレスポンデンス分析を用いてマッピングすることも有効な方法である（図3.19）。このようなマップにすることで、従来のマーケティングと同様の考え方をユーザーの体験価値という観点で実施できるようになる。

表3.8　ユーザーの体験価値と既存サービスの簡易な対応づけ：パソコン教室事業の例

体験価値 既存サービス	知識・技術を高める価値	コツコツ続ける価値	自分の夢を探し続ける価値	時間を求める価値	若さを追い求める価値	自分らしく生きる価値
自社 （一般向けPC教室）	○ PC教室					
通信教育	○ 講座	○ 添削などのサポートシステム	○ 多数の講座	○ 教材による自宅学習		○ 資格の取得
損賠保険会社		○ 保険商品				
健康食品通販会社		○ 定期お届けコース			○ 健康食品の販売	○ 健康食品の販売
スポーツジム	○ スクール				○ トータル健康パートナー	
家事代行サービス				○ 家事代行		○ 家事代行

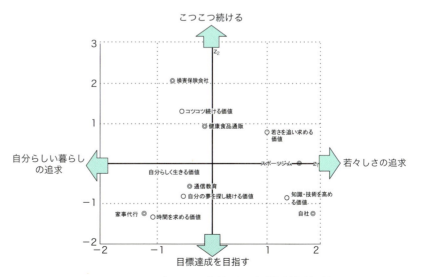

図3.19　コレスポンデンス分析による提供価値分析の例

3.3 アイデアの発想とコンセプトの作成

3.3.1 位置づけと実施概要

この段階の目的

「③アイデアの発想とコンセプトの作成」の段階は、3階層に対応したユーザーモデルと実現すべき体験価値・本質的ニーズの探索結果をふまえて、提案するUXデザインのコンセプトを作成することが目的となる。作成するコンセプトはユーザーの体験価値を考慮したものであるのは当然だが、この段階からビジネス戦略やビジネスの要求事項についても考慮する。

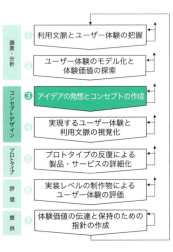

この段階での目的は以下の2点である。また、作業の全体像を図3.20に示す。

- 実現すべき体験価値に基づいたユーザーの本質的ニーズを満たすアイデアを発想する
- 体験価値に基づいたアイデアとビジネスのエコシステムに基づいたアイデアとが、整合するような統合的なUXデザインのコンセプトを作成する

どれだけデザインプロセスを綿密に設計しても、アイデア発想だけは決定的な方法論が存在しない。アイデア発想そのものは、最もクリエイティブな行為であり、手順をたどれば必ず良いアイデアが出るようなものではない。しかし、アイデアの発想をデザイナーの属人的なスキルに頼っているだけでは、イノベーティブな製品・サービスを生み出す確率は高まらない。

UXデザインのプロセスでは、ユーザー調査に基づいてユーザーの体験価値や本質的ニーズの絞り込みを行う。この検討を行うことで、デザインすべきことの方向性がかなり明確になる。これにより、発想するポイントを絞り込むことができるため、手探りでアイデア発想を行うことに比べ創造的なアイデアを発想しやすくなっているはずだ。しかし、どれだけ本質的なニーズが明確になったとしても、具体的な解決策のアイデアは人間の創造力に頼らざるをえない。

図3.20は、アイデア発想とUXデザインのコンセプトの関係を示した図である。アイデアの発想は、ユーザーの観点からの「体験価値に基づくアイデア発想」とビジネスの観点からの「ビジネスのエコシステム[22]に基づくアイデア発想」の、大きく2つ観点で行う。体験価値に基づくアイデア発想は、これまでに検討してきたユーザーモデルや着目する体験価値などを手がかりに、ユーザーが求めるものを純粋に追及するアイデアを発想する。一方、ビジネスのエコシステムに基づくアイデア発想は、組織のビジネス戦略やビジョンあるいは社内外のビ

[22] エコシステムとは生態系という意味である。ここでは既存のビジネスにおいて、協力企業や取引先など、組織を取り巻く環境や資源を重視し、それらの環境や資源を最大限に活かしたアイデアを発想することを指して、「ビジネスのエコシステムに基づく発想」と呼んでいる。

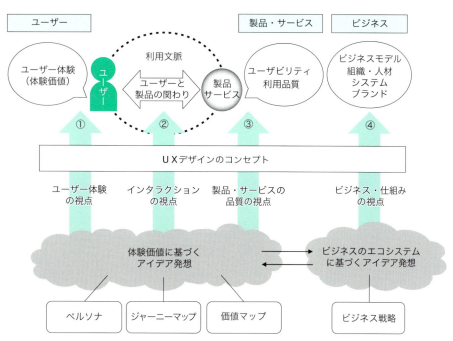

21 矢印の先にある番号は、2.1.1項および2.1.2項で示したUXデザインの要素と関係性のアウトプットの番号と対応している。

図3.20 アイデア発想とUXデザインのコンセプトの4つの視点[21]

ジネス環境の情報を手がかりに、新しいビジネスや仕組みのアイデアを発想する。両者はそれぞれ独立に考えることもできるが、相互に検討することが大切である。例えば、体験価値に基づいて創出されたアイデアを、より効果的に実現するビジネスモデルを検討することで、さらに良いアイデアへと深化させることができる。また、ビジネスのエコシステムに基づくアイデアを反映させることで、提供組織でしか実現できないオリジナルなUXデザインのコンセプトを作ることができる。

　発想したアイデアは、UXデザインのコンセプトとして取りまとめ、この段階のアウトプットとする。UXデザインのコンセプトには4つの視点がある。①ユーザー体験の視点、②インタラクションの視点、③製品・サービスの品質の視点、④ビジネス・仕組みの視点である。UXデザインのコンセプトは、これらすべての視点を含んだものである必要がある。ただし、この後の過程で評価やブラッシュアップをするので、この段階では**どのようなユーザーの、どのような体験価値を感じてもらえるようにした、どのような文脈で用いる、どんなものか**が、わかる程度で良い。コンセプトは、複数の有力なものを整理する。なお、この段階ではアイデアの発想の過程に、多数のアイデアの中から有力な候補を選出する収束過程を含んでいる。

　アイデア発想は一人で行うものではなく、プロジェクトのメンバー同士の創発的な機会を活用し、チームとして実施する方が良い。さまざまな発想法やアイデアソンなど、チームの力で創造的な解決策の導出を支援する方法はある。チームの創造力を最大限に活かせるよう、実施方法についても留意する。

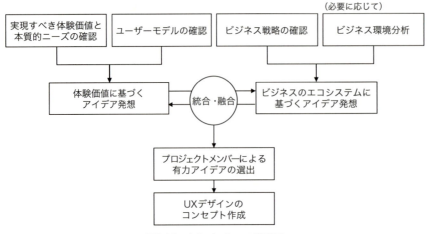

図3.21　実施プロセスの概略図

実施概要

　この段階では、まず前段階で作成されたユーザーモデルと体験価値および本質的ニーズの確認から始める（図3.21）。ビジネス戦略やビジネスの要求事項について考慮したアイデア発想も行うが、まずは体験価値に基づくアイデア発想から行う方が良い。これまでの過程では、ビジネスの要求事項については触れず、ユーザーの理解を深めることに集中してきた。そのため、プロジェクトメンバーは既存のUXや利用文脈を十分に理解し、ユーザーに共感できる態勢が整っているはずである。理想的には、すべてのプロジェクトメンバーがこの状態で、体験価値に基づくアイデア発想を行うことが望ましい。ある程度、アイデアが出てきたところで、発想のモードを切り替えて、ビジネス戦略を確認しビジネスのエコシステムに基づいたアイデア発想を行うと良い。

　製造業では、技術開発動向などが重要なインプットとなるため、この段階までにリサーチしておくと良い。

　ビジネスのエコシステムに基づくアイデア発想では、ユーザー不在のアイデアとならないよう、ビジネスモデルキャンバス[23]などのフレームワークを用いると、体験価値に基づく発想とうまく融合させるアイデアを発想しやすい。あくまで体験価値に基づくアイデア発想を軸に、ビジネスのエコシステムに基づくアイデア発想を融合させていくという方針でアイデアを整理していく。

　なお、ビジネスのエコシステムに基づくアイデア発想をスムーズに行うために、必要に応じてビジネス環境分析を行う。ビジネス環境分析には、開発中の技術を含む社内の資源や社外のパートナー企業などとの関係性など多様な観点で整理すると良い。この作業はマーケティング等で行われるものと同様である。

　アイデアはなるべくたくさん発想し、その中から有力なものを選出していく。この選出の過程で、統合できるアイデアは統合しても良い。最終的には、複数のUXデザインのコンセプトにまとめられる。この段階ではおおむね5案程度、多くても10案程度にまとめることができるだろう。実際には、次の「④実現する

[23] アレックス・オスターワルダー，イヴ・ピニュール，小山龍介訳，ビジネスモデル・ジェネレーション，翔泳社，2012.

ユーザー体験と利用文脈の視覚化」の段階と一体的に取り組むこともある。

主なアウトプット

　この段階では、「②ユーザー体験のモデル化と体験価値の探索」のアウトプットを活用してアイデア発想を行い、それらの中から有力な候補を複数選出して、UXデザインのコンセプトを取りまとめる。コンセプトは一つに絞らず、複数作ることが一般的である。コンセプトを確定させる方法にはさまざまなやり方があるが、本書では次の「④実現するユーザー体験と利用文脈の視覚化」を行った後で、コンセプト評価を実施して絞り込んでいくことを想定している。

- ビジネス環境分析（必要に応じて）
    - 外部環境分析
    - 内部環境分析
- 候補アイデア
    - 実現する体験価値の設定
    - 有力なアイデアの候補群（プロジェクトメンバーの投票等の方法で収束させまとめた結果）
    - その他のアイデア（創出されたアイデアはすべて管理する）
- コンセプト
    - 有力なアイデア群をもとにしたUXデザインのコンセプト（例：バリューシナリオ、UXDコンセプトシート）

3.3.2 代表的な手法

アイデアを構造的に整理する手法

　UXデザインでは、製品やサービス自体のアイデアを発想するだけに留まらず、それらを提供する仕組みにまで踏み込んでアイデアを検討する必要がある。特にサービスを主体にする場合は、仕組みの方に新しいアイデアを要することが多い。このように、検討すべきことが広範囲にわたると、どうしても検討もれが起こり不十分なアイデアになることがある。

　こうした問題を解決する方法として、アイデアを構造的に整理する手法がある。これらは「キャンバス」や「フレームワーク」と呼ばれる。代表的なものが、ビジネスモデルキャンバスである（図3.22）。キャンバスやフレームワークが提供しているのは、あくまでも「枠組み」に過ぎないが、検討すべき事柄を構造的に示すことで、アイデアを創出すべき部分を明確にしたり検討もれがないようにする効果がある。

　これらのキャンバスやフレームワークを用いる際の留意点は、これ自体は発想法ではなくこのツールを使えば良いアイデアが出るというわけではないことを理解することだ。また、フレームワークの範囲を超えた議論ができない点にも注意が必要である。キャンバスを使うメリットは、構造化されているため検討すべき

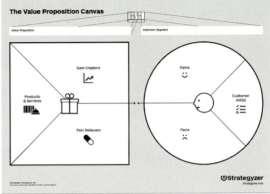

図3.22　ビジネスモデルキャンバスとバリュープロポジションキャンバス（出典：Strategyzer.com and Strategyzer AG.）

論点を整理しやすく、ワークショップで用いたり複数人で検討したりするのに向いている。これらの手法は、アイデアから円滑にコンセプトにまとめることを促進するための手法であることを理解して活用する。

代表的な手法

発想したアイデアを整理し、コンセプトにまとめていく手法は、大きく3つに分けることができる。

1つは、体験価値に基づくアイデアを整理する手法群。2つ目は、ビジネスのエコシステムのアイデアを整理する手法群。3つ目は、体験価値とエコシステムの両者を考慮した統合的なコンセプトを整理する手法である。UXデザインで基本となるのは、体験価値に基づくアイデアを整理する手法だが、これらはユーザー調査からデザインを導く体系的なアプローチに由来するものが多い[24]。

24　3.2.2項の「ユーザー調査からデザインを導くアプローチ」を参照。

この段階ではいずれも言葉を使ったコンセプトの表現が中心となるが、スケッチや簡易なプロトタイプを作成することでアイデアを発想していく方法が実践できれば、その方が良い。プロダクトの場合は、その大きさや形がユーザーの行動と結びついているので、紙など手近な素材で大きさを表現してアイデアを発想するといった方法もやってみると良い。

体験価値に基づくアイデアを整理する手法
- UXD コンセプトシート
- バリューシナリオ（構造化シナリオ法）
- ストーリーテリング
- バリュープロポジションキャンバス

ビジネスのエコシステムに基づくアイデアを整理する手法
- ビジネスモデルキャンバス
- リーンキャンバス
- 顧客価値連鎖分析（CVCA）

複数アイデアを統合して整理する手法

- UX コンセプトツリー[25]

3.3.3 実践のための知識と理解

アイデア発想までの作業過程の意義

ユーザー調査を行うと、現場のユーザーはさまざまな問題に直面しており、ユーザー自身が「〜ができるようにして欲しい」「〜ができる○○が欲しい」などのように改善の意見をいうことも多い。一般的にはこうしたユーザーの意見を直接聞き入れて、製品やサービスのアイデアを実現する方法もあるかもしれない。しかし、UX デザインではそのようなアプローチをあえて取らない。必ずユーザーの体験価値や本質的ニーズを探索する作業を行う。その理由はなぜだろう。

図3.23は、ユーザー自身が考える「思いつき」の解決策と、ユーザー調査から洞察を行い、その洞察に基づいた「アイデア」との違いを模式的に示したものである。ユーザーは、ユーザー固有の利用文脈の中で問題に直面している。ユーザーの改善意見は、その利用文脈において、ユーザーが製品やサービスに対して理解している範囲に限定されたものである。例えば、製品の機能の一部だけしか使っていないユーザーには、使っていない機能で改善できる可能性に気づくことはない。そのため、ユーザーは本質的な課題のごく一部に着目して、思いつきの改善アイデアを提案することがある。

UX デザインでは、表面的な改善提案に留まらず、本質的な課題を解決するような新しい体験を提案することを目指している。もし、ユーザーが改善の意見をいうときには、なぜそのような問題や課題を感じているかをより深く理解し、思いつきのアイデアの背景にある本質的な課題に気づくことが必要である。

ところで、体験価値の分析を行い価値マップを作成すると、「簡単」「便利」「安心」というキーワードが思いのほかたくさん出てくる。これはどのようなテーマでも同じ傾向である。確かに、製品やサービスを使うユーザーは、簡単・便利に、安心して使いたいと願っているのだと思う。しかし、なぜ「簡単」を望むのか、なぜ「便利」を望むのか、なぜ「安心できる」を望むのか。こうしたよくあるニーズにも、本質的な課題が影響していることも多い。

本質的な課題に気づき、そこから新しい体験を提案できるようにするために、UX デザインのプロセスでは図3.24に示すようなプロセスをたどってアイデア発想を行う。ユーザー調査で得られた問題の裏返しのような解決アイデアを検討するのではなく、ユーザー調査で得られた事実をユーザーモデリングの手法を用いて分析し、抽

[25] UX コンセプトツリーについては、3.3.3項を参照。

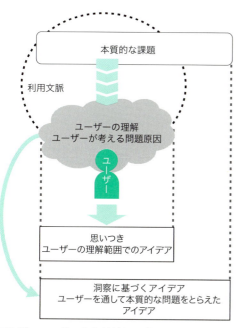

図3.23 ユーザー自身が考える「思いつき」と洞察に基づく「アイデア」の違い

象化した体験価値や本質的ニーズから洞察[26]を得て、そこから具体的な新しい体験のアイデアを発想する。

ユーザーの体験価値とビジネスの提供価値との関係

この段階では、初めてビジネスの要求事項を考慮する。ビジネスの要求事項は、ユーザーの要求事項とは異なる次元のものであり、提供側の論理をユーザーに押し付けてしまうことにならないよう注意が必要となる。この段階までに深めてきたユーザーへの理解を大切にしつつビジネスと融合・統合するアイデアを作るためには、ビジネス戦略やビジネスドメインでの提供価値のとらえ方自体を、ユーザーの受け取る価値へ変換する必要がある。

図3.25は、この段階での理想的なアイデアのコアとなる「実現する体験価値の設定」のイメージである。実現する体験価値として設定したものを、ここでは「UXコンセプト」と呼んでいる。

これまで解説してきたように、体験価値とはユーザーの日常の行為から本質的に求める価値へ変換したものである。一方、既存のビジネスドメインで提供されている価値は、ユーザーが受け取る価値へと変換する必要がある。理想的なUXのコンセプトは、ユーザーが求める体験価値とビジネスが実現する提供価値が、まったく同じ言葉になるはずである。

例えば、パソコン教室を展開している企業A社のUXコンセプトを検討する際、ユーザーの体験価値の候補の中から「続けられる価値」を選んだとすると、ビジネスの提供価値は「続けられる理由を提供する価値」となるはずである。このとき、UXコンセプトは「続けられる理由がある」となる。もし、このような整合が取れないビジネス戦略が提示されている場合は、むしろビジネス戦略の方

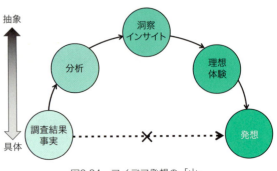

図3.24 アイデア発想の「山」

[26] 洞察のことを「インサイト（insight）」と呼ぶことがある。

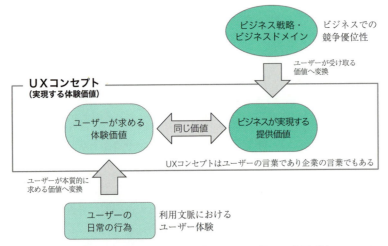

図3.25 アイデアのコアとなる「UXコンセプト」の位置づけ

を見直すことも検討すべきである。ビジネスの論理をユーザーに押し付けてしまうことがないよう、バランスを考えるのもここでの重要な作業となる。

アイデアの収束と UX コンセプトツリーの作成

　UX デザインのプロセスでは、実現する体験価値の候補を用いて、それらの体験価値を実現するようなアイデア発想を行う。その結果、得られた多くのアイデアから、プロジェクトメンバーによる投票などを経て、有力ないくつかのアイデアに絞る。その際、複数のアイデアを整理し、目標とする UX の方向性を明確にする方法として **UX コンセプトツリー**がある。この方法は、著者が企業との多数の UX デザインプロジェクトを経験する中で開発したものであり、アイデアを整理する以上の効果のある手法である。

　アイデアを投票する際、複数の観点から投票を行う。例えば「赤シール：自分がユーザーだったら使ってみたいと思うアイデア」「青シール：当社が提供したらウケそうだと思うアイデア」「黄シール：実現性が高いと思うアイデア」などである。1 人が各観点で 1 票ずつ持ち投票する。投票されたアイデアを見ながら、多様な観点の票が入っていて得票数の多いものを目安に有力なアイデアを選出する。その際、複数の有力なアイデアに共通する体験価値がないか検討する。共通する体験価値のものを一つのグループとして扱い、図3.26のようにアイデアの骨格をツリー状に整理する。最上位は先に解説した UX コンセプトである。

　最上位の UX コンセプトと、一つ下の「各サービスの本質的ニーズ」との関係は、原因と結果の関係にある。本質的ニーズに描かれている内容が提供されることにより、結果として最上位の UX コンセプト、つまり目標とする体験価値を感じられるという関係になる。

　また「どうやって実現するか？」は、個別のアイデアの要点を抜き出して整理する。これは「各サービスの本質的ニーズ」を実現する具体的な手段である。この手段の中で、最低限確保しなければユーザーの満足度が下がってしまう要因を「キー満足要因」として取り上げる。このキー（鍵）となる満足要因は、それが実現できていないと本質的ニーズを満たせないという要素である。これらの要素は、選出されたアイデアの内容を再度分析し、この形式に当てはめて整理する。

　アイデアに共通する体験価値の単位で複数のアイデアをまとめ、UX コンセプトツリーの形式で表現することで、アイデアそのものの中に含まれる UX デザインの主要な要素を体系的に整理することができる。このような形式に整理することで、個別のアイデアの良し悪しだけにとらわれるのではなく、本来目指すべき理想の UX の骨格を形づくることができ、この後のデザイン作業においても方向性を見失うことなく進めることができる。

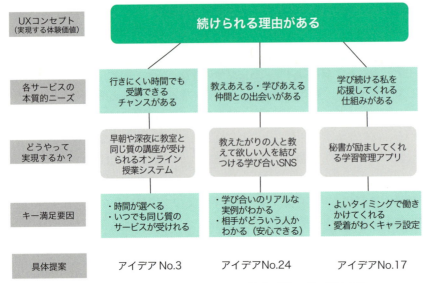

図3.26 UXコンセプトツリー：パソコン教室の新しいサービスの例

3.4 実現するユーザー体験と利用文脈の視覚化

3.4.1 位置づけと実施概要

この段階の目的

「④実現するユーザー体験と利用文脈の視覚化」の段階は、UXデザインのコンセプトを理想のUXとして表現し直しながら、アイデアを詳細化する作業を行う。一般に商品開発においてコンセプトの詳細化を行うときは、製品やサービスの機能や実現手段を中心に検討する。しかし、UXデザインでは、最初にこれから作る製品・サービスを使うユーザーがどのようにふるまうか、どのような過程を経て体験価値を感じるか、理想のUXを詳細化することから始める。逆にいえば、

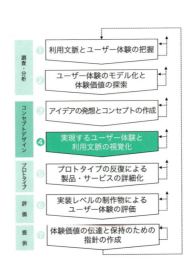

製品やサービスの機能や性能についての詳細化は、この段階では行わない。もちろんUXを検討する過程で、製品やサービスの機能を想定しないと描けないシーンもあるため、結果的に機能について検討を行うこともある。このように、UXを考える中で機能を検討していくことも、UXデザインプロセスならではの特徴である。

この段階では、作成したUXデザインのコンセプトをもとに、以下の2点を

行うことが目的となる。

・コンセプトの製品・サービスが、どのようなユーザー体験となるかを検討し、経時的な体験の様相を視覚的に表現する
・ユーザーのモチベーション、利用環境を含む利用文脈、利用に対する反応を経時的に検討することで、製品・サービスの機能的な要件の概要を明らかにする

この段階では、まだコンセプトの抽象度が高いため、検討の過程でコンセプト自体が変化していくことがある。そのこと自体は、アイデアのブラッシュアップの過程であり、それほど大きな問題ではない。だが、この作業を通して本来目標とすべき体験価値がぶれてしまったり、ペルソナで示した想定ユーザーの目標を解釈し直し、都合のよい体験をこじつけることは避ける。よくある失敗は、提案する製品やサービスの使い方を説明してまうことだ。ここでは製品の具体的な機能や操作は表現せず、むしろ製品やサービスを「それ」や「その仕組み」と呼ぶなど、あえて具体的にせずUXに焦点を当てて描くことがポイントとなる。

機能や操作を具体的にしないのは、ユーザーの体験こそが重要であり製品やサービスはそれをサポートする手段だからである。むしろ、体験を詳細化する過程でアイデア発想段階とは違った手段で実現するアイデアが生まれるかもしれない。そのような可能性のためにも、まずはUXを詳細化し表現していく。

UXと利用文脈の視覚化の作業は、コンセプトのUXを主にシナリオとして描いていくことから始める。なお、この段階で制作した視覚化表現は、次の段階で行うコンセプト評価で、ユーザーに評価してもらう素材となると同時に、プロトタイプなど具体的なデザインへ発展させるための基準であり目標となる。

実施概要

この段階では、まず前段階で作成されたUXデザインのコンセプトを確認することから始める（図3.27）。前段階と一体的に実施する場合は、確認作業を省略することができる。

コンセプトは複数あるはずだが、この数が多いとUXの検討作業もその数に応じて多くなる。コンセプトの数が多い場合は、コンセプトの段階で優先度をつけるか、あるいは大まかなシナリオを作成した後、プロジェクトメンバーの投票等を用いてさらに絞り込むと良い。これにより、複数のコンセプトを統合できる場合もある。

コンセプトごとに理想のUXを検討し、ユーザーの行動を表現する**アクティビティシナリオ**[27]を作成する。UXの検討の一つの方法として、コンセプトで描かれたシーンを想定しユーザーの行動を演じてみる**アクティングアウト**[28]（寸劇）をやることで、理想のUXを明らかにするやり方もある。アクティングアウトをやってみると、製品やサービスを利用するモチベーションの変化を想像しやすくなるため、それらの要素をシナリオに反映させる。

なお、この段階に限らず、今後の検討作業ではペルソナや価値マップ、ジャー

---

27 アクティビティシナリオについては、「4.6.2項 構造化シナリオ」を参照。

28 アクティングアウトについては、情報デザインフォーラム編, 情報デザインの教室, p.130, 丸善出版, 2010.を参照。

ニーマップなどユーザーモデルを壁に貼るなどして、プロジェクトメンバーがいつでもユーザーの情報を確認できるようにしておき、ペルソナやその利用文脈から離れないように注意する。

作成したシナリオは、プロジェクトメンバー間でウォークスルー評価を行ったり、3.4.3項に示すチェックリストを用いた評価を行い、必要に応じて修正を加える。また、必要に応じてシナリオ以外の視覚化表現も作成する。シナリオ以外の表現方法には、スケッチやイラスト、ビデオなどさまざまな表現があるが、理想のUXを共有する相手に合わせて必要に応じて作成する。

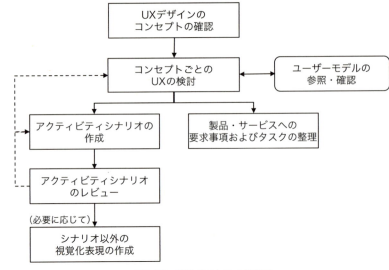

図3.27 実施プロセスの概略図

主なアウトプット

この段階では、「アイデアの発想とコンセプトの作成」のアウトプットであるUXデザインのコンセプトをもとに、そのコンセプトが実現するUXをシナリオとして描いていく。

また、シナリオを検討していく段階で、想定するUXを実現するには必要となる製品・サービスへの要求事項やタスクの概要が導出できる。これらは、UXのシナリオと合わせて整理して、次の段階に活用できるようにしておく。なお、この段階でのシナリオは、構造化シナリオ法のアクティビティシナリオを作成することが一般的である。

- コンセプトに対応するUXの視覚化表現
  - シーンごとのアクティビティシナリオ
  - アクティビティシナリオのその他の視覚化表現（例：ストーリーボード）
- アクティビティシナリオから導出した製品・サービスへの要求事項およびタスクの概要
  - シナリオを成立させるための製品・サービスの要求事項
  - シナリオに関連する主なタスク

3.4.2 代表的な手法

UXの表現方法と抽象度

抽象度の高いUXデザインのコンセプトから、理想のUXを具体的に検討す

るには、徐々にユーザーの体験を具体的にしていく必要がある。最初から詳細に検討できる場合もあれば、やや抽象度の高い表現で留めておき、ユーザーの評価や関係者の意見を聞く方が良い場合もある。

表3.9は、抽象度に応じたUXの表現方法と表現できる主な項目を示している。**UXDコンセプトシート**[29]は、体験価値に基づくアイデアを整理したものであり、描かれているUXは最も抽象度が高い。ここから徐々に具体的にしていく。

いずれの抽象度もシナリオ（文章）として表現することは可能だが、ビジュアルイメージを用いることで、体験価値や利用文脈をわかりやすく表現することができる。**体験談型バリューストーリー**[30]は、経時的な体験は表現しないが、ユーザーの利用のモチベーションをビジュアルイメージを用いて表現する。これにより、UXを詳細化する前の段階で、ユーザーがなぜその体験をするのかについて、具体的に検討することができる。**9コマシナリオ**[31]は、9コマという限定的な枠の中で経時的なUXの流れを表現でき、UXの全体像を概要的に表現するのに適している。**ストーリーボード**[32]は、詳細なアクティビティシナリオをビジュアルイメージを用いて表現したものである。利用文脈や利用の流れ、ユーザーの利用に対するモチベーションなど、多くの情報を表現できるため、具体的なデザインを進めるための基盤となる表現として用いることができる。

UX検討の進展に合わせて、適切な抽象度での表現を採用することがポイントである。

代表的な手法

理想のUXおよび利用文脈を視覚化する手法は、表現手段に着目すると3つに分けることができる。

1つは、文章つまりシナリオとして表現する手法群。2つ目は、ビジュアルイメージを中心に表現する手法群。3つ目は、演技で表現する手法群である。いずれも、それぞれに適した抽象度がある（表3.9）。

これらを表現する作業を通して、徐々にUXを検討するという使い方が基本となる。プロジェクトメンバーによるワークショップ形式で検討しても良い。また、作成した視覚化表現は、次の段階で実施するコンセプト評価にも用いる。いずれも、ペルソナや利用文脈がわかるように表現する努力が大切である。

文章（シナリオ）として表現する手法
- アクティビティシナリオ（構造化シナリオ法）
- 体験談型バリューストーリー

ビジュアルイメージを中心に表現する手法
- 9コマシナリオ
- ストーリーボード
- ジャーニーマップ（TO-BEモデル：提案）

演技で表現する手法

---

[29] UXDコンセプトシートについては、4.6.1項を参照。

[30] 体験談型バリューストーリーについては、4.8.1項を参照。

[31] 9コマシナリオは、描くコマ数によって6コマシナリオなどのバリエーションもある。4.9.2項を参照。

[32] ストーリーボードについては、4.7.1項を参照。

表3.9　UXの表現方法と抽象度

抽象度	シナリオレベル	表現手法	表現できる主な項目
抽象的 ↑ 抽象度 ↓ 具体的	バリューシナリオ（体験価値）	UXDコンセプトシート	・目標とするUXを表現することができる ・利用シーンと得られる効果を表現できる
	バリューシナリオとアクティビティシナリオの中間	体験談型バリューストーリー	・目標とするUXを表現することができる ・利用シーンと得られる効果を表現できる ・利用のモチベーションを表現できる
	アクティビティシナリオ（ユーザー体験）	9コマシナリオ	・目標とするUXを表現することができる ・利用シーンと得られる効果を表現できる ・利用の流れとユーザーの反応が表現できる ・利用文脈の一部を表現できる
		ストーリーボード	・目標とするUXを表現することができる ・利用シーンと得られる効果を表現できる ・利用の流れとユーザーの反応が表現できる ・利用文脈の多くを表現できる ・利用のモチベーションを表現できる

・アクティングアウト
・ビデオビジュアライゼーション（体験ビデオ）

3.4.3　実践のための知識と理解

アクティビティシナリオで描くべきこと

　コンセプトからUXの視覚化までの過程は、**構造化シナリオ法**が理にかなった手法であり、現在日本のUXデザインのプロセスでは主流な方法となっている。手法としての構造化シナリオ法は4.6.2項で解説するが、ここではバリューシナリオとアクティビティシナリオの違いについて、ユーザーモデリングの3階層を用いて説明する。

　バリューシナリオは、想定ユーザー群を示したキャスト（複数のペルソナ）と目標とする体験価値、そして提案する製品・サービスの概要を示す情報の3つを記述したものである。これらをユーザーモデリングの3階層に当てはめると、図3.28に示すように、キャストは属性層、体験価値は価値層、そして提案する製品・サービスの概要はユーザーの利用の対象物として、行為層に位置づけられるが、行為そのものは描かれていない。

　一方、**アクティビティシナリオ**の段階では、行動の情報をシナリオとして行為層に追加する。また、キャストも主要なペルソナに絞って具体化する。ただし、行動のシナリオは単にユーザーの行為を描くだけでなく、属性層のペルソナと価値層の体験価値を結びつけるように、利用文脈を考慮することがポイントとなる。このとき、提案する製品・サービスとのインタラクションを行うことは示しても、その具体的なやり方や製品・サービスの様子は不明のまま描く。

　アクティビティシナリオでは、製品やサービスを表現する言葉として、「それ」や「その仕組み」と呼ぶと良い[33]。あえて素っ気ない呼び方をすることで、詳細

[33] アクティビティシナリオで操作や機能を「その仕組み」に置き換えた際の効果については、4.6.2項の「実施の際の留意点やポイント」で例を挙げて解説している。

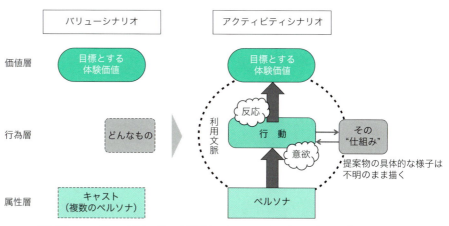

図3.28 ユーザーモデリングの3階層とバリューシナリオ、アクティビティシナリオ

を意識しないようにするためである。インタラクションの詳細は、次の段階のインタラクションシナリオで記述する。このように、アクティビティシナリオでは、あえてインタラクションの詳細を描かないことで、制約を受けないユーザーの理想的なUXを検討することができる。

アクティビティシナリオの目的は、ペルソナが利用文脈において「その仕組み」を使うことで、目標とする体験価値を形成する過程を描くことにある。実際の利用体験では、体験価値が形成される過程で、ユーザーのモチベーションの変化や出来事に対する心理的な反応が伴うものである。そのため、アクティビティシナリオでも、体験価値の形成プロセスを意識して、ユーザーのモチベーションや反応など感情的な側面を記述することが望ましい。この点については、次で詳しく解説する。

ユーザーモデリングの3階層と合わせて、バリューシナリオとアクティビティシナリオの位置づけを構造的に理解しておくと、この段階で行うべき作業の目的を理解しやすくなる。

使い方の説明にならないためのアクティビティシナリオ・チェックリスト

構造化シナリオ法の中でも、アクティビティシナリオを書くことは比較的難しい。ユーザーの体験を描いているはずなのに、気がついたら製品の使い方の説明になっていることは多い。

この傾向は、普段からシステムなどを設計しているエンジニアほど見られる。著者はある企業の方から「機能と体験の違いがわからない。どう違うのか」といわれたことがある。つまり、機能の使い方の説明をすれば結果的にユーザーの体験と一緒になるはずだ、というのだ。

確かに、ユーザーは製品の機能を使うが、その機能を使うことを目的に操作しているわけではない。ユーザーは自分のやりたい目標を達成するために、機能を手段として使っているに過ぎない。体験とはユーザーの本来の目標が達成するまでの過程であり、機能を使うことはそのうちのごく一部であるはずだ。なぜその

機能を使うことになったのか、という製品を利用するモチベーションや、製品を使うことでユーザーの目標が達成された喜びも、使い方の説明には出てこない。

以下は、使い方の説明にならないようにするための、アクティビティシナリオのチェックリストである。

(1) 利用文脈に沿ったモチベーション：ペルソナの目標と利用文脈に基づいた、自然な利用のモチベーションが描かれているか（予期的 UX に相当）
(2) 典型的な問題シーン：ペルソナの利用文脈において、典型的な問題となるシーンを取り上げて描いているか（エピソード的 UX に相当）
(3) ペルソナに則った利用の反応：利用に対するペルソナの反応が描かれており、その反応がペルソナの目標や特徴と合致しているか（瞬間的 UX に相当）
(4) 継続利用のモチベーション：利用後の効果に対するペルソナの反応が、次の利用に対する素直なモチベーションへとつながっているか（次のエピソード的 UX への意欲）
(5) 製品存在への肯定：ペルソナがその製品やサービスを正しく理解できたときに、製品やサービスの存在および利用過程に愛着を持てるような反応を描けているか（累積的 UX に相当）

なお、5 点目については説明が必要だろう。これは、製品やサービスを利用すること自体をユーザーが肯定的に捉えられるような反応を描くことである。例えば、製品を使うと便利で継続して使いたいと思うが、別にどの会社の製品でも良いと思うような製品は UX デザインのプロセスで開発する必要はない。その製品の存在を「ありがたい」と感じたり、「ほかの人にも勧めたい」と感じたり、あるいは「この会社が好きになった」と思うような、「良いもの」を目指すのが UX デザインであろう。製品のことを意識させないようなコンセプトもあるだろうが、どこかでその存在を肯定的に捉える反応があるはずであり、そのような反応を描くことがポイントとなる。これは、利用後の累積的 UX に相当する観点であり、ビジネスのエコシステムとの整合性が検討された UX コンセプトに基づいたものであれば、この点を描くことができるはずである。

これら 5 つの点をチェックリストにすることで、使い方の説明ではなく正しいアクティビティシナリオを描くことができるだろう。

体験価値の形成プロセスに沿ったアクティビティシナリオ

アクティビティシナリオは、バリューシナリオで UX コンセプトとして設定した体験価値の形成プロセスを示すことでもある。ここで2.2.6項で示した体験価値の形成プロセスモデル（図2.12）を見て欲しい。体験価値の形成プロセスモデルでは、ユーザーの意欲と理解の連鎖によって体験価値を徐々に形成していく過程を示している。ここには、使用前、使用中、使用後の 3 つの区間が含まれている。アクティビティシナリオでは、これら 3 つの区間のシナリオを 1 セットとし、1 つのシーンを構成する（図3.29）。

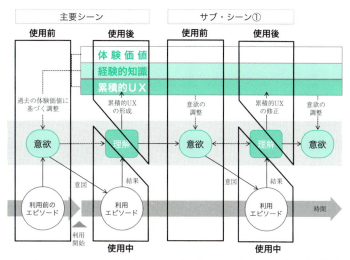

図3.29 体験価値形成プロセスモデルとアクティビティシナリオで表現する区間

　使用前は、製品・サービスとの出会いのエピソードがあり、それによって期待としての意欲が形成される。次に、実際に製品を使う使用中のシーン。典型的な問題のシーンで製品を使うエピソードがあり、製品への理解が深まる。このとき、事前期待と照らしてどんな感情を抱くかまで描く。最後に、使用後にこの体験をふまえてこの製品が自分の生活にとってどんな意味があると位置づけるか、ユーザーの主観的な視点での評価が語られる。ここまでを一連のアクティビティシナリオとして描く。

　シーンが違えば、またこの3つで1セットのアクティビティシナリオを描く。ただし、使用前の意欲は2回目以降は、初回の利用経験をふまえ、「こういうことができる製品なら（前回までの理解）、きっとこんな風にも使えるに違いない」といった、意欲の調整を中心に描く。こうしたフレームを活用することで、より具体的なUXを表現できるようになる。

3.5 プロトタイプの反復による製品・サービスの詳細化

3.5.1 位置づけと実施概要

この段階の目的

　「⑤プロトタイプの反復による製品・サービスの詳細化」の段階は、視覚化されたUXの表現を徐々に製品・サービスの仕様へと具体化していく過程である。この段階で最も重要なのは、評価を繰り返しながら詳細度を高めていくプロセスである。

　「2.5節 人間中心デザインプロセス」でも解説したように、人間中心デザインのプロセスはデザインと評価を繰り返し行うことにある。もちろんUXデザイ

ンのプロセスにおいても、各段階で適切な
フィードバックを行ない精度を高める。しか
し、この段階までの過程ではどちらかという
と次の段階へのインプットを制作することが
主眼となっており、デザインの反復によって
精度や詳細度を高めるプロセスというより
も、問題や不足があれば修正するといった
フィードバックに近い。一方この段階は、デ
ザインの仕様を確定させるという、デザイン
の中心的作業であり反復プロセスを最も機能
させ、抽象的なコンセプトから具体的なデザ
インへとまとめ上げていく過程である。

　なお本書では、デザインの実装作業については対象としていない。そのため、
この段階では実装作業に必要なデザインの仕様を明確化させるまでを、人間中心
デザインプロセスを活用して詳細化する過程を中心に解説する。
　この段階では、UXデザインのコンセプトと視覚化されたUXから、以下の3
点を行うことが目的となる。

・コンセプトの妥当性についてユーザーの参加による評価を行い、開発するコ
　ンセプトを選定する
・開発する製品・サービスを、ハードウェア・ソフトウェア・ヒューマンウェ
　アをどのように組み合わせた構成で実現するかを検討し、デザイン対象物を
　明らかにする
・理想のUXを目標にし、ユーザー視点の評価を組み込んだ反復的なデザイン
　過程により、開発する製品・サービスのデザイン仕様を明確化する

　この段階では、まず前段階までに創出した複数のコンセプトに対してユーザー
の参加によるコンセプト評価を行い、具体化する製品・サービスを絞り込むこと
から始める。また、単に一つを選出するだけでなく、評価を通してコンセプト自
体をブラッシュアップしていく過程としてとらえる方が良い。
　コンセプトが定まったら、視覚化されたUXを目標とするUXと位置づけ、
具体的なインタラクションをデザインしていく。その際、どのような手段でUX
を実現するか、デザイン対象物の構成を検討する。ハードウェア、ソフトウェ
ア、ヒューマンウェアのいずれの方法で、あるいは組み合わせて実現するかを決
める必要がある。通常、組織の資源や環境などを考慮すると初期の方向性は比較
的容易に決められる。実際のUXデザインの過程では、プロジェクトの最初か
らアプリやWebサービスを開発する、というような方針が決まっていることが
多く、この検討があまり重要視されていない。例えば、Webサービス企業が新
しいサービスを検討する場合は、Webサービスがデザイン対象物となる。だ
が、特にIoTを前提としたサービスのように、プロダクトを含めた複合的な
サービスを実現するような場合には、ビジネスモデルの検討を含めた製品・サー

ビスの構成を検討することが不可欠となる。

　デザイン対象物が決まったら、視覚化されたUXを目標とし、インタラクションデザインとインタフェースデザイン、プロダクトデザイン等を行う。ここでの特徴は、プロトタイプを用いて徐々に具体性を高めていくプロセスを採用し、ユーザー視点による評価を繰り返しながら、デザイン仕様を明確化していく。この段階におけるユーザー視点の評価は、必ずしもすべての評価をユーザーの参加による評価で行う必要はない。最終段階におけるデザインの洗練を目的とした評価では、ユーザーの協力を得て、ユーザーの参加による評価を行う必要があるが、途中段階ではユーザーの視点を持ってプロジェクトメンバーが評価して良いし、社内の協力者による評価でも良い。むしろ、この段階では評価を繰り返すこと自体が重要である。

　プロトタイプは具体化の程度に応じて作成する目的が異なるため、段階に応じた適切なものを作成する。プロトタイプは、作成、評価、修正というサイクルを繰り返して徐々に具体化しつつ、検討の範囲を製品の部分的な機能から全体へと広げていく。

　この段階の作業を円滑に進めるためには、デザイナーやエンジニアとUXデザインのプロセスをリードするUXデザイナーとの協業が不可欠である。特に実装を担うエンジニアとの関係が重要で、この段階が仕様を確定するための作業であることを理解してもらい一緒に作業することで、その後の実装化の過程で発生する問題の解決を円滑に進めることにつながる。

実施概要

　この段階では、まず前段階までに作成されたコンセプトおよびアクティビティシナリオと、シナリオ以外の視覚化表現を用いてユーザーの参加による**コンセプトテスト**[34]を行い、開発するコンセプトを定めることから始める。

　コンセプトが定まったら、次にデザイン対象物の構成の検討を行う。デザイン対象物とは、コンセプトが示したUXを実現するために、プロジェクトで開発をするものを指す。デザイン対象物は、おおむねハードウェア・ソフトウェア・ヒューマンウェアに分かれるが、コンセプトが示すUXのうちのどの範囲の体験を実現するために何を制作するかを検討する。この検討により、プロトタイプを作成するデザイン対象物を明確にする。

　ビジネス基盤が十分でない領域で新規にサービスを検討する場合には、デザイン対象を広く設定しようと考えるかもしれない。しかし、そのような場合こそ目標とするUXの中で、最も中心的でほかの製品やサービスと差別化される部分に特化してデザイン対象とする方が良い。新しいサービスは、ユーザーがどのように受容するか不明確な場合もあるため、最初から大きな開発規模を設定するよりも小さな開発を先行させ、ユーザーの受け止め方を確かめることを優先させた方が良い。これは、リーン・スタートアップのMVP（Minimum Viable Product：実用最小限の製品）の考え方と同様である[35]。

34　コンセプトテストについては、4.9.1項を参照。

35　リーン・スタートアップにおけるMVPは、Build-Measure-Learnというフィードバック・ループを回すことができ、「必要最低限の労力」と「必要最低限の開発時間」で作ることができる製品のバージョンのことを指す（Ries, 2011）。

デザイン対象物が明確になったら、コンセプトやアクティビティシナリオをもとにプロトタイプを作成していく。このとき、ペルソナを常に意識しながらデザインすることが重要となる。元来ペルソナは、ユーザーの利用文脈をイメージしながらデザインするためのツールであり、デザイン作業に集中するあまりユーザーのことを忘れてしまわないよう、ペルソナを大きく印刷して作業空間に掲示するなどして、常に意識することが大切だ[36]。

プロトタイプを作成する過程では、デザインパターンやデザインガイドラインなどのノウハウを活用し、効率的に使いやすいデザインを実現する工夫も実務的には大切である。なお、プロトタイプの具体化の程度については後ほど解説する。

プロトタイピングの作業は、想定した理想のUXからインタラクションを特定し、次にインタラクションから製品・サービスの仕様を特定していくという流れで検討する。これは、実際の利用状況とはちょうど逆の流れであり、UXデザイン特有のデザインアプローチであるといえる。

なお、特にサービスの場合は、アイデア発想の段階で検討したビジネスモデルを改めて実現性等を考慮して検討する作業やサービスを実現するための仕組みの検討を行う作業もこの段階で行う必要がある。

やや複雑ではあるが、この段階での実施プロセスの概略図を図3.30に示す。

主なアウトプット

この段階では、前段階の「④実現するユーザー体験とその効果の視覚化」のア

[36] 米国の企業では、開発メンバー全員のデスクにペルソナを印刷した三角パネルを置いたり、Tシャツやポスターを作ったりする例もある。そこまでする必要性はないにしても、ペルソナを意識することがプロジェクトメンバー全員の常識になっていなければならない。

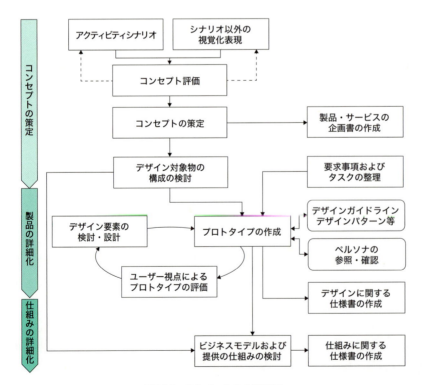

図3.30　実施プロセスの概略図

ウトプットを活用してコンセプト評価を行い、開発するコンセプトを定める。このタイミングで製品・サービスの企画書を取りまとめる。コンセプトを絞り込む段階で、想定するUXに変化があった場合は、コンセプトを修正するとともにアクティビティシナリオやUXの視覚化表現も修正する。ジャーニーマップは、目標とするUXを表すTO-BEモデルを作成すると良い。

　企画書で定めたコンセプトに基づいて、プロトタイプを作成する。プロトタイプの作成と評価を繰り返すことでプロトタイプの抽象度を徐々に下げて具体化し、具体的な製品・サービスの仕様を明確化する。

　この作業のアウトプットはデザインに関する仕様書となる。

- コンセプト評価の結果
    - コンセプト評価方法の実施概要
    - 評価対象コンセプト
    - 評価結果
    - 改善すべき点
- 製品・サービスの企画書
    - 実現する体験価値の設定（3.3節より）
    - ユーザーモデル（ペルソナ、AS-ISモデルのジャーニーマップ、価値マップ、そのほか利用文脈に関する情報を整理したもの）（3.2節より）
    - ビジネス環境分析（3.3節より）
    - 改善したコンセプト
    - 改善したアクティビティシナリオ
    - 改善したUXの視覚化表現（例：TO-BEモデルのジャーニーマップ）
    - 製品・サービスのUX観点での要求事項・主要タスク（3.4節より）
- デザイン対象物の構成
    - ハードウェアで実現する範囲と役割
    - ソフトウェアで実現する範囲と役割
    - サービスで実現する範囲と役割
- プロトタイプ
    - 目的に応じたプロトタイプ
- プロトタイプ評価の結果
    - プロトタイプ評価方法の実施概要
    - 評価結果
    - 改善すべき点
- デザインに関する仕様書（以下はソフトウェアの場合の例）
    - デザインカンプ／モックアップ
    - ナビゲーション設計および詳細ワイヤーフレーム
    - 画面遷移・インタラクション設計
    - インタフェース要素のデザイン
    - ロゴデザイン等

- 仕組みに関する仕様書（以下は例）
  - ビジネスモデル
  - サービスブループリント等

3.5.2 代表的な手法

プロトタイプの段階と手法

　プロトタイプを用いて製品・サービスの詳細化を行うには、「プロトタイプの作成」を行い、「ユーザー視点によるプロトタイプの評価」を行い、必要な改善点を把握したうえでさらにデザインを具体化するために「デザイン要素の検討・設計」を行う。その後、検討と設計を反映させより具体性を増した新たなプロトタイプを作成し、評価し、検討するというサイクルでデザインを徐々に詰めていく（図3.30の楕円で示したサイクル）。

　デザイン仕様を明確化するまでに、プロトタイプで検討すべき段階は多様だが、おおむね表3.10に示すように4つの段階に分けられる。各段階の内容を、Webサイトを例に解説する。

　まず「1．構造の検討段階」である。ここではアクティビティシナリオに沿って、デザイン対象物がどんな状態であるかを考え、そのスケッチを行う。Webサイトの場合は画面スケッチを書く。この際、画面間のつながりなどは十分検討できていなくてもよい。体験に合わせてどんな画面があるか、ストーリーボードと画面スケッチを合わせてウォークスルー評価を行うと画面スケッチの問題点を抽出できる。評価結果をふまえ、想定されるUXを実現するための構造を検討する。Webサイトの場合は情報構造（インフォメーション・アーキテクチャ：IA）を検討・設計する。ここでは必要に応じて、カードソーティング[37]などユーザーの参加による調査を行う場合もある。

　各段階の「デザイン要素の検討・設計内容」では、3つの観点から考えると良い。1つ目は、ユーザーが製品・サービスを使うことが「できるための検討」。2つ目は、ユーザーが製品やサービスを理解し「わかるための検討」。3つ目は、製品やサービスを用いることがユーザーにとって感情的に「うれしいための検討」である。これは意欲や反応に関する検討である。いずれのプロトタイプの段階でも、評価結果をふまえこれら3つの観点で検討しデザインに反映していく。

　最初の段階として構造の検討ができたら、「2．ふるまいと認知の検討段階」に進む。ここでは、想定したタスクをユーザーが行う一連の流れを、一通り想定した初期プロトタイプを作成する。このプロトタイプは、忠実度[38]の低い手書きのワイヤーフレームによるペーパープロトタイプなど、簡単に修正ができる手法を用いて作成し、「オズの魔法使い」と呼ばれる簡易に動作を表現できる方法を用いて評価を行う。検討・設計では、評価で明らかになった問題点を改善するとともに、より使いやすいものになるように、タスク操作やインタフェース要素の

37　カードソーティングは、情報構造を検討するための手法の一つ。

38　プロトタイプにおける忠実度については、3.5.3項を参照。デザインの完成形に対して、どれくらい近いかを表す考え方。忠実度が高い（高忠実度）場合は、より完成形に近く詳細度が高い。忠実度が低い（低忠実度）場合は、完成形より遠く詳細度が低い。

表3.10 UXデザインにおけるプロトタイプの段階と評価および検討内容

プロトタイプの段階	目的	プロトタイプの手法	評価の方法	デザイン要素の検討・設計内容
1. 構造の検討段階	シナリオに沿って、デザイン対象物が示す状態を確認し、デザイン対象物の基本的な構造を検討する	・ストーリーボード／ユーザーストーリーマップに合わせたスケッチ（画面スケッチ等）	・ストーリーボードによるウォークスルー評価	〈できるための検討〉 ・タスクを実施できる情報構造の設計 〈わかるための検討〉 ・ユーザーが理解できる情報構造の整理 〈うれしいための検討〉 ・意欲を高め、維持する仕組み・構造の検討
2. ふるまいと認知の検討段階	シナリオのタスクに沿った、デザイン対象物の基本的なふるまいを検討する	・ペーパープロトタイプ ・低忠実度-ワイヤーフレーム	・オズの魔法使いによる評価 ・専門家評価	〈できるための検討〉 ・タスク達成のためのインタラクションの検討 〈わかるための検討〉 ・インタフェース要素の認知的な側面での検討 〈うれしいための検討〉 ・意欲を高めるためのメタファーやモチーフの検討
3. 見た目のデザインの検討段階	ユーザーとの接点となるインタフェースや外観などの見た目のデザインを検討する	・ツールによるプロトタイプ ・高忠実度-ワイヤーフレーム	・ユーザーによる評価 ・RITE ・認知的ウォークスルー ・専門家評価	〈できるための検討〉 ・使いやすく誤りにくい表現の検討 〈わかるための検討〉 ・わかりやすい誤解しにくい表現の検討 〈うれしいための検討〉 ・コンセプトで想定した感情を促すための表現の検討
4. デザインの洗練段階	デザイン案に対して、可能な限り主要なUXの問題点を発見し改善することで洗練させる	・モックアップ ・デザインカンプを使ったツールプロトタイプ ・試作品	・ユーザビリティテスト ・専門家評価	〈できるための検討〉 ・ユーザビリティ上の問題点の改善 〈わかるための検討〉 ・ユーザビリティ上の問題点の改善 ・情報構造／コンテンツ／表現の改善 〈うれしいための検討〉 ・感情を促すための表現の改善 ・意欲を高め、維持する仕組みの改善

認知的な側面を検討する。具体的にはナビゲーションのデザインやレイアウト、インタフェースの動きやアニメーションなどを詳細に検討する。また、感情的な側面では、意欲を高め、維持するためのメタファーやモチーフなどを検討する。

次に、プロトタイプをより詳細化する「3. 見た目のデザインの検討段階」である。この段階では、忠実度の高いワイヤーフレームなどを用いて、実際の製品・サービスに近づけていく。ソフトウェアについては、さまざまなプロトタイピングツールがあり、コンピュータやスマートフォンなどのデバイスでインタラクションを手軽に試すことができる。これらを用いてプロトタイプを作成して評価を行い、使いやすく誤りにくい表現や、わかりやすく誤解しにくい表現を検討していく。誤りや誤解は、一連の操作の流れの中で起こるため、プロトタイピングツールを使いユーザー参加による評価を行うと、改善に役立つ情報を得られる。この段階では、実際のユーザーでなくても社内の協力者でも良いが、インタラクションの詳細を知らない人の協力を得て実施すると良い。

最終的なデザイン案が決まったら、「4. デザインの洗練段階」となる。ここではデザインする範囲を広げ、より完成形に近い状態のプロトタイプを作成す

る。この段階では、ユーザーの参加によるユーザビリティテストなどタスク操作を実際に実施してもらうなど、実際の利用文脈を想定した仕様により問題点を発見し改善していく。

いずれの段階も、一つのプロトタイプを作って評価すれば次の段階に進んで良いわけではない。評価結果によっては、次の段階に進まずにプロトタイプを修正して再度評価することもある。

代表的な手法

この段階では、さまざまな検討と決定を行う必要があり、それぞれに適した手法がある。

プロトタイプと評価の手法については、表3.10で示したようにプロトタイプの具体化の段階に応じて適切な手法を組み合わせることが重要となる。また、ビジネスモデルや提供の仕組みに関する検討では、アイデア発想の段階でも用いた手法を用いて改めて検討し直すことも有効である。

なお、デザインを詳細化し仕様を明確化していくためには、次の段階に進む判断や意思決定が不可欠となる。UXデザインでは段階に応じた手法が用意されているため、その手法を用いるだけであたかも順次仕様が決まってくるように勘違いしてしまうことがあるが、それは大きな誤解である。UXデザインの手法はあくまで整理・検討を支援し、評価結果を提示するだけで、判断や意思決定は誰かが行わなければならない。例えば、コンセプト評価の結果が良くないアイデアであっても、総合的に判断して開発する対象として選択する場合もある。手法自体は答えを持っていない。良い製品・サービス作りには、良い意思決定も重要となることを忘れてはいけない。

コンセプト評価の手法
　・コンセプトテスト（シナリオ共感度評価）
　　－アクティビティシナリオを用いた評価
　　－ストーリーボードを用いた評価
　　－バリューストーリーを用いた評価

シナリオからタスクに変換する手法
　・ユーザーストーリーマッピング
　・アイデア・タスク展開

プロトタイプの手法
　・インタラクションシナリオ（構造化シナリオ法より）
　・ペーパープロトタイピング
　・ラピッドプロトタイピング

プロトタイプ評価の手法
　・ストーリーボードを用いたウォークスルー評価（ストーリーボーディング）
　・オズの魔法使い
　・サービスロールプレイ

- 高速反復テスト評価手法（RITE）
- ユーザビリティテスト
- 発話思考法によるプロトコル分析
- 認知的ウォークスルー
- エクスペリエンスフィードバック法
- ヒューリスティック評価／エキスパートレビュー（専門家評価）

提供の仕組みを検討する手法
- サービスブループリント
- ビジネスモデルキャンバス
- 顧客価値連鎖分析（CVCA）

デザイン要素を検討する手法
- カードソーティング
- スピードデート法
- 望ましさ（ディザイラビリティ）テスト

3.5.3 実践のための知識と理解

プロトタイプの種類と作成範囲

　プロトタイプは、素早く作ることができ、なるべくすぐに変更できるという点が大切なポイントである。決して詳細なデザインを作りこむためのものではない。プロトタイプは、元々システムを作りこんでしまった後に、ユーザーが使えなくてデザイン変更を余儀なくされるというリスクを避けるために、早い段階から評価を繰り返し試行錯誤しながらデザインしていく手法である。そのため、プロトタイプに時間をかけたり、作りこんでしまうのでは本末転倒である。プロトタイプでは作りこむのではなく、詳細度を上げていくあるいは忠実度を上げていくという考え方をする。

　このようなことから、プロトタイプではなるべく簡単に必要最小限の作業で、デザインを確認できるように作成することが重要となる。しかし、業務用のソフトウェアの場合、検討しなければならない機能が広範囲に渡ることが多く、どの範囲からプロトタイプを作成していけば良いか迷う場合もある。そのような場合には、プロトタイプの広さと深さを考慮して段階的に作成すると良い。

　プロトタイプには、水平型と垂直型の主に2通りの考え方がある（図3.31）。**水平型プロトタイプ**は、異なる機能を幅広く対象とし、機能の存在が認識できる範囲のプロトタイプのことである。Webサイトの場合、トップページに主要なメニューのナビゲーション（グローバルナビゲーション）があり、そのナビゲーションのリンク先まで作成してある程度の範囲である。これは、製品やサービスが持つ機能の全体を理解できるプロトタイプであり、プロトタイプの初期段階で作成すると良い。これはトップダウン型で作成するプロトタイプでもあるので、サイトマップなど機能の全体像が設計されている必要がある。この水平型プロト

タイプを用いてユーザー参加による評価を行うとしたら、製品やサービスの全体像がイメージできるかや、ユーザーが必要な機能がどこにあり、どのような操作法で実現できそうか予想をたずねるといったことなどを中心に評価する。ただし、タスク操作の流れなど UX の詳細に関する部分は検証できない。

　一方、**垂直型プロトタイプ**は、特定の機能に特化しその機能の操作の手順を確認できる範囲のプロトタイプのことである。Web サイトの場合、資料請求までの手順やショッピングが完了するまでの手順など、タスクに伴う一連の作業に必要な画面があるものをいう。これは、実際の操作や UX を確認できるプロトタイプであり、水平型に続いて作成すると良い。

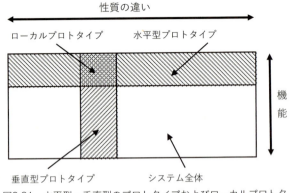

図3.31　水平型・垂直型のプロトタイプおよびローカルプロトタイプの考え方（Nielsen, 1993, Hartson & Pyla, 2012）

　垂直型プロトタイプを作成するためには、ユーザーのニーズはもちろんのこと、その作業を行うのにユーザーが行う手順や利用文脈についても理解したうえで検討を行う必要がある。この垂直型プロトタイプを用いてユーザー参加による評価を行うとしたら、想定タスクを示して実際の操作を想定してもらうことで、画面遷移やインタフェース上の課題を評価することができる。しかし、作成したタスクの範囲しか検証することはできない。

　一般的には、水平型を先に作成し次に垂直型を作成する。これにより T 型のプロトタイプを作ることになる。なお、水平型・垂直型・T 型プロトタイプは、先に表3.10で示したプロトタイプの段階では「2. ふるまいと認知の検討段階」に相当する段階から適用できる。

　ところで、見た目のデザインを決めるには、通常いくつかのデザイン案を検討し、複数の案から選択して詳細デザインを検討していくことが一般的である。このとき、非常に部分的に忠実度の高いデザインのプロトタイプを作ることがある。こうしたプロトタイプを**ローカルプロトタイプ**と呼ぶ。例えば Web ページの場合は、トップページと 2 階層目の代表的ページだけを複数のデザイン案で作成するといったことがある。こうしたローカルプロトタイプは、ほかのプロトタイプとは別に検討のポイントで必要に応じて一時的に作成される。

忠実度の考え方

　プロトタイプには、**忠実度**（fidelity）という考え方がある。これは、完成したデザインに対しての忠実度を意味しており、平たくいってしまえば、プロトタイプの「本物っぽさ」である。ここでいうプロトタイプは実装作業を行う前の段階のものであり、プロトタイプである以上本物ではない。見た目やふるまい、提示される情報が本物っぽいものであれば「高忠実度」となる。その反対に、見た目が手書きだったり、仮の情報だったりするものが「低忠実度」となる。高忠実度

の典型例は、コンピューターで作成したデザインカンプを用いたプロトタイプである。一方、低忠実度の典型例は、手書きのワイヤーフレームを用いたペーパープロトタイプである。

UXデザインのプロトタイプでは、超低忠実度ともいえる手書きの画面スケッチから始める。ハードウェアの場合でも、ペーパーモックアップやダーティープロトタイプ[39]など、ごく簡単な素材を用いて手作業で作成する。これには主に3つの理由がある。1つ目の理由は、とにかく早くイメージを形にすること。この段階までの過程ではUXの視覚化は行っていても、その体験を実現する製品やサービスは視覚化していない。そのためプロジェクトメンバーの間でも、製品イメージが異なっていることもある。概要的なイメージを早く確認するためにも、忠実度の低いプロトタイプを素早く作成する。2つ目の理由は、簡単に作り直しができるからである。イメージが異なっている場合は、すぐに作り直す必要がある。そのためには、いかに簡単に作り直せるか、いかに作り直すことを前提にプロトタイプを作るかがポイントとなる。3つ目の理由は、初期段階の評価を行う際に、本当に大事な部分に注目してもらうためである。忠実度の高いプロトタイプでは、文字の見やすさや色使いなど、初期段階のプロトタイプで検証したいこととは違う、かなり些細で本質的ではない点に目がいってしまうことが起こる。しかし手書きであれば、大雑把なデザインとなるため、細かい点よりも本質的な点に集中でき、適切な評価がしやすくなる。

UXデザイナーにとって、忠実度の概念を理解し、適切な忠実度でプロトタイプを作ることが、この段階をより効率的・効果的に行うための重要な能力である。忠実度のコントロールは、プロトタイプの評価の目的によって行う。例えば、情報構造の妥当性を評価したい場合は、全体の忠実度は低くてもボタンの名称やカテゴリーがしっかり読めなければならない。このように、評価の目的に応じて部分的に忠実度を上げたプロトタイプを作ることもある。

図3.32は、忠実度とプロトタイプの種類の組合せによる、プロトタイプの活用場面を整理したものである。一般的なUXデザインの検討では、まず水平型で低忠実度のプロトタイプから検討を始め、低忠実度で垂直型に、その後、徐々に忠実度を高め、最終的には主要な部分を垂直型で確認できる水平型で高忠実度のプロトタイプを作成するという順番になる。

39　ダーティープロトタイプとは、身近にある素材を組み合わせて、ハードウェアの形を簡易的に表現する方法。

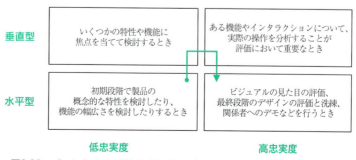

図3.32　プロトタイプの種類と活用場面（Hartson & Pyla, 2012に著者加筆）

UI設計書、デザインカンプベースの開発がうまく行かない原因	プロトタイピングのメリット
・実際に触ってみなければわからないところが多く、完成品がイメージしにくい ・仕様書や設計書などドキュメントだけでは正確な評価ができない ・"こうすれば使いやすいはず"という仮説から検証なしに最終実装を行っている ・問題があった場合、設計書の修正に時間がかかる ・実装後の問題点が発覚しても、実装後の修正はロスが大きい ・初めて使うユーザーの立場に立って、第三者的な視点で設計することが難しい	・実物に近いものを確認できる ・プロダクトとして評価できる ・初期段階で使い勝手を検証できる ・設計の変更に時間がかからない ・手戻りを削減することができる ・第三者からのフィードバックが得られる ・見落としを見つけやすい ・開発に慣れていない人でもわかる ・多様なパターンを検証、反復できる ・低コストで多くのフィードバックがある ・コミュニケーションが活発化する

図3.33 UI 設計書やデザインカンプベースの開発がうまくいかない原因とプロトタイピングのメリット（深津・荻野, 2014）

プロトタイプを行うメリット

　現在、ソフトウェア、Web サービスやスマートフォンのアプリケーション開発などにおいては、プロトタイプを用いた開発がかなり浸透している。スマートフォンアプリのプロトタイピング実践手法をまとめた深津貴之氏と荻野博章氏は、インタフェースデザインのデザインだけを先行させて開発する際の問題点を挙げ、それに対しプロトタイプを用いて開発することのメリットを図3.33のように指摘している。プロトタイピングを行うことは導入コストが低く、開発のリスクを削減でき、製品の品質の向上を期待できる。

ハードウェアを伴うプロトタイピング

　昨今、コンピュータやスマートフォン、タブレットといった一般的なデバイスで使用するソフトウェアだけでなく、専用のハードウェアに組み込まれたソフトウェア[40]のインタフェースデザインにおいても、UX デザインが重要視されている。代表的なものはカーナビや銀行 ATM などがある。特に、最近ではスマートフォンと連動する活動量計などのハードウェアも開発されており、ハードウェアおよびそれに付随するインタフェースのプロトタイプも必要となることがある。

　ハードウェアを伴うプロトタイプでも、基本的な考え方はソフトウェアと同様である（図3.34）。まずは忠実度の低いハードウェアのペーパープロトタイプを

40 「組み込みシステム」や「組み込み系ソフトウェア」と呼ばれる。

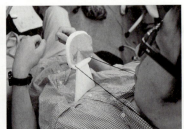
図3.34 ハードウェアのペーパープロトタイプの例

図3.35 ハードウェアにインタフェースを重ねて検証

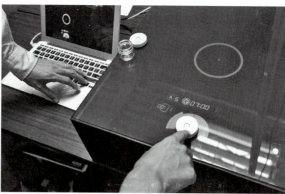

41　パソコンのインタフェース画面をプロジェクターで本体のプロトタイプに投影し、オズの魔法使いの要領で操作を再現している（石木ら，2015；ヒューマンインターフェースシンポジウム2015発表より）

図3.36　忠実度の高いプロトタイプの例：IH調理器のインタフェースのプロジェクションモデリング[41]

作成し、同時にインタフェースのペーパープロトタイプを重ねて検討を行う（図3.35）。

最近では3Dプリンターなどハードウェアの高忠実度のプロトタイプを気軽に制作できる環境が整っている（図3.36）。また、ハードボタンなどを使った操作のインタラクションのプロトタイピングを支援する組み込み系のプロトタイピングツールもあり、それらを活用しながら忠実度を高めていく。

3.6 実装レベルの制作物によるユーザー体験の評価

3.6.1 位置づけと実施概要

この段階の目的

「⑥実装レベルの制作物によるユーザー体験の評価」の段階は、実装レベルの最終的なプロトタイプあるいは実装した試作品に対して、ユーザー参加による評価を行い、ユーザビリティ品質およびUXの実現度を確認する。この段階は、製品・サービスのデザインの最終段階にあたるが、ここでの評価で問題点が発見されればその問題を解決するために、必要な段階に戻り修正する。

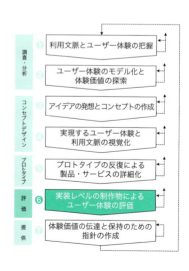

この段階での評価は、前段階の「⑤プロトタイプの反復による製品・サービスの詳細化」で行う反復的な評価とは異なり、より自然な利用文脈を考慮し実際のユーザーのモチベーションに沿ったタスクによって評価を行う。また、操作のパフォーマンスを測定し製品の品質としてのユーザビ

リティを評価する。

この段階では、実装レベルの制作物に対して、以下の2点を行うことが目的となる。なお、ここでいう実装レベルとは、プロトタイプツールで実現している場合もあれば、実装が終わった試作品の場合もあるが、ユーザーの視点からほぼ製品と同様のふるまいや働きが、想定されたとおりに動くレベルのプロトタイプやモックアップあるいは試作品を指している。

・想定された利用文脈に基づいて、実装レベルの制作物に対してユーザー参加による評価を行う
・ユーザビリティおよびUXに関する指標を定め、実装レベルのプロトタイプが目標とするUXを実現できているか検証し、デザイン作業を終了するかを判断する

前段階の「⑤プロトタイプの反復による製品・サービスの詳細化」の評価では、ユーザー視点の評価を繰り返すことが重要であり、デザインの洗練段階など利用文脈を考慮した評価が必要なポイントを除き、すべての評価で必ずしもユーザーによる評価は求めていない。これは、プロジェクトのスケジュールや費用とのバランスを考慮した際に、すべての評価でユーザーの参加を求めることは現実的ではないからだ。しかし、この段階はデザイン作業の最終段階であり、ユーザーによる評価を行うことが不可欠となる。また、評価対象範囲も製品・サービスの全体を包括的に評価する。

なおこの段階は、主にユーザー参加による評価によって把握・分析するため、**ユーザー評価**（user evaluation）と呼ばれることもある。ただ、最近では評価の目的を明確にした**UX評価**（user experience evaluation）と呼ぶことが増えている[42]。

この段階での評価は、利用文脈を考慮したタスクを想定ユーザーによって、実装レベルの制作物を実際に使用してもらい評価を行う。これにより、実環境の利用で起こりうる問題点を発見しやすくするとともに、目標とするUXが実現できているかを検証することができる。従来、ユーザー評価は主にユーザビリティの観点から結果を分析することが、検証の中心的な作業だった。だが、最近では徐々に感情的な評価、つまりUX評価へと関心がシフトしつつある。製品やサービスが使えるというだけでなく、使うことがうれしい体験として受け止められているかを測定する。その結果が、製品の成否を判断する重要な情報となりつつある。例えば、遠隔会議システムを使う準備に、何分も時間がかかってしまうとしたらどうだろう。確かに機能は実現できていて、製品仕様の機能一覧にはチェックや（○）をつけられるかもしれないが、それではユーザーがイライラするだろうし、うれしい体験以前の問題だろう。このタイミングでUXの観点から評価が行われ、開発にフィードバックされなければ改善されないままリリースする（製品・サービスの開発を終了し市場に投入する）ことになってしまう。

このような関心の変化を受け、最近では**UXメトリクス**という考え方が広がりつつある。UXメトリクスは、UXデザインが目標とするUXを実現できてい

42 「ユーザーテスト」と呼ぶこともあるが、ユーザーをテストするとの誤解を与えかねないので、この用語の使用は避けたほうが良い。

るかを確認するために、複数の観点から評価尺度と評価指標を策定し評価結果を数量化するものである。これまでもユーザビリティテストの結果を数量化することは行われていたが、主に操作のパフォーマンスの視覚化を目的としたものが多かった。UXメトリクスは、目標とするUXに基づいてあらかじめ評価尺度および評価指標を定めるとともに、目標値を設定しプロトタイプの品質を管理するためのものである。

なお、本書では実装前の最終的なプロトタイプに対する評価と、実装後に行われる検証のための評価については特に区別していない。

実施概要

この段階では、ユーザー参加による評価に用いる実装レベルの制作物を確認することから始める（図3.37）。プロトタイプが実装レベルにまで具体化できていない場合は、ユーザーの利用文脈における利用上の問題点は抽出できないこともある。

ここでの評価は事前に評価実施計画を立案するとともに、「UXメトリクス」として評価尺度と評価指標を設定する。ユーザビリティを含めたUX評価の測定方法を設定し、目標とするUXに照らしてどのレベルまで達成していたら良いかをあらかじめ検討しておく。UXメトリクスについては、UX評価に関する研究が発展途上であり、十分な知見が整理されていない部分があるため、目標とするUXを的確に評価・測定できない場合があるかもしれない。だが、UXメトリクスは目標とするUXを指標として読み替えたものであり、評価方法を検討するためにも評価で把握する評価尺度、評価指標については可能な限り明確にし

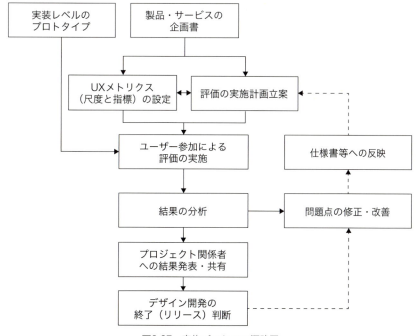

図3.37　実施プロセスの概略図

ておく必要がある。

評価で得られた結果は分析し、問題点が製品・サービス全体のUX評価に及ぼす深刻度を分析する**インパクト分析**を行い、優先度を判断したうえで必要に応じて問題点の修正・改善を行う。修正・改善された場合は検証のために再度評価を行うこともある。評価結果はプロジェクト関係者に共有され、デザイン開発を終了する判断を行う。

デザイン開発を終了するかの判断は、あくまで提供するUXが十分なものかに基づいて行うべきである。たとえリリース予定が迫っていても、UX評価が低い製品やサービスを市場に出してしまうことで、製品やブランドのイメージを傷つけてしまうリスクが高いのであれば、リリースを延長するという判断も必要かもしれない。

主なアウトプット

この段階では、「⑤プロトタイプの反復による製品・サービスの詳細化」のプロトタイプ作成のプロセスに引き続いて、実装レベルのプロトタイプができ次第、ユーザー参加による評価を行う。評価作業が中心となるので、評価実施計画の立案と実査で得られた結果およびその分析が主なアウトプットとなる。

ここで重要なのは、評価結果によってデザイン開発を終了するか、必要な段階に戻って修正するかを判断することだ。評価結果および分析結果のアウトプットは、その判断に必要な情報を整理する。また修正するとしてもどの問題点を優先的に修正するかを判断して、改善の優先度をつけることが重要となる。

UXメトリクスは、ユーザビリティの指標を含んだものであり、あらかじめ検討し設定することが望ましい。コンセプトデザインの段階で目指した理想とするUXが実現されることが目標となる。測定する方法およびその目標値や基準は検討する必要があるが、ユーザビリティテストの結果を数量化したりUXの評価尺度の評定値などを用いて独自に定める。

- 評価実施計画
    - 評価の関心事と評価の観点
    - 評価方法の選定とその理由
    - 評価者（協力ユーザー）の設定
    - 評価者のサンプリング方法
    - 評価者の属性等
    - 想定する利用文脈と評価タスクおよび提示するシナリオ
    - 評価する実装レベルのプロトタイプの状態と評価範囲
    - 評価実施日、実施環境等
- UXメトリクス
    - UX評価の指標および測定方法の設定
    - UX評価の基準および目標値の設定
- 評価結果および分析結果

- UXメトリクスによる結果
- 問題点および原因分析
- 問題点の優先度・インパクト分析
- 改善の方向性・改善案
- 企画書の想定するUXの実現度に関する分析者の所感
- 開発終了（あるいはリリース）判断への示唆

3.6.2 代表的な手法

評価の3つの側面

ISO 9241-210の人間中心デザインプロセスでは、評価の段階を「要求事項に対する設計の評価」と位置づけている。制作したプロトタイプが、最初に設定したユーザーの要求事項を満たすものかを検証することが目的となる。一口に評価といっても、UXデザインにおける評価には主に3つの側面がある（表3.11）。

1つは、**形成的評価**（formative evaluation）である。これは開発の過程でプロトタイプの問題点を発見し、改善するための評価である。本書では、一つ前の段階「⑤プロトタイプの反復による製品・サービスの詳細化」で行う評価に相当する。コンセプトの段階で目標とするUXを実現するように、製品・サービスを作りこむ段階で、評価を繰り返しながら問題点を把握し改善していく。この段階では仕様を明確化することに主眼があるため、評価の指標を特に定めなくても良い。形成的評価では数量的な指標化よりも、目標とするUXが実現できる製品やサービスに近づけているかという、質的な観点で評価することが中心となる。

2つ目は、**総括的評価**（summative evaluation）である。これは、製品・サービスの効果の検証や品質レベルの測定のための評価である。本書では、この段階である「⑥実装レベルの制作物によるユーザー体験の評価」に相当する。従来、ユーザビリティを主眼としていた開発では総括的評価はあまり重要視されず、形成的評価が中心となっていた。もちろん、製品やサービスに利用品質を作り込むことができなければ、効果や品質レベルを計測してもあまり意味はない。しかしUXの観点では、製品やサービスを使った結果、ユーザーがどのような反応や評価を行うかに焦点があるため、総括的評価に対する重要性が従来よりも増している。また、UXデザインのプロセスの最終段階としては、コンセプトで設定した目標とするUXを、開発した製品やサービスで実現できるかを検証することは不可欠なステップである。この段階では、できるだけ数量化して把握することが望ましい。例えば、ユーザーの主観的評価を把握する評価尺度などを用いたりすることで、改善の前後を比較してUXの改善度を示すこともできる。

なお、現在UXデザインにおける総括的評価はあまり浸透していないが、UXメトリクスを用いて管理することが一般的である。このUXメトリクスは、質的な評価結果を数量的に表現し、目標値と比較して品質を示すことが主な内容である。総括的評価では、品質を数量的に計測し統計的な検定などを用いてその水

表3.11 UXデザインにおける評価の3つの側面

	形成的評価	総括的評価	状況的評価
目的	製品・サービスのデザイン案の改善のための問題発見	製品・サービスの効果および品質レベルの測定	実環境での使われ方の把握
タイミング	デザインの段階・プロトタイピングの段階	評価の段階（開発の後工程）	評価の段階（開発後のテストマーケティング、βテスト段階等）
測定法	実験、観察、インタビュー、アンケート、評価尺度	ユーザビリティテスト、実験、アンケート、評価尺度	フィールドユーザビリティ評価、エスノグラフィ、アンケート、評価尺度、コールセンター記録、アクセスログ分析、操作ログ分析
指標	（特に指標は要求されない）	設定したUXメトリクス・ユーザビリティ指標（有効さ・効率・満足度）	設定したUXメトリクス
結果	UX・ユーザビリティ上の問題点および改善の方向性	各指標に基づく品質レベル	利用実態の記録

準を示すべきとの考え方もある[43]。だが、UXは数量的には表現しきれない部分が多いため、総括的評価でも質的な観点での評価は大切な情報源となる。

3つ目は、**状況的評価**（situated evaluation）である[44]。これは、製品・サービスがリリースされた後、実際の利用文脈の中でどのように使用されるかを評価するものである。実施する意味合いとしては、UXデザインの最初の段階である「①利用文脈とユーザー体験の把握」と同じであるが、ここではリリースした製品の効果を中心に調査・分析するものである。

人間中心デザインでの評価の考え方では、**長期的モニタリング**として位置づけられていたのが、この状況的評価にあたる。特にUXデザインにおいては、開発後に行うこの状況的評価の重要性が増している。特にソフトウェアの場合、一度リリースした製品やサービスでも、ネットワークを介して更新できたりサーバー側で機能変更することで新しいサービスを追加できたりするため、リリース後のUX評価を把握することはビジネスの観点からも求められている。実際の利用文脈では、開発段階では予想していなかった要因からの影響があるかもしれないし、デザイナーやエンジニアが想像もしないような使い方をするかもしれない。コンセプトで考えた理想的なUXと現実のUXが、どの程度一致しているかを評価することは、製品・サービスの改善には不可欠な作業となる。

代表的な手法

総括的評価として実装レベルの制作物のUX評価をユーザー参加で行う手法としては、次の3つに分けられる。

1つは、実験室で利用文脈を想定して評価を行う実験的な手法群である。これはユーザビリティテストが代表的である。ユーザビリティテストを実施する具体的なやり方として、いくつかの方法がある。2つ目は、実験的な評価結果を分析する手法群である。実際には実験的な評価を行う際に、分析方法も意識して実施

---

43 総括的評価の結果にデータの信頼性や再現性など、統計的な意味を求める考え方の代表的なものとして、ユーザビリティの総括的評価のレポート形式を定めた ISO/IEC 25062：2006 がある。この規格は、品質水準を客観的に示すことを目的としたものであるため、こうした考え方が採用されている。

44 Situatedとは、社会学の用語では「状況に埋め込まれた」という訳語を用いることが多い。製品やサービスが、実際の利用文脈の中に位置づけられたときに、どのように使われるかという観点から行われる評価である。本書ではわかりやすさのために「状況的評価」とした。状況的評価の重要性については、Bruceらが主張している（Bruce et al., 2009）。

する必要がある。3つ目は、評価者となる協力ユーザーの主観的な感覚や評価を評価者自身に報告してもらう自己申告型の評価手法群である。これには、UX評価を把握する目的で開発された評価尺度がある。評価尺度は、アンケートと同様に質問紙で把握するものだが、学術的な研究によって目的とする主観的な評価を適切に計測できることが確認されたものである。自己申告型の手法は、実験的な手法と組み合わせて行うことが一般的である。このほかに、独自のアンケートやインタビュー、実験の様子の観察などは適宜組み合わせる。

なお、製品の品質としてユーザビリティの総括的評価を行う方法に、ユーザビリティの総括的評価のレポート形式を定めた、ISO/IEC 25062：2006のCIF（Common Industry Format）がある[45]。CIFでは、データの再現性や信頼性を重視しているため、協力者の人数の指定や開発した製品以外に比較対象機器についても評価を求めている。確かに、正確な品質を測定するためには厳密な実施方法をとるべきだが、ISO規格に対応する必要がない場合は、目的に応じて柔軟に計画すれば良い。

このほかに、評価で発見された問題点の優先度をつける分析に関する手法があり、インパクト分析がその代表的手法である。

実験的な評価手法
　・ユーザビリティテスト
　・ISO 25062 CIFに基づくユーザビリティテスト

実験的評価の結果分析の手法
　・発話思考法によるプロトコル分析
　・NEM（Novice Export Ratio）

自己申告型の評価手法
　・主観的なユーザビリティ評価尺度
　　－ SUS
　　－ QUIS
　・UX評価尺度
　　－ UX評価尺度
　　－ AttrakDiff（UX印象評価尺度）

問題点の優先度づけ手法
　・インパクト分析

3.6.3　実践のための知識と理解

UXメトリクスの考え方

UXメトリクスは、目標とするUXが実現できているかを評価・判断するために、測定可能な評価指標を複数設定し数的に把握・分析するための手法である。測定そのものは、ユーザビリティテストなど、ユーザー参加による評価の結果から算出する。理想的には、本書でいう「⑤プロトタイプの反復により製品・

45　ISO/IEC 25062：2006に対応する日本工業規格は、JIS X 25062：2016「システム及びソフトウェア製品の品質要求及び評価（SQuaRE）―使用性の試験報告書のための工業共通様式」である。

サービスの詳細化」の初期段階、つまりコンセプトが一つに絞り込まれた段階でUXメトリクスを設定することが望ましい。UXメトリクスには、それぞれの指標の目標水準が示されており、それが開発目標にもなるからである。

　UXメトリクスは、ハートソンとパイラが推奨している方法ではあるが、基礎となる考え方は1988年にホワイトサイドらが示した「ユーザビリティ仕様書」である[46]。ユーザビリティ仕様書は、ユーザビリティ評価の測定法と段階的な目標値を示す方法である。製品開発の途中で行われるユーザビリティ評価の結果を、そのフォーマットで常に表現することで、現時点でのユーザビリティの状態をモニタリングできるというものである。この考え方を、ハートソンらがUXデザインにも応用したのがUXメトリクスである。UXメトリクスにはハートソンら以外のものもあるが、UXを測定する指標と目標値を定め品質を管理していく方法はいずれも共通している。

　UXメトリクスで重要な考え方の一つは、作業の役割やユーザー区分ごとにUXの評価指標を定めることである（表3.12）。この作業の役割やユーザー区分は、作業目標やタスクが異なるユーザーを取り上げる。また、専門性や経験の違

[46] J. Bennett, K. Holtzblatt & J. Whiteside, Usability engineering, Handbook of Human-Computer Interaction, 1988.

表3.12　UXメトリクス：タッチパネル式のコピー機の例（一部）

役割：ユーザー区分	UXの目標	UX基準	評価タスク	UX指標	水準（現行サービス）	ターゲット水準（目標値）	評価結果	判定
コピー利用：新規ユーザー（ペルソナ1：コピー機はコンビニ利用だけの大学生）	予備知識ない状態での使いやすさ	初期ユーザーのパフォーマンス	UT1：片面→両面印刷（短辺綴じ）	平均タスク時間	45秒（従来機で計測）	45秒以下		
	予備知識ない状態での使いやすさ	初期ユーザーのパフォーマンス	UT1：片面→両面印刷（短辺綴じ）	平均エラー回数	2以下（従来機で計測）	1以下		
	全体的なユーザー満足	ユーザー満足度	UT1〜4終了後の印象	SUSの得点	65ポイント（従来機で計測）	65ポイント以上		
	初回利用のUX品質	主観的ユーザビリティ評価の印象	UT1〜4終了後の印象	UX評価尺度の「主観的ユーザビリティ評価」因子得点	3.6ポイント（従来機で計測）	3.6ポイント以上		
	初回利用のUX品質	使う喜びの印象	UT1〜4終了後の印象	UX評価尺度の「使う喜び」因子得点	3.3ポイント（従来機で計測）	4.0ポイント以上		
	利用意欲	記憶の保持性	従来機との比較	6段階で従来機とプロトタイプのどちらが使いたいかを評価	3ポイント（50%）	4ポイント以上		
	再学習なしでの利用継続性	記憶の保持性	1か月後のテスト実施 UT1：片面→両面印刷（短辺綴じ）	平均タスク時間の比率（2回目／1回目）	80%	75%以下		

いによっても使い方が異なる場合は、初見ユーザーと経験ユーザーとを分けてUXメトリクスを定めるといったことが必要となる[47]。また、公共性の高い製品やサービスの場合は、年配者や障がい者への配慮は不可欠となるため、ユーザー区分として取り上げておく必要がある。

UXメトリクスでは、作業の役割やユーザー区分ごとにUXの目標を定めるとともに、UX評価尺度および測定するための評価タスクを設定する。評価タスクは利用文脈を反映した具体的なものを設定する[48]。この評価タスクが、ユーザビリティテストなどで提示される。

UXメトリクスの中心となるのが、UX指標である。UX指標は具体的な数値化の方法を含んでいる。典型的なUX指標は、平均タスク時間や平均エラー回数である。これらはユーザビリティテストでもよく用いられる指標であり、使いやすさを端的に示すことができる。ほかにも代表的なUXの目標と評価尺度および指標の候補の例を、表3.13に示す[49]。

UXメトリクスでは、UX指標に対して基本水準と目標水準の2つの目標値が

[47] ペルソナを用いて、その特徴で分けることもできる。

[48] 表3.12のUXメトリクスの表は小さいため、評価タスクは省略されて表現されている。評価タスクはある程度長い文章で表現される。「4.9.2項 ユーザビリティテスト」を参照。

[49] 具体的なUX指標とその測定方法およびデータの加工法については、次の書籍に詳しい解説があり参考になる。T.トゥリス、B.アルバート、篠原稔和監訳、ユーザーエクスペリエンスの測定、東京電機大学出版局、2014.

[50] 加筆部分は、「UXコンセプトの実感度」「継続利用に対する利用意欲」の2項目。

表3.13 UXの目標と評価尺度および指標の候補の例(Hartson & Pyla, 2012をもとに著者加筆[50])

UXの目標	評価尺度	指標の候補
UXコンセプトの実感度	全体的な体験に対するユーザーの印象	設定した体験価値(UXコンセプト)を実感するかを尋ねるアンケート(尺度)の平均値
UX品質	全体的な体験に対するユーザーの評価	全体的なUXの品質に焦点を当てたアンケート(尺度)の平均値。尺度には、感情的な要因に密接に関連する製品の特徴に対する項目を含む
製品の魅力	魅力に関するユーザーの評価	魅了する要因を測定する質問によるアンケート(尺度)の平均値
継続利用に対する利用意欲	利用意欲	初期の利用意欲と、複数回使用後の利用意欲を比べた時の意欲測定尺度の得点の変化
全体的なユーザー満足	ユーザー満足度	アンケート(尺度)の平均値
全体的なユーザー満足	ユーザー満足度	使い続ける意志および他者への使用の推奨に関するアンケート(尺度)の平均値(NPS)
再学習なしで利用継続性	記憶の保持性	一定の使用しない期間後(例えば一週間)のタスク時間およびエラー率の再評価
不満ユーザーの離脱の回避	ユーザー満足度(特に初期満足度)	第一印象と満足度に焦点を当てたアンケート(尺度)の平均値
初回利用の使いやすさ	初期操作成績	タスク時間
学びやすさ	学習可能性	複数回の使用後に初期利用成績と比べた時のタスク時間またはエラー率
経験ユーザーにとっての高いパフォーマンス	長期的な操作成績	時間とエラー率
低いエラー率	エラーに関する操作成績	エラー率
安全上重要なタスクでのエラー回避	タスク固有のエラー特性	厳密なレベルでのエラー回数(タスク時間よりも重要)
エラー回復性能	タスク固有の時間性能	タスクにおける回復に要する時間

ある。基本水準は、現行製品や現行サービスに対して評価タスクを実施した際の成績を記入する。人手で行っているタスクをシステム化するような場合は、現在行っている人が実施するタスク作業を測定し、基本水準として数値化する。例えば、チケット発券サービスをシステム化するような場合、窓口でチケットを買う一連のタスクを実施し、その平均タスク時間をUX指標に対する基本水準として記入する。一方目標値は、基本水準の値よりも改善される数値を設定する。UX評価では、評価結果をこの2つの目標値と照らしてUXの実現度を確認する。

このUXメトリクスを用いることで、形成的評価においても総括的評価においても目標が数値で明確に示されているため、UXの実現度を確認することができるようになる。

ユーザビリティテストの実施人数

この段階での評価は、主に試作品や実装レベルのプロトタイプあるいはモックアップを用いたユーザビリティテストを行うことが一般的である。しかし、ユーザビリティテストを何名の協力者に対して実施するかが問題となる。ユーザビリティテストは、基本的には協力者一人ずつ、約1時間程度の評価を行う必要が生じる。準備などを含めると1日に3人実施するのが精一杯というのが現実だ。つまり、ユーザビリティテストを実施する人数は、直接的にプロジェクトのコストやスケジュールと密接に関わる。

ニールセンは、1980年代からこの問題について「協力者は5人で十分である」として、さまざまな調査結果からもそのことを実証している。また、近年ではより明確に「5人以上やるのは無駄」とまで述べている。

ニールセンらは、ユーザビリティテストおよびヒューリスティック評価の評価者と発見できる問題の数の関係を次の式で示した（図3.38）[51]。

$$N\left(1-(1-L)^n\right)$$

N：デザイン案に含まれるユーザビリティ上の問題の総数（潜在的なものを含めたもの）

L：評価者1名あたりに発見できるユーザビリティ上の問題の検出率

同時に、過去のユーザビリティテストの結果などの分析から、一人の評価者からユーザビリティの問題を検出する確率（L）が、平均31%であることを示した。このことから、5人の評価者で発見できるユーザビリティの問題の検出率は、約84%となる。このことからニールセンは、ユーザビリティテストは5人で良いという考え方を普及させる根拠としている。

実際、この考え方は広く普及しているが、ニー

[51] ニールセンとランダウアーは、5つのユーザビリティテストの結果と、6つのヒューリスティック評価の結果から分析している。異なる2つの手法を合わせて検討している点は注意が必要だが、発見率は手法は異なっても同じ傾向があったとしている。

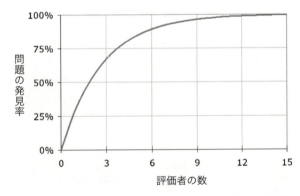

図3.38 ユーザビリティテストおよびヒューリスティック評価における評価者の数と問題の発見率 (Nielsen & Landauer, 1993)

ルセン自身の本当の主張とその課題を理解しないまま、「ユーザビリティテストは5人で良い」と言い切ってしまうのは危険である。

ニールセンは、1989年にユーザビリティテストは5人で十分とする主張を「ディスカウント・ユーザビリティ」と呼び、発表した。何がディスカウント（割引）かというと、ユーザビリティテストにかかる予算である。当時のユーザビリティテストは、統計的な意味が重要視されたことから30人規模の調査を実施することが多かった。それだけの人数のテストをやっても、必ずしもデザイン品質の向上に効果が上がっていたわけではなかった。当時IBMから大学に戻ったニールセンは、少ない予算でも効果を高める方法として、このディスカウント・ユーザビリティを主張した。

ディスカウント・ユーザビリティには、3つの主張があった。1つは、ユーザビリティテストは**発話思考法**によるユーザビリティテストを5人実施すること[52]。2つ目は、ペーパープロトタイプを作ること。3つ目は、ユーザビリティガイドラインを用いた**ヒューリスティック評価**を行うことである[53]。つまり、反復的なデザインプロセスを行うことを前提として、ユーザビリティテストを少人数で行うことが主張された。ニールセンの主張をより正確に言い表すとしたら少し長くなるが、次のように説明できる。「ペーパープロトタイプやヒューリスティック評価を用いて反復的なデザインプロセスを経たデザインに対しては、5人のユーザビリティテストで十分問題点は発見できる。問題点が発見されたら改善し、再び5人のユーザビリティテストをやれば良い」。

このことに加え、ニールセンは以下の3つのケースでは、5人では十分でないとしている。

・定量的な研究（統計的な結果を目的としたものであり、調査からの洞察を得ることが目的でないもの）：統計的な有意差を検定するためには、少なくとも20人の協力者が必要。より信頼性区間を厳密にする場合にはさらに人数を増やす必要がある。
・カードソーティング（ユーザーのメンタルモデルを調査することを目的としたもの）：少なくとも15人の協力者が必要[54]。
・アイトラッキング（視線計測装置を用いて操作タスクの際にどこを注視したかを把握する目的のもの）：安定したヒートマップを得る場合には、少なくとも39人の協力者が必要。

ニールセンは、デザインにおけるユーザー調査やUX評価は、量的なものではなく質的であるべきであり、ユーザーのインサイトを得ることでデザインの品質は高められると述べている。

しかし、ニールセンの「5人で十分という」という考え方にも課題はある。5人で約84％の問題発見率の根拠となっている、1人あたり31％の検出率だが、評価者が同じ検出率であるという仮定に基づいたものである。もちろん平均値ではあるが、協力者の特性によってばらつくのが現実であり、場合によっては5人で十分な問題発見率に至らないこともあり得る。また、全体で約84％の問題が

---

[52] 発話思考法によるユーザビリティテストについては、4.9.2項を参照。

[53] ヒューリスティック評価については、4.10.1項を参照。

[54] これは、Tullis & Wood（2004）の研究をもとにNeilsenが提案している人数。

発見されるとはいえ、その問題の重要度については考慮していない。つまり、未発見の16％に大きな問題点が潜んでいる可能性も否定できない。なお、ニールセン自身はこれらの課題を理解したうえで、反復的なデザインプロセスでの評価を前提とすることで解決できるとしている。

ユーザビリティ評価のメトリクスの算出方法を整理したトーマス・トゥリス（Thomas S. Tullis）とビル・アルバート（Bill Albert）も、基本的には5人の協力者で十分だとしたうえで、実務的な経験から以下のような提案をしている。

かなり異なるユーザーグループのそれぞれにつき、5人の協力者がいれば、最も重要なユーザビリティ問題を発見するには十分である。ただし、以下の条件においてである。

・評価の範囲がかなり限定的である：広範な評価ではなく、限られた機能を調べることを目的としている。通常は5〜10個のタスク、20〜30のWebページ程度。
・ユーザー層がはっきりわかっていて、調査の協力者に反映されている：どういう協力者に対してテストしたいのかがわかっていて、そのユーザー層がテスト協力者に十分反映されていれば5人で良い。異なる特徴を持ったユーザー層のグループが複数ある場合は、各グループから約5人を集めるように努力する。もちろん難しいのは、複数のユーザーグループが本当に存在するかどうかを見定めることである。

一方、ISO/IEC 25062：2006のCIFでは、総括的評価として行うユーザビリティテストを、統計的な指標でレポートすることを想定している。CIFでは、統計的な分析をするために、一つのユーザー区分（セグメント）ごとに最低8名以上を推奨している。CIFが指標として用いているのは、ISO 9241-11の有効さ・効率・満足度の指標である。これらの指標を統計的な検定によって、ユーザー区分間や比較対象の製品などと比較して差を示すことが求められている。CIFは、欧州などではソフトウェアの調達の際に、条件として求められることもあり、比較的厳密な手順での評価を求めている。

もちろん、統計的な分析を要する場合もあるが、UXデザインにおいては数値の統計的な有意差よりも、UXメトリクスを用いて目標とするUXが実現できているかを評価によって確かめることが何より重要だろう。単に機能が実現できているのではなく、UXという観点で評価がされ、確かめることができて初めて、UXデザインプロセスで作られた製品やサービスをリリースすることができる。

実際には、ニールセンの主張するように5人の評価者によるテストで問題ない。ただし、UX評価尺度などの平均得点で評価の傾向を示したい場合もある。5人のデータでも平均値を算出することはできるが、信頼性を確保したい場合は、CIFの人数を参考に、8人程度に対して実施すれば良い。これらのことからUXの総括的評価を行う場合には、一つのユーザー層に対して5〜8人を実施すれば良いと考える[55]。

55 著者は一つのユーザー層に対して6人を基本に調査計画を立案しており、これまでにこの人数で特に問題はない。

ユーザー参加の評価に臨む姿勢と倫理問題

ユーザビリティテストなど、ユーザー参加による評価を行う際には、協力者への配慮が不可欠である。特にユーザビリティテストでは、初めて訪れる環境で初めて触れる製品・サービスを操作しなければならず、しかもその出来映えを他人に見られるという、極めてストレスの高いことを依頼しているのだという認識を、実施する関係者全員が持っている必要がある。特に年配の協力者の中には操作が苦手で、そのことを恥ずかしいと感じている人もいる。そのようなときに、協力者が「自分がテストされている」と感じるようなことは避けなければならない。

時には、操作ができないのは自分のせいだとか、理解できないのは自分がわかっていないからだ、というような「内罰的」な反応を示す人もいる。内罰的というのは、できない結果がすべて自分に原因があると考えることだ。こうした内罰的なユーザーには、製品がうまく利用できないのは製品が悪いからだということを伝え、安心させることが重要である。

デザインにおけるユーザー参加の評価は、「ユーザーが」テストされるのではなく、「ユーザーに」テストしてもらうものだ。また、製品がうまく利用できない原因は、ユーザー側にあるのではなく製品側にあると考えるのが、ユーザー参加による評価の原則である。ユーザーが操作方法を理解できなかったり、覚えてもすぐに忘れてしまったりしても、それはユーザー側の問題ではなく製品側にある、と考える。この原則がなければ、デザインを改善することはできない。

また、ユーザー参加による評価では、信頼できる正しい評価を得るための配慮と、協力者の安全を確保し、人権特にプライバシーを侵害しないための配慮がある。特に倫理的配慮については、ユーザーの参加を原則とする人間中心デザインの根本を支えるものであり、UXデザインに関わるすべての人が理解しておくべき事柄である。UXデザインに関わる倫理的原則については関連学会等が公開したものがあるが、以下では人間生活工学研究センターが定めた原則を示す。

〈人間生活工学実験において実験実施者等が遵守すべき倫理面の基本原則〉[56]

1. 倫理的、社会的、科学的妥当性の確保：人間生活工学実験の内容は、社会的、科学的に十分認められ、かつ実験対象者の人権、安全および福祉に配慮したものでなければならない。

2. 説明責任：人間生活工学実験の実験実施者は、実験を実施する正当性、および、実験計画の妥当性を社会に対して説明できなくてはならない。

3. インフォームドコンセント：実験実施者は、すべての実験対象者に対して、実験対象者が人間生活工学実験に参加する前に、実験の内容について十分に説明し、十分な理解を得た上で、実験に参加することについて文書で同意を得ておかねばならない。

4. 記録の取り扱い：人間生活工学実験に関するすべての情報は、正確な報告、解釈および検証が可能となるように記録し、取り扱い、およ

---

[56] （一社）人間生活工学研究センター「人間生活工学実験倫理審査申請ガイド」（Web上よりPDFデータをダウンロードできる）

び保存しなければならない。実験対象者のプライバシーにかかわる記録は、十分に保護されなくてはならない。

5．守秘義務：実験責任者等は、人間生活工学実験に関わる業務上知り得た情報の内容を、みだりに他人に知らせ、又は不当な目的に利用してはならない。

　また、人間生活工学研究センターは上記の原則をもとにした「人間生活工学実験倫理規定」[57]のほか、ユーザー調査やユーザー参加による評価に関する倫理ガイドラインとして「ユーザ調査及びユーザテストの実施原則」を作成している。「ユーザ調査及びユーザテストの実施原則」は2001年に作成されたやや古いもので、現在では用いない用語（例えば「被験者」や「ユーザーテスト」）があるが、ユーザビリティテストにおける具体的な倫理的配慮点を示しており参考になる[58]。ほかにも、日本人間工学会の「人間工学研究のための倫理指針」[59]も参考になる。大学等の研究機関は当然として、一般企業においても倫理的な配慮は不可欠である。

[57] （一社）人間生活工学研究センター「人間生活工学実験倫理規定」（Web 上より PDF データをダウンロードできる）

[58] 「ユーザ調査及びユーザテストの実施原則」は、現在インターネット等には公開されていないが、次の書籍に収録されている。社団法人人間生活工学研究センター編，ワークショップ人間生活工学，第 1 巻, 丸善, pp.262-268, 2005.

[59] （一社）日本人間工学会「人間工学研究のための倫理指針」（Web 上より PDF データをダウンロードできる）

3.7 体験価値の伝達と保持のための基盤の整備

3.7.1 位置づけと実施概要

この段階の目的

「⑦体験価値の伝達と保持」の段階は、これまでの6つの段階とは異なり、製品・サービスの開発後の作業となる。ここでは製品やサービスを提供するにあたり、製品以外のさまざまなタッチポイントをデザインするための指針と、リリース後の利用実態をモニタリングするための基盤作りの作業が中心となる。

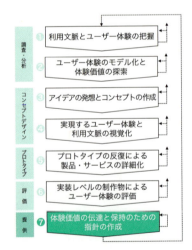

　一般に製品やサービスを作っただけでは、売れたり使われたりすることはない。ビジネスとして提供され、想定されるユーザーにその存在を知られるようになって初めて、UX デザインで作られた製品やサービスがユーザーの手に渡る。その際、製品やサービスが目標とする UX や体験価値がうまくユーザーに伝わるように、例えばテレビ CM や広告や Web サイトなど、入手前・購入前にユーザーが触れるメディアでの表現に配慮することが大切になる。また、取扱説明書やサポートセンターでの対応など、実際の利用中にユーザーが触れるメディアや窓口でも同様に、製品・サービスが提供する体験価値が保持するような計画がなされていなければならない。

この段階での目的は、以下の2点である。

・製品・サービス以外のユーザーとのタッチポイントを、体験価値および目標とするUXを尊重し一貫して計画・実施されるようデザイン指針を作成する
・製品・サービスが提供された後、目標とするUXが適切に実現されているかをモニタリングするために長期的に利用実態を把握する基盤を整備する

　本書では、個別のタッチポイントにおける計画・実施の内容については言及せず、各タッチポイントのデザインを一貫したものにするための基盤としてデザインの指針作りと長期的モニタリングの計画について述べる。

　UXデザインでは、製品やサービス自体の開発が中心となる。そのため、UXデザインに関する解説書でもほとんどのものが、開発が終わるとUXデザインのプロセスも終了するものが多い。しかし、実際には製品やサービスを作るだけでUXデザインが終わることはない。2章で解説したように、UXデザインは製品・サービスの具体化と仕組みの設計までをデザインの範囲としている。本書では、ビジネスモデルキャンバスやサービスブループリントなどを用いて提供する仕組みを検討する過程について言及してきた。仕組みの設計は机上の検討だけで終わるものではない。その具体化にも製品・サービスの開発と同様、多くの時間と専門的な技術を要する。ここで重要となるのが、製品・サービスの開発の際に検討したUXを実現するように、一貫して取り組むことである。すべてのタッチポイントが、目標とするUXを実現する要素であり、それらが一貫して同じ体験価値を実現することを意識して計画・実施される必要がある。例えば、CMや広告で伝えられる体験価値やUXのイメージに基づく期待と、実際に製品を利用したときの理解との間にギャップが大きい場合、製品評価が低下する可能性が高い。特にテレビCMや広告表現では、製品の持つ実力以上の過度な期待を抱かせる表現がなされることがある。このような表現に基づいて期待が形成されると、製品を利用したときに必要以上にユーザーに「がっかり」させてしまう。このようなことが起きないよう、あらゆるタッチポイントの計画・実施にUXデザインのコンセプトを適用してもらえるよう、ガイドラインやコンセプトブックなどにより指針を示す必要がある。

　また、リリース後の利用実態を定期的に把握できる基盤作りもこの段階で実施すべきことである。ISO 9241-210においても、長期的モニタリングの必要性が強調されている。UXデザインでも同様に、利用実態を把握し目標とするUXが実現できているかをモニタリングしつつ、改善点を発見することが重要となる。

　Webサービスやスマートフォン用アプリなどでは、利用履歴やログを常に取得することができる。長期的モニタリングでは、こうしたログデータの解析も一つの方法である。ただし、ログデータはあくまで製品の利用ログであり、そのほかのタッチポイントがある場合は、そこでの体験を含めた全体のUXのモニタリングにはなっていない点に注意が必要である。

　長期的モニタリングによって発見された問題点が、デザインのガイドラインなどと照らして改善の範囲を超える場合には、新しいバージョンや新しい製品の開

発を行うかを判断し、UX デザインのプロセスの最初に戻り「①利用文脈とユーザー体験の把握」を行う。

実施概要

この段階では、**デザイン指針**および**コンセプトブック**の作成と、**長期的モニタリング**の計画立案の大きく2つの作業がある（図3.39）。それぞれ、これまでの段階のアウトプットを活用して検討する。

デザイン指針は、製品・サービスの企画書およびデザインに関する仕様書をもとに作成される。タッチポイントをデザインする際には、特に製品やサービスの体験価値を表現するビジュアルデザインが求められる。製品やサービス自体のビジュアルデザインのうち、ロゴやカラーなど製品ブランドに関連するイメージを活用しながら、適切なデザインが行えるよう、基本的な情報と基本的な方針を整理する。

コンセプトブックは、製品・サービスのコンセプトを誰もが理解しやすい形で表現したもので、主に製品やサービス自体の開発に関わっていない関係者に伝達することを目的としたものである。特に人（ヒューマンウェア）によるサービスが含まれる場合は、実際に接客をするスタッフにもコンセプトを理解してもらう必要が生じる。そのような場合には文章よりもビジュアルイメージを中心としたコンセプトブックの方がわかりやすい場合がある[60]。

なお、接客を伴うサービスの場合、デザイン指針に基づいたサービス提供指針や接客指針などが作成されることもある。

一方、長期的モニタリングでは、UX メトリクスを参考にしつつ計画と方法の検討を行う。長期的モニタリングは、単にデータ収集をすることが目的ではなく、目標とする UX が実現しているかを検証するとともに、改善や次期バージョンの開発を判断するきっかけとなる情報となる。そのため、活用方法や改善の判断を行う体制およびその責任者の明確化などについても検討を行い、有効に機能するモニタリングとなるよう計画を立案することが大切である。

[60] これらの活動は、組織内へのコンセプトの伝達であり、インターナルマーケティングと呼ばれることがある。

主なアウトプット

この段階では、製品・サービスの企画書をもとに、目標とする UX や体験価

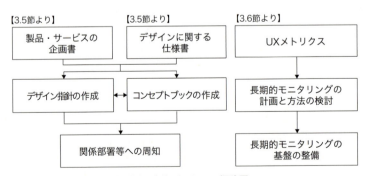

図3.39　実施プロセスの概略図

値、あるいはペルソナなどを広く関係者に周知するためのコンセプトブックや、タッチポイントを計画・設計する際に留意すべき点をまとめたガイドラインなどを作成することが主なアウトプットとなる。あまり厳密なものにする必要はないが、製品やサービスの体験価値を強調するのにふさわしい表現等（トーン＆マナー）と、体験価値の観点から避けるべき表現等（タブー）のポイントについては言及しておくと良い。

また、長期的モニタリングでは、UX メトリクスを参考に長期的モニタリングの計画を立案し、その実施体制を整備することが主な作業となる。Web サービスなどでは、アクセスログの収集と解析のための基盤整備だけでなく、ユーザーに対して定期的に行う満足度アンケートなどの実施と回収を支援するシステムの整備なども念頭に置いて計画を立てると良い。

- コンセプトブック
    - 下記の要素を視覚的にわかりやすく表現したもの
        - 製品・サービスのコンセプトと目標とする UX（体験価値・本質的ニーズ）
        - ユーザー像（ペルソナ）
        - 製品・サービスのブランド関連のビジュアルデザイン（ロゴ・ビジュアルデザイン等）
- デザイン指針
    - デザイン指針の目的と活用方法
    - 製品・サービスのコンセプトと目標とする UX（体験価値・本質的ニーズ）
    - ユーザー像（ペルソナ）
    - タッチポイントを計画・設計・デザインする際の UX の観点での指針
    - 製品・サービスのブランド関連のビジュアルデザインを適用する際の指針
- 長期的モニタリングの計画書
    - 長期的モニタリングの目的と活用方法
    - 常時把握するデータの種類と収集方法および指標
    - 定期的に把握するデータの種類と収集方法および指標
    - 不定期に把握するデータの種類と収集方法および指標
    - 定期レポートのタイミングと内容
    - 長期的モニタリングの実施体制
    - 改善および改版の判断の方針と責任者

3.7.2 代表的な手法

UX デザインとブランディング手法の融合

実はこの段階で行う活動の重要性は認識されているにも関わらず、UX デザインの観点からの手法の整備は十分ではない。だが、これまでのブランディングの手法を活用することで、UX デザインにおける体験価値の伝達と保持を実施することができる。ブランディングでは、企業のアイデンティティを表現し識別性を

高めるために、ロゴやビジュアルイメージ、**タグライン**[61]やコピーなどのブランドメッセージを作成し、その使用ルールを整備することで一貫したブランドイメージを発信する基盤作りを行うのが一般的である。UX デザインによってつくられた製品やサービスも同様に、体験価値を誤解なく魅力的に伝達するとともに、一貫した体験価値を実現するための基盤が必要であり、これにはこうしたブランディングの手法を活用することができる。

また、デザイン指針についてもブランディングでは、ブランドガイドラインが作成される[62]。ブランドガイドラインは、ロゴの使用方法や色使いのガイドライン、レターヘッドや名刺などステーショナリーのデザイン、あるいは Web サイト等デジタルメディアのデザインなど、基本的なビジュアルデザインのルールを定めたものである。企業のブランドガイドラインはビジュアルデザイン中心となるが、UX デザインではサポートサービスの対応や接客など人的な対応まで含まれる。そのため、かなり応用する必要はあると思われるが、こうしたガイドラインの作り方は参考にすることができるだろう。

代表的な手法

この段階で用いられる手法の整備は十分でないため、代表的な手法と呼べるものはない。ここでは、ブランディングの手法として用いられる手法を中心に紹介する。また、長期的モニタリングの手法も企業や組織によって状況が異なることから、あまり手法として整理されていないが、一般的なものを取り上げる。

製品・サービスのコンセプトを組織内・外で共有するための手法
・コンセプトブック
・クレド

デザインの一貫性を保持するための手法
・ブランドガイドライン
・デザインガイドライン

長期的モニタリングの手法
・アクセスログ解析
・コールセンター／ヘルプデスク解析

3.7.3 実践のための知識と理解

体験価値をわかりやすく伝達するタグラインの有効性

UX デザインにおいてユーザーが感じる価値の本質は「体験そのもの」であり、本人が実際に体験して初めて特徴や品質が理解されるという特徴がある。つまり、製品やサービスを使用する前に体験価値をわかりやすく伝達するのが難しい。従来の製品開発のように機能の差別化が中心の開発であれば、「他社にない○○ができます」といえばよい。しかし UX デザインでは、「どんな風に」それが実現できるかがポイントになる。

---

[61] タグラインとは、企業や製品のブランドコンセプトを端的な言葉で表現したもの。企業ブランドの例として、マツダの「Zoom-Zoom」、アサヒビールの「すべてはお客さまの「うまい！」のために」、リクルートの「まだ、ここにない、出会い」など。製品・サービスブランドの例として、ダイソンの掃除機の「吸引力の変わらないただ一つの掃除機」などがある。

[62] コンセプトブックとブランドガイドラインを合わせたものを、「ブランディング・バイブル」や「ブランディングブック」と呼ぶことがある。

3.7.3 実践のための知識と理解 **187**

図3.40 「Airbnb」の日本語のWebサイト（提供：Airbnb）

図3.41 「trippiece」のWebサイト（提供：株式会社trippiece）

63 Airbnbの英語のタグラインは、「WELCOME HOME: Rent unique places to stay from local hosts in 190+ countries.」となっており、日本語のタグラインのニュアンスより、機能的な説明になっている。

なお、ここで紹介した内容は2016年4月10日の執筆時点のものであり、最新のWebサイトの内容とは異なる。

「どんな風に」を使用前のユーザーに端的に伝える手法として、ブランディングの手法は役に立つ。例えば、タグラインを工夫するだけで、どのような体験価値であるかを伝えやすくなる。

具体例として、オンラインで個人の民宿、いわゆる「民泊」の貸し借りを世界規模で斡旋するサービスである「Airbnb（エアービーアンドビー）」のタグラインがわかりやすい（図3.40）。Airbnbの日本語のタグラインは、「おかえりなさい〜190か国超の地元の家で、暮らすように旅をしよう」[63]である。「暮らすように旅をする」という言葉がユーザーの体験価値を端的に表しており、「190か国超の地元の家」という他社にない競争力を同時に示している。また、メインのコピーである「おかえりなさい」は、ユーザーの利用シーンをイメージさせる体験と密接につながった言葉が選ばれており、サービスを利用することによって得られる体験価値を非常にうまく表現できているといえよう。

もう一つの例として「trippiece（トリッピース）」のタグラインもわかりやすい（図3.41）。trippieceは、オリジナル旅行をユーザー同士で企画・共有し、実現させる「ソーシャル旅行サービス」のプラットフォームである。trippieceのタグラインは、「みんなと遊べば地球は楽しい。〜どこにもない旅を、みんなでつくる」である。メインのコピーである「みんなと遊べば地球は楽しい」という言葉は、このサービスを利用したユーザーの体験価値を端的に表現した言葉になっている。サブのコピーである「どこにもない旅を、みんなでつくる」は、体験価値の実現手段となるこのサービス自体を一言で説明する言葉になっている。メインのコピーとサブのコピーの両方で、「みんな」の用語が使われており、人との出会いやつながりへの期待感をうまく表現している。タグラインだけでなく、メインのイメージ画像も体験価値を表現する非常に良い写真になっている。サービス内容を理解していないユーザーが、Webサイトを見ただけで、これがどのようなサービスで、どのような体験価値が実現できるかをすぐに理解でき、適切な期待感を感じるように工夫されている。

ほかにも、ページをめくるようなインタフェースの操作感にこだわったスマートフォン向けニュースアプリのSmartNewsは「ニュース、サクサク」というタグラインをつけている。テレビCMでは、アプリの操作シーンを何度も登場させページをめくる動作とその操作感を擬似的に体験させる工夫をしている。特徴的なインタフェースの使いやすそうな印象を中心に、一貫したメディア展開がなされており、ユーザーが体験価値を感じられる施策が取られている。

3.8 プロセスの実践と簡易化

3.8.1 プロセスの簡易化の考え方

簡易化の方法

　本章で紹介したプロセスは7段階に渡るもので、またそれぞれの段階での実施内容も非常に濃い内容となっている。これは理想的なプロセスを示したものであり、またそれぞれの段階での実施内容の意義について理解を深めてもらうため、実際には一体的に実施することが多いものを、別の段階として分けて詳細に記述するなど、各段階での実施内容の位置づけを重視したものである。プロジェクトでは、このプロセスのすべてを実施するのが理想だが、現実にはスケジュールや予算などの都合から、この通りに行うことが難しい場合がある。このようなことから、UXデザインプロセスの簡易化に対する必要性は高いと考える。

　どのような作業プロセスにおいても簡易化する場合、取り得る方法は主に3つある。1つは、結果に影響が少ない段階を省略する。2つ目は、各段階の実施内容を簡略化・スリム化し、実施にかかるコストを低減させる。3つ目は、比較的手間のかからない代替の段階、あるいは方法と入れ替える。これら3つを組み合わせることもある。

　UXデザインのプロセスでは、各段階の位置づけが重要であり、この段階を省略することは難しい。例えば、リーン・スタートアップの考え方を取り入れ、仮説的なMVP[64]を素早く作り、そこからユーザー調査を繰り返して仕様を明確化するといった、このプロセスの途中から始まるような考え方もある。しかし、リーン・スタートアップのプロセスでも、ユーザー調査に類することを実施し、リーンキャンバスなどを用いてコンセプトの検討は行う。その流れは、おおむね本書が示す段階と大きく違わない。

　つまり、段階を省略するという簡易化ではなく、実施内容の簡略化・スリム化で、プロセスの簡易化を実現する方が現実的である。また、代替手段と入れ替えるという方法も、あまり現実的ではない。UXデザインプロセスでは、各段階で押さえるべきポイントが実施されていれば、簡易な手法を用い各段階を短期間で実践することも可能である。

プロセスの簡易化で留意する点

　各段階を簡易化した方法で行う場合、十分な検討が行われず仮説的な内容のまま次の段階へ進んだりすることが増えると考えられる。そのため、簡易化したプロセスでは3つの点に留意が必要となる。

　1つ目は、たとえ簡易な調査手法であっても、必ずユーザーの利用文脈を把握することである。いくら簡易化したプロセスで行うとしても、ユーザーの利用文脈にまったく触れずにUXデザインを行うことは困難である。どれほど勘の

64　3.5.1項の注35を参照。

良い人でも、自身の体験に基づく思いつきのアイデアだけに頼っていては、ユーザーの体験価値や本質的ニーズに応えるようなものを企画するのは難しい。例えば、フォトエッセイなど簡易に実施できる方法を使ったり、人数は少なくても身近な人にインタビューに協力してもらうなど、可能な範囲で実施できることは多い。

2つ目は、必ずユーザー参加による評価のタイミングを確保することである。例えば、コンセプト段階までユーザーの参加による評価を一度も行わず、仮説でプロトタイプを作成した場合には、その評価だけは必ずユーザー参加による評価を行う。UXデザインは、ユーザーの体験価値に基づいてデザインするものであり、ユーザー参加による評価は、どこかで必ず実施する必要がある。その実施のタイミングや実施方法は、プロジェクトの目的に応じて検討する[65]。

3つ目は、プロセス全体にわたって反復をいとわないことである。むしろプロセスの簡易化を行った場合は、積極的に反復をするような計画を立てるべきである。反復をするということは、それだけ評価の回数を繰り返すということでもある。ユーザー参加による評価でなくても、身近な人の協力を得て評価したり、エキスパートレビュー（専門家評価）を行うなどして、なるべく簡易に反復する方法をとる。

ところで、Webサービスの分野では、**A/Bテスト**と呼ばれる評価・改善方法が一般化している。A/Bテストとは、A案とB案の2つのデザイン案を用意し、実際のWebサイトにAとBとが同じ確率で提示されるように実装し、それぞれ目的とするページに到達した比率を比較する方法である。プロセスの簡易化を目的に、A/Bテストを適用したいと考える場合もあるだろう。しかし、単純なA/Bテストは、目的のページに到達したかどうかしかわからず、ユーザーがそのデザインをどのように理解し、そのような行動をとったかは不明である。そのため、A/Bテストではデザインの改善は行えない。つまり、A/BテストはUXデザインの手法ではなく、運用時に行う改善手法だといえる[66]。

UXデザインは、現実のユーザーと向き合う努力をせずには実施できない。たとえプロセスを簡易化したとしても、ユーザーとの接点を確保することが重要である。上記の3点はその最低限のポイントであり、これらが確保できていなければUXデザインとは呼ばない。

3.8.2 プロセスの実践

プロセスの簡易化を意識した具体的な実践方法としては、特に企画書を作成するまでの段階をなるべく簡易な手法で実践し、プロトタイプの作成と評価、改善のプロセスを重視するやり方が、先に述べた留意点に沿った方法である。もちろんプロジェクトの目的によって、異なる簡易化のやり方もあるだろう。最終的なアウトプットの品質を確保できるプロセスの簡易化は、その組織における実践ノウハウとなる。

---

[65] 評価手法のうち「高速反復テスト評価手法（RITE）」は、簡易化したプロセスで用いられるプロトタイプの評価と改善の方法である（Medlock et al., 2002）。

[66] ニールセンは、A/Bテストとユーザビリティテストの特徴を比較し、A/Bテストはリリース後に行う改善手法であり、開発のための手法ではないことを指摘している（Nilsen, 2012）。

簡易化を考慮した手法の組合せ例

以下の例は、スマートフォン向けのサービスを開発することを想定し、なるべく簡易にプロセスを実践することを念頭に置いた手法の組合せ例である。部分的には著者が実践したプロセスを含んでいるが、すべてを通して実践したわけではないため、想定のプロセスである。また、スマートフォン向けサービスであることが当初から方針として決まっていることを想定し、主にインタフェースデザインを中心に検討するプロセスを示している。なお、ビジネス戦略との整合や提供する仕組みの検討には及んでいない。この過程は少人数のメンバーによるワークショップによって開発を進めていくイメージである。これらの点に留意して実施する際の参考にしてほしい。

プロジェクトの目的（想定）：パソコン教室を運営する企業の新しい顧客サービスの開発。スマートフォン向けのサービスとする。

プロジェクトのゴール（想定）：サービスで使用する主要なインタフェースのデザインを作成し仕様書を策定する。

(1) 利用文脈とユーザー体験の把握
- 「将来の自分のために準備する（投資する）」というテーマで、メンバーも含め身近な人にフォトエッセイを作成してもらう。
- フォトエッセイの中から、気になる内容を書いた数名を選び、フォトエッセイの内容についてインタビューを行う。

(2) ユーザー体験のモデル化と体験価値の探索
- 集まったフォトエッセイをメンバーで読み、気になる内容が含まれているものと、おおむね想像できる内容のものに振り分ける。
- 少しでも気になる内容が含まれているものを対象に、KA法を実施し、価値マップを作成する。カードは40枚以内程度にする（図3.42）。価値マップを作る際に、行為の時間軸を意識して整理する。
- SEPIA法を参考にし、4つの象限に相当する簡易なペルソナを作成する。このとき、各象限のペルソナが重視しそうな体験価値が何か、マップを見ながらメンバーで仮説的に当てはめる。

(3) アイデアの発想とコンセプトの作成
- 簡易ペルソナ、KA法による価値マップを資料にしながら、ブレインストーミングを行う。簡易ペルソナは1つか2つに絞り、それぞれにアイデア発想を行う。
- ブレインストーミングで出たアイデアは、すぐにUXDコンセプトシートを用いて整理・表現する。
- ある程度アイデアが出たら、メンバーによる投票を行う。実施方法は、3.3.3項の「アイデアの収束とUXコンセプトツリーの作成」で述べた方法で行う。このとき、アイデアの質はそれほど問わない。

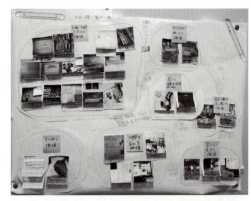

図3.42　フォトエッセイからKA法で分析した価値マップ

・投票に残った3つ程度のアイデアから、それらに共通する体験価値がないかを考え、UXコンセプトツリーを作成する（図3.26）。
・UXコンセプトツリーの最上位のUXコンセプトを最もよく表現していて、今回の開発の目的にふさわしいアイデアを1つに絞る。

(4) 実現するユーザー体験と利用文脈の視覚化
・UXコンセプトツリーの骨格を意識しながら、選出したアイデアをストーリーボードで表現する。このとき、アクティビティシナリオと、システムのふるまいを分けて記述する。

(5) プロトタイプの反復による製品・サービスの詳細化
a. 構造の検討段階
・ストーリーボードおよびシステムのふるまいの内容に沿ったインタフェースの画面スケッチを作成する（図3.43）。
・ストーリーボードによるウォークスルー評価を行う。このとき、シナリオの不自然さと、システムのふるまい、画面スケッチの問題点は分けて評価する。評価はプロジェクトメンバー間で行い、改善したものをメンバー以外の身近な人に協力してもらい評価する。

b. ふるまいと認知の検討段階
・プロトタイピングツールを用いて、画面スケッチを画像として取り込み、インタラクションを埋め込み、プロトタイプを作成する。足りない画面は作成する。
・ストーリーボードに沿った主要なタスクの画面がそろったプロトタイプができたら、身近な人に簡易なユーザビリティテストを実施してもらう。3〜5人程度に協力してもらい、RITE方式で実施する。RITE方式は、1人のユーザビリティテストを実施したら改善することを繰り返す方法である。

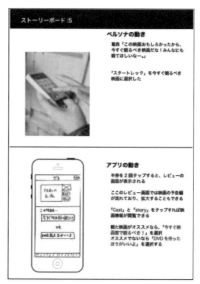

図3.43　ストーリーボードとワイヤーフレームの例

c. 見た目のデザインの検討段階
- ある程度プロトタイプの問題点が修正できたら、グラフィックツールを用いてワイヤーフレームを作成する。ワイヤーフレームといっても、プロトタイプのトレースではなく、例えば、アイコンや画像を含むボタンなどを用いる場合は、ここで作成する。インタラクションに関わる主要なコンテンツはなるべく実際のものに近い内容を盛り込むようにする。
- ワイヤーフレームができたら、再びプロトタイピングツールを用いてインタラクションを設定する。
- ふるまいと認知の検討段階と同様に、身近な人に簡易なユーザビリティテストをRITE方式で実施する。

d. デザインの洗練
- 評価結果をふまえ、必要な改善を行うとともに、インタフェースデザインを完成させる。
- プロトタイピングツールを用いて（あるいは一部を実装して）モックアップを作成する。

(6) 実装レベルの制作物によるユーザー体験の評価
- この段階で、ユーザー参加による評価を行う。評価方法は、評価時間の前半をコンセプトテストの手法を用い、コンセプトボードおよびストーリーボードでの評価をしてもらう。後半を、モックアップを使った発話思考法によるユーザビリティテストとする。人数は5人。コンセプトの課題とインタフェースデザインの問題を切り分けられるように実施する。
- 評価結果をふまえ、必要な修正を行う。

(7) 体験価値の伝達と保持のための指針の作成
- ストーリーボードをもとに、製品の使用シーンと体験価値を表現したコンセプトムービーを作成する。これは、製品をリリースするためではなく、内部での説明資料として作成する。

できるところからの実践を

　3章では、UXデザインの全域にわたるプロセスの考え方と実践概要について解説した。しかし、現実的にはすべての過程を本書のプロセスで実践できないプロジェクトもあるだろう。そのような場合は、まずはできる段階から実践することでも良い。一般的に、UX評価の段階から実践するのがやりやすいといわれるが、プロジェクトの目的やデザイン対象の製品の特性によっても、取り組みやすさは異なる。もちろんプロセスの一部を導入しても、次の段階で活用されなければ効果は上がらないかもしれない。しかし、UXデザインの手法を実践することは経験を要することであり、できることから経験を積むことは大切だと考える。

教育プログラムや勉強会を活用して演習する

UXデザインでは、さまざまな手法をプロジェクトの目的に応じて組み合わせ、必要に応じて適用方法を修正したりする必要がある。こうした方法は、書籍などを読んだだけでは実践するのは難しい。いきなり実践することはリスクも大きいため、できれば教育プログラムや勉強会などを活用し、演習によって経験的に学ぶことを勧めたい。

特に1.2.3項で紹介した、人間中心設計推進機構の教育プログラムや産業技術大学院大学の履修証明プログラムなどは、体系的に学ぶことを目指した内容になっており総合的な実践力を養うには良い内容となっている。

参考文献

3.1 利用文脈とユーザー体験の把握

- 安藤昌也，混合研究法によるUX研究のテーマとアプローチ，ヒューマンインタフェース学会誌，**18**(1)，pp.7-10，2016．
- H. Beyer, K. Holtzblatt, Contextual Design, Morgan Kaufmann, 1997.
- K. Holtzblatt, H. Beyer, Contextual Design: Evolved, Morgan & Claypool Publishers, 2014.
- E. Von Hippel, S. Thomke & M. Sonnack, Creating breakthroughs at 3M, *Harvard business review*, **77**, pp.47-57, 1999.
- C. Pichyangkul, K. Nuttavuthisit & P. Israsena, Co-creation at the Front-end—A Systematic Process for Radical Innovation, *International Journal of Innovation, Management and Technology*, 3.2, pp.121-127, 2012.
- 黒須正明，八木大彦，山崎和彦，松原幸行編，人間中心設計の国内事例（HCDライブラリー第3巻），pp.146-157，近代科学社，2014．
- C. ギアーツ，吉田禎吾ら訳，文化の解釈学〈1〉，岩波書店，1987．

3.2 ユーザー体験のモデル化と体験価値の探索

- A. クーパー，R. レイマン，D. クローニン，長尾高弘訳，About Face 3，アスキー・メディアワークス，2008．
- W. Dzida, R. Freitag, Usability Testing—The DATech Standard, *Software Quality*, pp.160-177, Springer, 2011.
- W. Dzida, T. Geis & T. Hanashima, Usability Assessment of Products Based on ISO 9241-The DATech Approach, Tutorial Notes, INTERACT 2001, 2001.
- B. マーチン，B. ハニントン，小野健太監修，Research & Design Method Index，BNN新社，2013．
- J. M. キャロル，郷健太郎訳，シナリオに基づく設計，共立出版，2003．
- 山崎和彦，上田義弘，郷健太郎ら，エクスペリエンス・ビジョン，丸善出版，2012．
- 廣瀬優平，安藤昌也ら，ビジョン提案型アプローチを応用した潜在的課題解決型デザインプロセス—フードコートのリデザインによる事例，日本人間工学会アーゴデザイン部会コンセプト・事例発表会，pp.29-34，2009．

3.3 アイデア発想とコンセプトの作成

- A. オスターワルダー，Y. ピニュール，小山龍介訳，ビジネスモデル・ジェネレーション，翔泳社，2012．

- A. オスターワルダー，Y. ピニュールら，関美和訳，バリュー・プロポジション・デザイン，翔泳社，2015.

3.4 実現化するユーザー体験と利用文脈の視覚化
- 情報デザインフォーラム編，情報デザインの教室，丸善出版，2010.

3.5 プロトタイプの反復による製品・サービスの詳細化
- E. リース，井口耕二訳，リーン・スタートアップ，日経BP社，2012.
- R. Hartson, S. P. Pyla, The UX Book, Morgan Kaufmann, 2012.
- 深津貴之，荻野博章，プロトタイピング実践ガイド，インプレス，2014.
- 石木達也，宮藤章ら，マグネット式ツイストスイッチによるコンロ操作作法の検討・設計，ヒューマンインタフェースシンポジウム2015，pp.393-396，2015.

3.6 実装レベルの制作物によるユーザー体験の評価
- ISO/IEC 25062: 2006, Software engineering — Software product Quality Requirements and Evaluation (SQuaRE) — Common Industry Format (CIF) for usability test reports, 2006.
- B. C. Bruce, A. Rubin, & J. An, Situated evaluation of socio-technical systems, Handbook of research on socio-technical design and social networking systems, 2009.
- J. Nielsen, How Many Test Users in a Usability Study?, Nielsen Norman Group, 2012/6/4. (https://www.nngroup.com/articles/how-many-test-users/)
- J. Nielsen, & T. K. Landauer , A mathematical model of the finding of usability problems, Proceedings of ACM INTERCHI'93 Conference, pp.206-213, 1993.
- T. Tullis, L. Wood, How Many Users Are Enough for a Card-Sorting Study?, Proceedings, Usability Professionals Association 2004 Conference, 2004.
- T. トゥリス，B. アルバート，篠原稔和監訳，ユーザーエクスペリエンスの測定，東京電機大学出版局，2014.

3.8 プロセスの実践と簡易化
- J. Nielsen, A/B Testing, Usability Engineering, Radical Innovation — What Pays Best? Nielsen Norman Group, 2012/3/26.(https://www.nngroup.com/articles/ab-testing-usability-engineering/)
- M. C. Medlock, D. Wixon, et al., Using the RITE method to improve products — A definition and a case study, *Usability Professionals Association*, **51**, 2002.

UXデザインの教科書

4 手 法

4.1 　本章で解説する手法

4.2 　「①利用文脈とユーザー体験の把握」の中心的な手法

4.3 　「①利用文脈とユーザー体験の把握」の諸手法

4.4 　「②ユーザー体験のモデル化と体験価値の探索」の中心的な手法

4.5 　「②ユーザー体験のモデル化と体験価値の探索」の諸手法

4.6 　「③アイデアの発想とコンセプトの作成」の中心的な手法

4.7 　「④実現するユーザー体験と利用文脈の視覚化」の中心的な手法

4.8 　「④実現するユーザー体験と利用文脈の視覚化」の諸手法

4.9 　「⑤プロトタイプの反復による製品・サービスの詳細化」の中心的な手法

4.10 「⑤プロトタイプの反復による製品・サービスの詳細化」の諸手法

4.11 「⑥実装レベルの制作物によるユーザー体験の評価」の諸手法

4.12 「⑦体験価値の伝達と保持のための指針の作成」の文献紹介

4.1 本章で解説する手法

4.1.1 手法の分類と本章での扱い

　本書では、3章のUXデザインのプロセスで取り上げた手法の概要を紹介する。そのうち各段階の中心的な手法については、より具体的に手法の目的や特徴、方法について解説する。本書ではすべての内容を紹介できないため、関連書籍を紹介するものもある。また、手法によっては複数の段階で用いられるものもあるが、そのような手法については最初に登場した段階で解説する。

　本章で解説する手法一覧を表4.1に示す。

表4.1　本章で解説する手法とその扱い

プロセスの段階	分類	手法	中心的な手法 ［方法を解説］	諸手法 ［概要を紹介］	文献の紹介
① 利用文脈とユーザー体験の把握	ユーザーの感情・意見・態度・価値観を知る	質問紙法（アンケート）			○
		個人面接法（インタビュー）		●	○
		フォーカスグループ（グループ・インタビュー）			○
		フォトエッセイ		●	○
調査・分析	ユーザーの生活世界・利用文脈を知る〈現場を通して知る〉	エスノグラフィ（フィールドワーク）	●		○
		・観察（オブザーベーション）			
		・参与観察	●		○
		・シャドーイング			
		・フライ・オン・ザ・ウォール			
		コンテクスチュアル・インクワイアリー（文脈的調査）			
		・人工物ウォークスルー	●		○
		・ユーザビリティラウンドテーブル			
	ユーザーの生活世界・利用文脈を知る〈ユーザーの経験を通して知る〉	ダイアリー法（日記法）			○
		・フォトダイアリー			○
		・カルチュラル・プローブ（文化観測）			○
		体験曲線法（UXカーブ）			○
		・エクスペリエンスフィードバック法		●	○
		クリティカル・インシデント法			○
	ユーザーの生活世界・利用文脈に関する情報を整理する	AEIOUフレームワーク（①「エスノグラフィ」を参照）		−	○
② ユーザー体験のモデル化と体験価値の探索	ユーザーの目標の違いに着目した属性モデリング	ペルソナ法	●		○
	ユーザーのふるまいの違いや時間的な変化に着目した行為モデリング	タスク分析			○
		ワークモデル分析			○
		ジャーニーマップ	●		○
	ユーザーの価値や理解の違いに着目した価値モデリング	KA法（価値分析法）	●		○
		上位・下位関係分析		●	○
		メンタルモデル・ダイアグラム			○

表4.1 続き

プロセスの段階	分類		手法	本章での扱い		
				中心的な手法[方法を解説]	諸手法[概要を紹介]	文献の紹介
調査・分析	② ユーザー体験のモデル化と体験価値の探索	ユーザーの価値や理解の違いに着目した価値モデリング	グラウンデッド・セオリー・アプローチ（GTA／M-GTA）			○
			SCAT			○
		汎用的なモデリング技法	KJ法			○
			シナリオ法			○
コンセプトデザイン	③ アイデアの発想とコンセプトの作成	体験価値に基づくアイデアを整理する手法	UXDコンセプトシート	●		
			構造化シナリオ法（バリューシナリオ）	●		○
			ストーリーテリング			○
			バリュープロポジションキャンバス			○
		ビジネスのエコシステムに基づくアイデアを整理する手法	ビジネスモデルキャンバス			○
			リーンキャンバス			○
			顧客価値連鎖分析（CVCA）			○
		複数アイデアを統合して整理する手法	UXコンセプトツリー		3.3.3項を参照	
	④ 実現するユーザー体験とその効果の視覚化	文章（シナリオ）として表現する手法	アクティビティシナリオ（③「構造化シナリオ法」を参照）	−		
			体験談型バリューストーリー		●	○
		ビジュアルイメージを中心に表現する手法	9コマシナリオ		●	○
			ストーリーボード	●		○
			ジャーニーマップ（TO-BEモデル）（②「ジャーニーマップ」を参照）	−		
		演技で表現する手法	アクティングアウト			○
			ビデオビジュアライゼーション（体験ビデオ）			○
プロトタイプ	⑤ プロトタイプの反復による製品・サービスの詳細化	コンセプト評価の手法	コンセプトテスト（シナリオ共感度評価） ・アクティビティシナリオを用いた評価 ・ストーリーボードを用いた評価 ・バリューストーリーを用いた評価	●		○
		シナリオからタスクに変換する手法	ユーザーストーリーマッピング			○
			アイデア・タスク展開		●	
		プロトタイプの手法	インタラクションシナリオ（③「構造化シナリオ法」を参照）	−		
			ペーパープロトタイピング			○
			ラピッドプロトタイピング			○
		プロトタイプ評価の手法	ストーリーボードを用いたウォークスルー評価（④「ストーリーボード」を参照）	−		
			オズの魔法使い			○
			サービスロールプレイ			○
			高速反復テスト評価手法（RITE）			○
			エクスペリエンスフィードバック法（①「体験曲線法」を参照）	−		
			ユーザビリティテスト	●		○
			発話思考法によるプロトコル分析			○
			認知的ウォークスルー			○

表4.1 続き

プロセスの段階	分類	手法	本章での扱い 中心的な手法 [方法を解説]	本章での扱い 諸手法 [概要を紹介]	文献の紹介
プロトタイプ ⑤ プロトタイプの反復による製品・サービスの詳細化	プロトタイプ評価の手法	ヒューリスティック評価／エキスパートレビュー（専門家評価）		●	○
	提供の仕組みを検討する手法	サービスブループリント			○
		ビジネスモデルキャンバス（③の文献を参照）			−
		顧客価値連鎖分析（CVCA）（③の文献を参照）			−
	デザイン要素を検討する手法	カードソーティング			○
		スピードデート法（④「ストーリーボード」を参照）			−
		望ましさ（ディザイラビリティ）テスト			○
評価 ⑥ 実装レベルの制作物によるユーザー体験の評価	実験的な評価手法	ユーザビリティテスト（⑤を参照）	−		
		ISO 25062 CIF に基づいくユーザビリティテスト			○
	実験的評価の結果分析の手法	発話思考法によるプロトコル分析（⑤を参照）	−		
		NEM（Novice Expert Ratio）		●	
	自己申告型の評価手法	主観的なユーザビリティ評価尺度		●	○
		・SUS			
		・QUIS			○
		・SUMI			○
	UX 評価尺度	UX 評価尺度		●	
		AttrakDiff（UX 印象評価尺度）			○
	問題点の優先度づけ手法	インパクト分析			○
提供 ⑦ 体験価値の伝達と保持のための基盤の整備	製品・サービスのコンセプトを組織内・外で共有するための手法	コンセプトブック			○
		クレド			○
	デザインの一貫性を保持するための手法	ブランドガイドライン			○
		デザインガイドライン			
	長期的モニタリングの手法	アクセスログ解析			○
		コールセンター／ヘルプデスク解析			−

4.2「①利用文脈とユーザー体験の把握」の中心的な手法

4.2.1 エスノグラフィ

エスノグラフィとは、文化人類学や社会学における経験的調査（フィールドワーク）に基づいて、社会や集団の現象の質的説明を表現した記述（民族誌）であり、またそのための一連の研究手法のことである。UX デザインでは、人々の行為が行なわれている現場におもむき、フィールドワークを行い、利用文脈とユーザー体験を把握する調査全般を指して、エスノグラフィと呼ぶ。

目 的

　UXデザインにおけるエスノグラフィは、製品やサービスの開発に関するユーザーの利用文脈とユーザー体験を把握するために、対象となる行為が行なわれている現場をたずねて調査を行う。その目的は主に2つある。

- 対象となる行為が行われている普段の環境において、ある状況における物理的環境、および人々の行動、ふるまい、反応に関する質的な情報、行為の意味や背景、原因などを解釈するための質的な情報を収集する
- エスノグラフィで得られた情報をもとに分析を行い、人々の行為に関して体系的にまとめ、製品・サービスの開発につながる仮説の発見や機会の探索を行う

　UXデザインにおけるエスノグラフィの調査方法や分析方法には厳密な定義はないが、人々の行為を深く理解することができるように、さまざまな手法を組み合わせて実施する。例えば、人々の行為の環境や行動を観察することに加え、インタビューもあわせて行うことは一般的である。また、観察やインタビューにもさまざまなやり方があるため、調査のテーマや焦点によって、適したものを組み合わせる。

　なお、長期にわたる参与観察を前提とした、研究のためのエスノグラフィと対比させ「ラピッドエスノグラフィ」や「ビジネスエスノグラフィ」といった呼び方もある。また、エスノグラフィの中でも観察を特徴づけた「行動観察」という呼び方もある。本書ではいずれも、ユーザーの行為の現場をたずねて行う調査という意味で同様のものと位置づけ、単に「エスノグラフィ」と呼ぶ。

特 徴

　UXデザインにおけるエスノグラフィの特徴は、ユーザーの行為の現場をたずねて行う調査において、研究のためのエスノグラフィと比べて、一般的にかなり短期間の滞在の中でユーザーの情報を得ることである。例えば比較的長いケースでも、特定のビジネスの現場を理解することを目的にした調査で、同じ現場を3日から1週間程度。短いものは、1人2時間程度の訪問調査を5〜6人実施するといったものもある。滞在する時間が短いために、得られる情報は必然的に限定される。UXデザインでは、時間をかけて完璧なユーザー理解を目指すよりも、仮説的であっても短期間で適切な範囲についてのユーザーモデルや洞察を得られることが重要となる。

　しかし、仮説的といっても、その範囲ではユーザーに対する深い理解が得られるようにしなければならない。そのため、いくつかのアプローチの工夫によって、限られた中でも有益な情報を得られるようにする。具体的には以下の3つが挙げられる。

（1）調査対象の現象やユーザーの行為をある程度絞り込むとともに、対象者の体系的な選出を行うなど、事前の調査計画で焦点を絞る

（2）さまざまな調査手法を組み合わせ、より深くユーザーを理解できるようにする

（3）情報収集だけに集中するのではなく、担当者同士の振り返りや分析を適宜行い、調査の焦点を常に調整する

　1点目は、焦点を絞った調査計画をあらかじめ立案することである。研究のためのエスノグラフィでは、対象の社会や集団は決まっているが、自然な文脈で偶発的な事柄との出会いを重視する。これに対し、UXデザインにおけるエスノグラフィでは、あらかじめ調査対象の現象やユーザーの行為をある程度絞り込んでおく。これにはプロジェクトのテーマが反映される。また調査対象者についても、**リードユーザー法、エクストリームユーザー法、SEPIA応用法**（→3.1.3項）などを用いて体系的に選出する。これらによって、観察や分析の効率化を図ることができる。

　2点目は、**トライアンギュレーション**（→3.1.3項）による調査計画を立てることである。単に観察とインタビューを組み合わせるだけでなく、写真を使ったフォトエッセイやアンケー

トを実施したり、明らかにしたい情報を得られるようにさまざまな方法を組み合わせる。

3点目は、調査をまとめてやってしまい、すべてのデータを得てから分析するという方法はとらない。1人分あるいは1回目の調査を実施したら、すぐに調査担当者同士の振り返りを行い、調査計画を立案したときの調査の焦点と比べて、より深い理解ができるように焦点を調整・確認したり、場合によっては簡易な分析をやってから2人目の情報収集を行うというプロセスで実施する。これにより少ない人数でかつ短い訪問時間でも、必要な部分のユーザーの理解を適切に深めることができる。

製品開発におけるエスノグラフィ手法への期待

エスノグラフィがUXデザインをはじめとする製品開発の分野で注目されるようになった理由には、現場で当事者（ユーザー）から得られた情報から本質的ニーズを明らかにでき、製品の使いやすさの向上、新しい製品コンセプトの創出などに発展させられることがある。もちろん、エスノグラフィを行えば、必ずユーザーの本質的なニーズが発見されるとは限らない。しかし、製品開発に携わる人々がユーザーの実利用環境を直接見聞きし体験することによって、利用文脈への理解を深めることができる利点は大きい。

なお、「エスノグラフィ」よりも、「フィールドワーク」と呼んだ方が一般に理解されやすく、実態に則した呼び方だと思われる。しかし、あえてエスノグラフィと呼ぶ理由があるとすれば、単にフィールドの調査をしただけで終わらない、という点にある。つまり、得られた情報をもとに体系的なまとめを行い、積極的に解釈を加えたうえで新しい製品に関わる仮説を創出することまでが、エスノグラフィの一連の作業として理解されているからだ。むしろ、仮説発見や機会探索といったことこそ、産業分野でエスノグラフィに期待されていることだといえよう。

典型的な進め方

エスノグラフィは、調査計画、エスノグラフィ（フィールドワーク）の実施、エスノグラフィで得られた事実の分析、の大きく3つの段階がある（図4.1）。

（1）調査計画

調査計画では、プロジェクトの目的に基づいて適切な調査の焦点、つまりフォーカスを設定し、調査対象者を選定する。調査フォーカスとは、どのようなユーザーのどのような範囲の行為を対象とするかを検討し、適切な範囲に絞り込むことである。実際にはプロジェクトの初期段階で、すでに範囲が明確になっている場合が多い。だが、それをそのまま調査フォーカスとして良いかについては、検討する必要がある。一般的に、調査フォーカスは対象とする製品に関する行為だけに限定せず、その周辺を含めてある程度広めに設定しておく方が良い。一方で広すぎては必要な情報が十分得られないこともあるので、その加減が難しい。また、調査対象者の選定にも工夫が必要である。業務システムなど、対象ユーザーの多様性がそれほどでない場合はよいが、一般コンシューマ向け製品の場合では、ユーザーの広がりや多

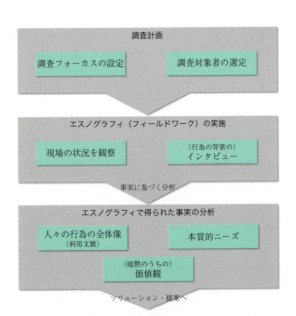

図4.1 UXデザインにおけるエスノグラフィの全体像（河﨑ら，2011，安藤，2014）

様性を考慮し、最適な対象者の設定が必要となる。

(2) フィールドワークの実施

調査計画ができたら、実際にフィールドワークを行う。フィールドワークにも様々な方法がある。基本的にはユーザーの行為が行われている現場を訪問する（図4.2、図4.3）。しかし、自宅の内部を見られたくないとか、セキュリティの関係で内部に入れないなど、さまざまな事情で訪問できないことは珍しくない。そのような場合は、写真やビデオの撮影を依頼したり、調査者が用意した環境で日常と同じような行為をしてもらったり、さまざまな工夫によってフィールドの情報になるべく近い情報を得られるような努力を行う。

フィールドワークでは、主に現場の状況を観察することと、ユーザーにインタビューを行うことが一般的である。作業手順があるような行為では、通常の方法をユーザーにやってもらい、その行為を観察しながら気になった点をその場でユーザーに質問をする**コンテクスチュアル・インクワイアリー**（→4.2.3項）を用いる。この方法であれば、普段無意識的に行っている作業であっても、ユーザーがどんなことを意識しているかを比較的把握しやすい。なお、UXデザインにおけるエスノグラフィの中でも、特に行動の観察に力点を置いて実施する方法を**行動観察**（→4.2.2項）と呼ぶことがある。行動観察では、人の自然で無意識な行動から気づきを得ることを重視しているが、基本的な考え方に大きな違いはないといえる。また無意識な行動に関する情報は、ユーザーに質問をしても言語的回答としては得られないことが多い。

UXデザインにおけるエスノグラフィは、予算の関係もあり、最初に予定した人数への調査が終わったら終了となるケースが多い。だが、理想をいえば、まずある程度の人数の調査をした後、仮でも良いので分析を行い、そこで得られた気づきや疑問をもとにさらに調査を行うという、少なくとも二段階で進めるとよい。これができない場合でも、実施の途中で調査に同行したメンバーを中心に、得られた情報を共有する振り返りを行うとよい。通常、フィールドワークは複数人の調査者で行う。そのため、観察で注目する点も調査者によって異なる。振り返りでは、異なる視点からの気づきを共有することで観察の焦点の確認を行い、次の観察での焦点を調整することで、より豊富で深い情報を得られるようになる。

さて、フィールドで得られる情報は、思いのほか多様であり情報量も多い。また、調査者が違うと同じ行為を観察していても違う見方をしていることがある。そのため、せっかくフィールドワークを実施しても、調査者が観てきたことやそれに対する感想を述べただけで満足してしまう、あるいは分析することをあきらめてしまうこともある。しかし、エスノグラフィと呼ぶ以上、得られた事実から分析を行い、体系的なまとめを行う必要がある。また、関係者が共有できる形でまとめを行わない限り、良いデザインにはつながらない。UXデザインのプロセスではこの分析を、次の「②ユーザー体験のモデル化と体験価値の探索」の段階で実施する。

(3) 事実の分析

分析やまとめにはさまざまな方法があるが、決まったものはない。プロジェクトの目的によって分析すべき事柄は違うものの、明らかにしたいことはおおむね、人々の行為の全体像や利用文脈、本質的ニーズ、暗黙のうちの価値観といったものである。

分析方法としては、コンテクスチュアル・デザインにおけるワークモデル分析や、社会学の分析法である**グラウンデッド・セオリー・アプローチ**（GTA）、**修正版グラウンデッド・セオリー・アプローチ**（M-GTA）、定性情報分析法である**KA法**（→4.4.3項）などを用いる。また、特別な分析法を使わなくても、フィールドから得られた情報を調査者間で共有し、そこから得られた気づきをファインディングス（発見）として抽出し、構造化しておくことは最低限やっておきたい。

図4.2 日常の環境の中で行為を見せてもらいながらインタビューを行う

図4.3 普段の環境を見せてもらいモノを通してユーザーの考えや価値観への理解を深める

実施の際の留意点

エスノグラフィを実施する際には、以下のような点に留意して実施をすると良い。

(1) 生活や状況の中に「埋め込まれた」モノや行為の意味を探るように調査を進める

人々の普段の行動は、本人自身も考えなしに行動していることも多い。当たり前になっている行為やモノについて、その意味や理由を把握できるような調査を組み立てる。コツとしては、直接理由をたずねるよりも過去のエピソードとして語ってもらうことで、当たり前の行動が行われるようになった経緯や理由を把握しやすい（→4.3.1項）。

(2) 対象者やデータの比較により価値観や利用文脈をより際立たせることで解釈を深める

リードユーザー法やエクストリームユーザー法などを活用して、先行するユーザーと一般ユーザーとを対比させることで、対象行為における人々の価値観や利用文脈をはっきりさせやすくなる。また、フィールドで得られたデータ同士の比較によっても、意味をはっきりさせやすくなる。違いや共通点を意識して解釈を深めると良い。

(3) 行為の観察だけでなくその背景や考えも把握する

行為を観察することで、事実としてやっていることが見えてくる。それに対して、その理由や背景をたずねるインタビューを行うと、より深く行為の意味を理解できるようになる。そうすると、さらに観察できる行為が増える。このように、「観れば観るほどみえてくる」のがエスノグラフィの特徴であり、外から見るだけでなくインタビューなどを通して、対象者の内側からも見るようにする（→3.2.1項の「トライアンギュレーションによる調査計画」を参照）。

(4) 行為の現場を見る際は「問い」を立てて見る

フィールドワークでは、「なぜこの人はこんな風にしているのだろう？」というような「問い」を立てながら観察する。気をつけなければいけないのは、あらかじめ立てた仮説を検証するような目で、フィールドワークをすることだ。あらかじめ仮説を立てることは必要だが、現場では一旦仮説から離れて「観る」ようにする。仮説を検証するような目でフィールドを見てしまうと、大切なポイントを見落としたり、仮説に沿ったものしか見えなくなったりするので注意が必要だ（→4.2.2項の「実施の際の留意点やポイント」を参照）。

(5) 時間があれば対象者と一緒に行動してみる

研究としてのエスノグラフィの基本は、**参与観察**である。つまり、対象の社会やコミュニティに入り込んで、ともに暮らす中で理解を深めていく。UXデザインにおけるエスノグラフィでは、ごく短い時間に調査対象者をたずねるため、調査

者と対象者という関係に終始してしまう。だが、もしある程度訪問時間を確保できたり、何度か訪問して調査できたりする機会がある場合には、可能な範囲で一緒に対象行為をやらせてもらうと良い。例えば著者の経験では、小売業の新業態の作業現場を調査する際に、初日は観察とインタビューを行い、2日目はパート従業員とともに作業をしながらインタビューしたりした。一緒に作業することで、その業務の重要性やユーザーであるパート従業員の意識に関する課題などを明確にすることができる。

注目すると良いポイント

モノとの関わりに着目したエスノグラフィでは、実際に調査対象者がやっていることに着目するだけでなく、「やっていないこと」「やりたくてもできていないこと」にも着目する必要がある。やっていないことは見ることができないが、他の調査対象者との比較や過去の利用経験を回顧的にたずねるインタビューなどにより把握できる。

ユーザーが「本当はやりたくてもできていない」ことは、さまざまな都合によりユーザー自身が我慢していたり、あきらめていたりすることが多い（図4.4）。また、「できていなくても問題ない」というものでも、本来はやりたいことがあり、さまざまな都合により別の方法で補完していて、ユーザー本人は特に気にしていないこともある。こうした情報は、本当の意味で潜在的なニーズとなりうる情報である。行動として見えない行動を、情報として得るには工夫が必要だが、まずはこうしたポイントを理解することが大事である。

ところで、潜在的ニーズという言葉がよく使われるが、横浜国立大学大学院教授の谷地弘安氏は、潜在的ニーズの種類とその理由を4つに整理している（図4.5）。上記に挙げた「できていないこと」は、「暗黙的ニーズ」にあたる。もちろん、こうした暗黙的ニーズを発見することはとても重要だが、それと同じくらい「業界の非常識ニーズ」に気づくことがUXデザインでは大切だ。つまり、企業が業界の常識にとらわれてしまい、本当のユーザーのニーズが見えてない、というものである。企業側が思い込みやリサーチ不足で見落としているニーズを明らかにしようとすることも、エスノグラフィを実施する意義である。

関連手法

UXデザインにおけるエスノグラフィで調査者が留意すべき事柄を体系的に分類した枠組みに、**AEIOUフレームワーク**がある。AEIOU（アエイオウ）フレームワークは、エスノグラフィを行う際の留意点でもあり、得られたデータをこの枠組みで分類整理することで解釈を支援する手法でもある。

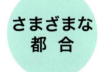

図4.4 ユーザーが「できていないこと」の理由

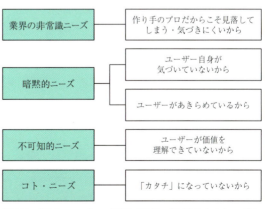

図4.5 「潜在ニーズ」の種類（谷地，2012をもとに一部表現を改変）

- Activity（行動）：目標を見据えて進められる一連の行動のこと。
- Environment（環境）：一連の行動が展開される総合的な環境のこと。
- Interaction（相互作用）：人と人、あるいは人とものごとの間で相互に働く作用のこと。
- Object（もの）：環境を形成する基本単位のこと。
- User（人）：ふるまい、好み、ニーズを観察する対象となる人々のこと。

なお、AEIOUフレームワークはワークシートが用意されており、次のWebサイトからダウンロードできる（http://www.drawingideasbook.com/resources.html）。

参考文献

- Harvard Business Review，特集　行動観察×ビッグデータ，8月号，ダイヤモンド社，2014.
- 佐藤郁哉，組織と経営について知るための実践フィールドワーク入門，有斐閣，2002.
- 小田博志，エスノグラフィー入門，春秋社，2010.
- 箕浦康子，フィールドワークの技法と実際，ミネルヴァ書房，1999.
- C. Wasson, Ethnography in the field of design, *Human Organization*, 59, 4, 377-388, 2000.（AEIOU）
- ベラ・マーチン，ブループ・ハニントン，小野健太監修，Research & Design Method Index，pp.10-11（AEIOU），pp.60-61（デザイン・エスノグラフィ），BNN新社，2013.
- 河﨑宜史ら，エスノグラフィー調査の活用とその効果―電力プラント建設管理システム高度化に向けた適用事例，日立評論，93(11)，pp.744-745，2011.
- 黒須正明ら編，人間中心設計の国内事例（HCDライブラリー），pp.146-156，2014.
- 谷地弘安，「コト発想」からの価値づくり，千倉書房，2012.

4.2.2 観察法

観察法は、人々の行動やその環境、出来事などを調査者自身が見聞きすることで、情報を得る方法である。UXデザインのリサーチにおける基本スキルであり、ユーザー参加による評価などでも活用する。

目　的

UXデザインにおいて観察法は、人々の行為の現場をたずねるエスノグラフィで用いるだけでなく、ユーザー参加による評価などでも行うなど、ユーザーとの接点では常に実施することのある手法である。実施する目的は主に2つある。

- ある状況における調査対象者の行動、ふるまい、反応に関する情報を系統立てて記録する
- 調査対象者の行為が行われる環境、文脈、相互行為、あるいは対象者を含めた人々、その関係性に関する情報を系統立てて記録する

特　徴

観察という言葉自体は一般的なものであり、特別な調査方法だという認識は少ないかもしれない。しかし、UXデザインにおける観察法には3つの特徴がある。

- 観察は、主にある状況での人々の行動やふるまいを基本的な対象とする
- フィールドでの観察では、人々の生活環境やその状態を観察することから、ユーザーの普段の行動や傾向、あるいは価値観を解釈するために情報を収集する
- 観察者が、五感を使ってユーザーの行動やふるまいに関する情報を収集する

UXデザインにおける観察では、まずはユーザーの行動を見ることが大切になる。エスノグラフィでは、行為だけでなく環境や環境を構成する人工物などを観察することも行うが、観察では2点目にあるように、環境の状態や人工物の使われ方、および利用の痕跡から、ユーザーの普段の利用状況などを推測する。つまり、モノの観察を行うと同時にモノを通してユーザーの行動を理解するということだ。

もう一つの特徴は、観察者自身が調査の道具だということである。最近では記録や分析のためにビデオを用いることが多いが、これらはあくまで

補助的なものである。基本は観察者が五感を使って得た情報をもとに、系統立った記述を行う。

観察法の種類

観察法は、観察する状況の観点からと観察方法の観点から、実施方法を分類できる。実際の調査においては、複数の実施方法を組み合わせたり、インタビューと組み合わせたりするなど、さまざまなバリエーションがある。あくまで調査目的に照らして、適切な方法を選択し、組み合わせることが重要である。

(1) 観察する状況
- 自然観察法（普段の行動をのぞき見る）：対象者の行動に制限をかけず、そのときの普段の行動をそのまま観察
- 実験的観察法（やってもらって見せてもらう）：調査者が何らかの状況を用意し、その中で自分の判断で行う行動を観察。状況を変えて、行動の違いを比較することもできる

(2) 観察方法
- 参加観察法：調査者がいることを意識しての観察
  - 交流観察：観察中に、観察者が対象者にインタビューするなど、積極的に交流する方法。例えば、コンテクスチュアル・インクワイアリー（→4.2.3項）や、エスノグラフィで用いられる参与観察などがこれにあたる。
  - 非交流観察：観察者は透明人間のように意識しないようにして、対象者と交流しないで観察する方法。例えば、**フライ・オン・ザ・ウォール**（壁のハエ）と呼ばれる方法がこれにあたる。また、行動する調査対象者の後を、交流しないでついていき、そこでの行為を観察する方法に**シャドーイング**（影になる）がある。
- 非参加観察法：ビデオなどを用いて調査者を意識しない観察

典型的な進め方

UXデザインのユーザー調査として行う観察では、調査対象者に普段の状況を実験的観察（やってもらって見せてもらう）の方法で行うことが多い。なお実験的観察でも、コンテクスチュアル・インクワイアリーのように、交流観察型でインタビューしながら観察する場合もあれば、なるべく非交流観察となるようにフライ・オン・ザ・ウォールやシャドーイングを行うこともある。

図4.6は、行動観察による駅のサイン計画の最適化を行った際の調査の実施手順である。このように、複数の観察法を組み合わせることもある。「観察をする」とは、観察によって見えてきたことを観察者が解釈し、外部化することまでを指す。観察をやりっぱなしにするのではなく、記録を取り、それらを整理することが重要である。UXデザインでは「②ユーザー体験のモデル化と体験価値の探索」の段階で分析を行うが、その前の段階として観察から得られた事実（インタビュー結果も含む）を整理しておくことが望ましい。AEIOUフレームワーク（→4.2.1項）なども、そのための方法として役立つが、表4.2のように得られた事実の整理と簡単な考察を行っておくと良い。

なお、この表の中の「ユーザーの行動・発言」欄には、①文化的環境や人工物環境などフィールドにおける制約に影響された行動、②ユーザーの顕在的・潜在的ニーズの影響を受けた行動、③人工物の形状・状況の影響を受けたユーザーの無意識的行動などが含まれる。

実施の際の留意点やポイント

観察を適切に実施するためには、基礎知識の理解とそれなりの経験を要する。理解しておきたい心構えとして、以下の4点を挙げる。

(1) 「問い」を立てることで、焦点を明確にして観察する。観察を重ねるごとに、焦点をより具体的にしていく：この心構えを理解していないと「どこをみたらよいかわからない」

(1) 実験協力者にスタート地点から乗り換え駅までを、駅サインを手がかりに自分の判断で歩いてもらう。調査員は、協力者と交流せず後ろから観察。
【実験的観察／非交流観察】

(2) (1)の調査が終了後スタート地点に戻り、(1)のときのふるまいを振り返りながら調査員が協力者にインタビューしながら歩く。
【実験的観察／交流観察】

(3) 調査で問題点が発見された箇所を特定し、そこでどれくらいの人が同じ間違いをするかなど、定点観察する。
【自然観察】

図4.6 行動観察による駅のサイン計画の最適化の事例と実施手順
（経済産業省近畿経済産業局，2009）

表4.2 観察結果のまとめ方の例

写真	フィールド・痕跡	ユーザーの行動・発言	考察
	タコメーターの右にアナログの時計。時間が狂っている。	・「時間が狂っていても気にならない。オブジェと化している」 ・時間は、腕時計を見る。 ・通勤時間が短いのであまり車で時計を見ない。 ・「タコメータと時計のデザインはお気に入り」	時間に追われたり、時間を気にしながら、車を運転することがない。 だから、時計そのものの見やすさや正確さはあまり必要でない。
	カーオーディオは、常についたまま。エンジンをかけると、FMが聞こえる。	・音楽を消す場合は、音量をゼロにした。 ・「中古で買ったので、電源のきり方がわからない」 ・「CDもかけるが、かけっぱなしでも気にならない」	・電源のボタンが小さくてわかりにくいうえ、赤色で電源マークしか表示されていない。 ・わからないボタンを押したくない。

「どれくらい詳細にみたらいいかわからない」などの戸惑いが生じる。

(2) 「仮説」「予見」「思い込み」をもってフィールドに臨まない：この心構えを理解していないと、観察をする際に「自分で考えた仮説を検証しよう」という目で見たり、固定観念で見てしまったりするため、人々の本当の文脈を理解することができなくなる。

(3) ユーザーを見る。ユーザーの行為を中心に見る：この心構えを理解していないと、「知っている技術が使えそうだ」とか「自社の製品が適応できるかどうか」といった目で

見てしまい、人々の行動やその背景を理解することができなくなる。
（4）フィールドでは、記録に徹する。解釈は後で行う：この心構えを理解していないと、今まさに目の前で起こっていることの意味をその場で解釈しようとしてしまい、重要な出来事を見落としてしまうかもしれない。

特に重要となるのが、**「仮説」ではなく「問い」を持って観察する**ということである。観察する際に事前に仮説があると、ある程度観察すべきポイントが絞られるため、観察がうまくできたような気になる。しかし、特定の仮説を持っていると、それに該当する出来事に観察者である調査者の関心が集中してしまい、都合のよい部分しか見えなくなることが起こる（こうした認知の特性を「確証バイアス」と呼ぶ）。つまり、観察において事前に仮説を持って調査に臨むことは、思い込み（バイアス）を誘発してしまう。

一方、「問い」は調査の関心事であり、観察すべき範囲を意味している。具体的には、「どのようにこのユーザーは目的の行為を行っているのだろう？」といったものや、「なぜユーザーはそのようにしているのだろう？」「そのようにしていないときは何をしているのだろう？」といったものである。問いは仮説と違い、問いの範囲に含まれるものを、よりはっきりと目的意識を持って観察できるようになる。問いは、観察する中で徐々に具体化したり、焦点化したりすることで、さらに深い観察を行うことができるようになる。

ユーザーの行動に関する仮説はむしろ、観察調査が終わった後ですべてのデータの中から導出するものである。

参考文献
- 松波晴人，「行動観察」の基本，ダイヤモンド社，2013.
- ベラ・マーチン，ブループ・ハニントン，小野健太監修，Research & Design Method Index，pp.90-91（フライ・オン・ザ・ウォール），pp.120-121（観察法），pp.124-125（参与観察），pp.158-159（シャドーイング），BNN新社，2013.
- 経済産業省近畿経済産業局，平成21年度関西における科学的・工学的アプローチによるサービス現場改善事業―行動観察手法を活用したサービス現場改善プロジェクト，実施報告書，2009.

4.2.3 コンテクスチュアル・インクワイアリー（文脈的調査）

コンテクスチュアル・インクワイアリーは、調査者がユーザーの現場におもむき、ユーザーの行動を観察しながら、その文脈に応じてインタビューを行い、ユーザーの行動の背後にある考えや行動の仕組みを明らかにする方法である。

目　的

コンテクスチュアル・インクワイアリーは、対象とする製品やサービスについて「実際のユーザーがどのように利用しているか」、あるいは対象とする環境や行為が「実際にはどのように行われているか」、といった現実のユーザーの世界を深く理解するために用いられる観察とインタビューの手法である。その目的は次の2つに整理できる。

- ユーザーの利用環境の中での、ユーザーがモノや人と行うコミュニケーションの流れ、時系列での作業手順、作業過程で作成したり使用されたりする人工物や道具、作業に対して文化が及ぼす影響や現場の物理的環境が及ぼす影響などを明らかにするための情報を得る
- ユーザーが言葉では説明しきれない、行動の背後にある考えや行動の仕組みを理解するための情報を得る

コンテクスチュアル・インクワイアリーには、次の4つの原則がある。
（1）現場での観察：ユーザーの行為が行われている現場におもむき、ユーザーの普段通りの行動を観察する
（2）「師匠と弟子モデル」のインタビュー：調査者は、師匠であるユーザーに弟子入りする

ように、ユーザーの行動や作業について教えを乞い、作業を観察しながらインタビューし、作業の仕組みを理解する
(3) データの解釈：得られたデータはすべて、ユーザーにとっての意味を解釈し仮説を立てる
(4) 調査対象者の立場の見方：調査者は、調査対象者であるユーザーの立場や視点から物事を見るようにする

特　徴

　コンテクスチュアル・インクワイアリーは、調査者は師匠であるユーザーに弟子入りしたように、一つひとつの行動を詳細に教えてもらう。これが最大の特徴で、具体的には次の通りである。

- 師匠（調査対象のユーザー）に作業をやってもらい見せてもらう。弟子（調査者）はそれを見て理解する
- 師匠にその作業をやる理由、意味、コツなどを根掘り葉掘り聞く

　通常のインタビューのように師匠を対象者ととらえてインタビューするのではなく、ユーザーと同じ立場に立って日常の生活の知識や知恵を伝授してもらうという「弟子入りの精神」で教えてもらうことが大事である。

　また、師匠であるユーザーにとっては、実際に作業をしながら説明を加えていく方法をとることで、言葉だけでは説明しにくい、作業の背後にある考え方や価値観、コツといったことを説明しやすくなる。

　例えば、半熟の目玉焼きの作り方を、弟子入りして教えてもらうとして考えてみよう。師匠はどんな点を工夫しているだろう。焼け具合を確認するのに、どんなところを見ているだろう。意外と奥が深いはずだ。また、それらは言葉だけでは説明しにくいが、実際に目玉焼きを作りながらであれば詳しく説明しやすいはずだ。

　師匠としてのユーザーの語りの特徴について、ユーザビリティやアジャイル UX のコンサルタントである樽本徹也氏は次のように表現している。「ユーザーは話を要約する」「ユーザーの話は不完全」「ユーザーは例外に触れようとしない」。また、「ユーザーは『無口で気難しい師匠』であるから、話を引き出す良い弟子になるべきだ」とアドバイスしている。

手法の背景

　コンテクスチュアル・インクワイアリーは、文脈理解を重視した一貫したデザイン手法である「コンテクスチュアル・デザイン（→3.1.3項、3.2.2項）」の1つのステップである。

典型的な進め方

(1) 調査フォーカスの設定
- 調査の目的・対象行為を調査前に決めておく。
- 調査フォーカスは、「（作業）はどのように行われているか」といったものが一般的である。なお、コンクスチュアル・インクワイアリーでは、調査中に調査フォーカスを拡大することを推奨している。これは特定の事柄に焦点を当てつつ、周辺の活動や道具などとの関わりについても質問したりすることを意味している。

(2) 対象者へのあいさつと仕事の概要の確認
- 仕事に対する大まかなやり方をインタビューする。

(3) 実際の仕事の観察とインタビュー（弟子入り）
- まず仕事の現場を見せてもらい写真などに記録する。
- 次に一連の仕事を対象者（師匠）に実際にやってもらい、その様子を記録する。

(4) 作業に対する質問
- 調査者（弟子）は、対象者（師匠）の作業プロセスでわからないところ、気になったところがあれば、その場ですぐに理由などを質問する。
- コンテクスチュアル・インクワイアリーで

は、質問リストをあらかじめ作成したりしない。なるべく対象者の行為をよく観察し、対象者と対話するように質問する。
- 対象者の話の中で、より詳細に聞き出せるように、対象者の発話の中から質問を作るようにする。例えば「たまに使っています」という対象者の言葉に「たまにというのは、具体的にどんなときですか？」などとたずねる。

(5) 記録した作業内容の確認
- 記録した作業の流れを対象者に確認する。

実施の際の留意点やポイント

メンタルモデル・ダイアグラムというユーザーモデリングの手法を提案したインディ・ヤング（Indi Young）は、作業手順（タスク）を聞きだす際に、注意すべき言葉の例を挙げている。以下の言葉が出たときは、さらに本質的な作業があると考え、掘り下げるとよい。

(1) もっと具体化すべき語
- 「検討する」→何をするか
- 「対応する」→何をするか
- 「わかる」→何が
- 「得る」→どうやって
- 「起こる」→何が、どうやって
- 「させる」→自分は何をするか
- 「管理する」→具体作業は
- 「計画する」→具体作業は
- 「読む」→その目的は
- 「受け取る」→その目的は

(2) タスクでないもの
- 「使う」→事実
- 「したい」→願望

関連手法

コンテクスチュアル・インクワイアリーは、ユーザーがすでに行っている行為の一連の流れを理解するには適した方法である。この手法は、コンテクスチュアル・デザインにおけるユーザー調査の手法として提案されたものだが、元々ビジネスの現場でのワークフローを改善する情報システムを提案するためのものであり、業務プロセスなどにはなじみやすい。

だが、ビジネスの現場であっても、セキュリティなどの関係でユーザーの現場をたずねることができない場合もある。ほかにも、医療現場などでコンテクスチュアル・インクワイアリーを行うことは不可能である。また、生活に入り込んだプライベートな対象の場合、調査者が自宅を訪問することに抵抗を感じる人も多い。あるいは、何日にもわたる作業の場合は、調査を行うこと自体が難しい。このような場合には、コンテクスチュアル・インクワイアリーの考え方や基本的な手法を応用した次のような手法を用いると良い。

ユーザビリティラウンドテーブルは、コンピュータ作業を対象とした場合に用いられる方法である。現場ではない会議室などの場所に作業環境を作り、作業ファイルのみ実物を用いて観察とインタビューを行う。

人工物ウォークスルーは、作業で実際に使用している実物や写真を持ってきてもらい、それを用いて利用文脈をインタビューする方法である。

こうした手法は、現場でなくても文脈的な質問を行うことができるメリットがあるが、現場で作業を行いながらインタビューを行わないため、実際の状況がわかりにくいという欠点がある。そのため、実際の利用環境がわかる写真をたくさん撮影してもらったり、質問を工夫したりするなどして、なるべく文脈に関する情報を得られるような努力が必要となる。

参考文献
- Hugh Beyer, Karen Holtzblatt, Contextual Design, Morgan Kaufmann, 1997.
- Karen Holtzblatt, Jessamyn Burns Wendell, Shelley Wood, Rapid Contextual Design, Morgan Kaufmann, 2004.
- 奥出直人, デザイン思考の道具箱, 早川書房, 2007.
- 棚橋弘季, ひらめきを計画的に生み出すデザイン思考の仕事術, 日本実業出版社, 2009.

・樽本徹也，ユーザビリティエンジニアリング 第2版，オーム社，2014.

・インディ・ヤング，田村大監訳，メンタルモデル，丸善出版，2014.

4.3「①利用文脈とユーザー体験の把握」の諸手法

4.3.1 個人面接法（インタビュー）

個人面接法（インタビュー）は、調査対象者に直接面接し、対象者の経験や考え、意見や意識などを直接聞き取る方法である。

概要

インタビューは、UXデザインにおいて最も汎用的なリサーチスキルである。ユーザー調査の段階だけでなく、ユーザー参加による評価の段階でも役立てることができる。直接面接する方法だけでなく、最近は遠隔地の対象者に対して、オンラインでのインタビューもよく行われている。

インタビューのスキルの向上は、経験を要するものであるが、近年では教科書となる書籍が出版されており参考になる。以下では、インタビューを助けるためのさまざまな補助的な手法や考え方について紹介する。

ユーザーの深層に迫る補助的手法

インタビューによりユーザーの価値観や過去の経験に対する自己の評価などを引き出すことは、たとえ訓練を積んだとしてもなかなか難しい。そこで、インタビューを行う際に、調査対象者に作業を行ってもらい、その結果を用いてインタビューを行い、目的とする内容を引き出しやすくする方法がある。特に、臨床心理で用いられる描画療法を応用し、絵やグラフを描いたりすることで、対象者自身が自分の考えや印象を投影したり整理したりすることができ、比較的短時間にユーザーの価値観などを聞き出すことができる。

脳内マップ

ユーザーの個人的な価値観や普段の日常から大切にしていることが、どれくらいのボリュームで存在しているかを、円を自身の脳内と例え、その項目と大きさを「脳内マップ」として調査対象者に表現してもらい、それをもとにインタビューをする方法である。

インタビューの長さと本人にとっての重要度は関係しないが、どうしても調査者はインタビューが長いテーマほど重要ではないかと考えがちである。この方法は、価値観などに関するインタビューを一通り行った最後に実施すると良い。そのインタビューで話された内容の重要度と、インタビューでは話されなかった現時点での関心事や価値観が反映される。描かれた脳内マップを用いて再度インタビューを行う。これにより、インタビューの精度を高めることができる。

なお、図4.7は20代女性に対する生活価値観に関する調査で、脳内マップを用いた例である。得られた結果を脳内マップを中心にまとめている。この調査では、あらかじめフォトダイアリーを実施してもらい、それに基づいたインタビューを行った後、脳内マップを書いてもらったものである。フォトダイアリーでのインタビューでは「お笑い」の話が最も長かったが、実際にはインタビューでは話題にならなかった「仕事」や「学校」のことに関心が移っており、「お笑い」が相対的に小さくなっていることがわかった。

利用年表共作法

UXデザインでは、人とモノとの関わりを調査する。その際、過去の経験についてたずねることも多い。しかし、過去の利用経験は記憶が曖昧に

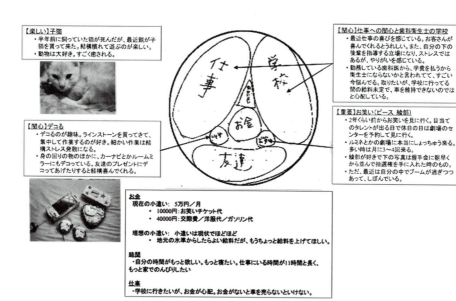

図4.7 脳内マップとフォトダイアリーを用いたインタビューの実施記録例
(四角い枠内がインタビューのメモ：安藤ら，2011)

なることが多く、特に前後関係がわかりにくくなる。利用年表共作法は、利用年表を調査対象者と一緒に作り上げていくという形式をとりながら、インタビューする方法である。

　最初に、使用開始から現在までの自分自身の大きな出来事を挙げてもらう（例えば「大学に入学した」など）。次に、対象の製品・サービスを使ったときの「主な出来事」を一通り挙げもらう。ここで挙げられるのは、記憶に残ったエピソードになる。続いて、利用開始前から順番に「主な出来事」として書いた内容について、出来事として具体的に何が起こったか、それに対する「心理的な事柄」としてどう思ったか、それが製品やサービスの「評価への影響」として結果をどう理解したか、を順番にインタビューしていき、調査者が年表に書き込んでいく。

　すべての出来事についてインタビューできたら、最後に調査対象者に出来事を参考にしながら、年表の一番下の **UXカーブ**（→4.3.3項）を記入してもらう。図4.8の例は、「利用頻度」「満足度」「お気に入り度」の3つを分けて記入させているが、変更しても良い。

参考文献

・奥泉直子ら，マーケティング／商品企画のためのユーザーインタビューの教科書，マイナビ出版，2015.
・上野啓子，マーケティング・インタビュー，東洋経済新報社，2004.
・安藤昌也，黒須正明，綾塚祐二，デジタルネイティブ世代の生活価値観とソーシャルメディア，ヒューマンインタフェースシンポジウム2011，pp.475-480, 2011.（脳内マップ）
・安藤昌也，長期的ユーザビリティの動的変化─利用状況の変化とその影響，総研大文化科学研究，pp.28-45, 2007.（利用年表共作法）

4.3.2 フォトエッセイ

フォトエッセイは、写真とエッセイを組み合わせることで、人々の行為に対する内省的な情報を得ることができる手法である。撮影してエッセイを書くという作業を要するため、人々の価値観が表現されやすい。また、写真を使うため、ユーザーが置かれている状況も把握できるメリットがある。

概　要

　フォトエッセイは、もともと消費者行動研究の一

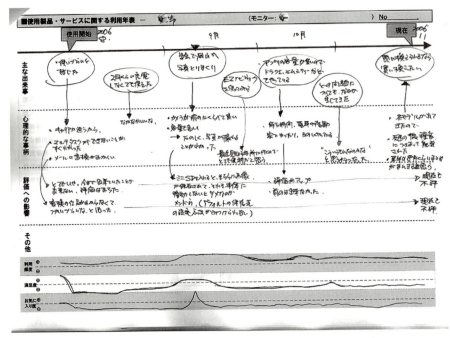

図4.8　利用年表共作法によるインタビューの結果例（安藤, 2007）

つとして、消費者行動の研究者であるモーリス・B. ホルブルック（Morris B. Holbrook）が行った消費者の消費価値観を解釈するための情報として用いられた「ステレオフォトエッセイ法」がもとになっている。その後、郷健太郎氏によって人間中心設計の上流工程で用いるアイデアが発表された。フォトエッセイは、調査対象者に依頼して作成してもらうもので、テーマを提示し一定期間の作成時間を確保したのち回収する。最近では、デジタルカメラやスマートフォンの普及で比較的簡単に写真を撮ることができるようになったが、編集等には一定程度のスキルが必要なので、実施する際には注意が必要である。また、可能であればインタビューを合わせて実施すると良い。

フォトエッセイの作り方

(1) テーマを設定する。限定しないようにやや広めのテーマにする。
(2) 与えられたテーマについて、自分の考えを表現する写真2枚（本人の視線と同じクローズアップと全体像）を撮影してもらう（図4.9）。
(3) その写真がテーマとどう関連するか、短いテキストで説明してもらう。特に詩的に表現する必要はない。
(4) エッセイに適したタイトルをつけてもらう。

著者は、フォトエッセイにより体験価値や本質的ニーズを得やすくするために、以下のような方法を用いている。

同じテーマで、以下のタイプA、タイプBの2つのフォトエッセイをセットで作成してもらう。これにより深い理解ができるようになる。

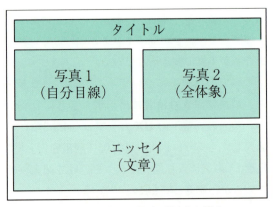

図4.9　フォトエッセイの基本的な形式

タイプ A：テーマについて、現在実際に行っていることについて

タイプ B：テーマについて、現在やりたくてもできていないことについて

図4.10と図4.11は、「健康を気遣う」というテーマで、同一人物に、現在やっていること（タイプ A）とやりたくてもできていないこと（タイプ B）のフォトエッセイを作成してもらった結果である。

あえて「やりたくてもできてないこと」を聞き出すことで、ユーザーの本音を引き出すことができる。また、タイプ A とタイプ B を対比させることで、テーマの行為に対するユーザーの中での価値観や基準といったものが解釈しやすくなる。

参考文献

・M.B. Holbrook, T. Kuwahara, Collective Stereographic Photo Essays: An Integrated Approach to Probing Consumption Experiences in Depth, *International Journal of Research in Marketing*, **15**, 201-221, 1998.
・Go, Kentaro, A scenario-based design method with photo diaries and photo essays, *Human–Computer Interaction. Interaction Design and Usability*, 88-97, Springer, 2007.
・情報デザインフォーラム編，情報デザインの教室，丸善出版，2010.

4.3.3 エクスペリエンスフィードバック法

エクスペリエンスフィードバック法（Experience Feedback Method：EFM）は、サービスやインタラクションに対する実際の体験評価を、シャドーイングで撮影したビデオをもとに、調査対象者自身に感情曲線を描画してもらう方法である。対象者の記憶の曖昧さによらず、正確な体験評価を把握できるメリットがある。

概　要

ユーザー体験の主観的な実態をそのまま把握するアプローチとして、時間軸に沿って主観的な感情や評価を曲線で描画する手法がある。例えば、サリ・クヤラ（Sari Kujala）らの **UX カーブ**や黒須正明氏の **UX グラフ**などがある。これらのメリットは、UX の変化を容易にとらえられるだけでなく、感情や評価の変化を誘発した理由を把握することができる。しかし、比較的長期的な体験を回顧するには良いが、一連のタスク操作などエピソード単位の UX 評価は行いにくい。あくまで調査対象者自身が経験を回顧して行うものであり、短時間のエピソードの詳細な出来事を、正確な順序で記憶しておくことは難しい。

エクスペリエンスフィードバック法は、曲線による主観的体験の良い点を活かしつつ、タスクに基づく行為を想定した短時間のエピソード単位の UX 評価を行う方法である。特徴は、調査対象者に製品を使用してもらい、使用時の様子やサービスの利用体験の様子をタブレットなどを使ってビ

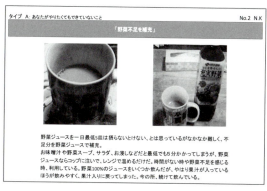

図4.10　タイプ A のフォトエッセイの例

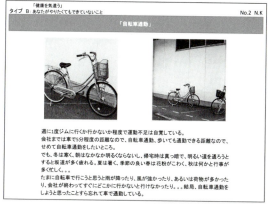

図4.11　タイプ B のフォトエッセイの例

デオ撮影し、その後にビデオを見ながら、調査対象者本人に感情曲線を描いてもらう点にある。

　この手法は、製品やサービスとのインタラクション場面の主観的体験を、ユーザーの感情的側面に着目して把握することが目的である。そのため、ユーザビリティテストや実験的観察などと組合わせて適用することが基本である。得られるデータは主観的評価であり、製品やサービスを取り巻く環境的要因を含めた全体的な UX 評価となる。

EFM 法の実施方法

（1）タスクの提示
（2）体験および体験中のビデオによる記録
　・操作前の期待度を考慮し、タスク提示前からビデオを撮影する（図4.12）。
（3）ビデオデータフィードバックによる感情評価
　・タブレットなどビデオの再生・停止操作が容易なデバイスを用意し、ビデオを見ながら曲線を描く（図4.13）。
　・変曲点を中心に思ったことなどをふせんに記録し、曲線と対応づける。
（4）総合評価の記入
　・総合評価を10段階で評価する。また、再利用意向を10段階で評価する（図4.14）。

参考文献

・安藤昌也，田中一丸，エクスペリエンスフィードバック評価法の提案，人間中心設計推進機構・機構誌，8(1)，9(1)合併号，pp50-53, 2013
・S. Kujala, et al. UX Curve: A method for evaluating long-term user experience, *Interacting with Computers*, 23. 5, 473-483, 2011.
・黒須正明，UX カーブに見る放送大学学生の満足度の動的変化，*Journal of The Open University of Japan*, 32, 81-91, 2014.

4.3.4　その他の手法の文献紹介

質問紙法（アンケート）

・高田博和ら，マーケティングリサーチ入門，PHP研究所，2008.

フォーカスグループ（グループ・インタビュー）

・梅澤伸嘉，実践グループインタビュー入門，ダイヤモンド社，1993.
・安梅勅江，ヒューマン・サービスにおけるグループインタビュー法，医歯薬出版，2001.

ダイアリー法（日記法）

・黒須正明，高橋秀明編著，ユーザー調査法，pp.156-159，放送大学教育振興会，2016.

フォトダイアリー

・Go, Kentaro, A scenario-based design method with photo diaries and photo essays, Human-Computer Interaction. Interaction Design and Usability, 88-97, Springer, 2007.
・情報デザインフォーラム編，情報デザインの教室，丸善出版，pp.98-102, 2010.

図4.12　タスク操作をビデオで記録

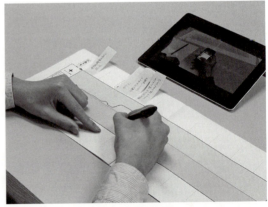

図4.13　ビデオを見ながら感情曲線を記入してもらう

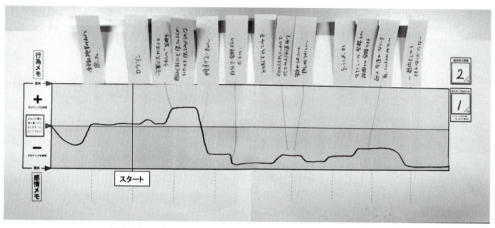

図4.14　エクスペリエンスフィードバック法による評価結果例

カルチュラル・プローブ（文脈観測）

- ベラ・マーチン，ブループ・ハニントン，小野健太監修，Research & Design Method Index, pp.54-55, BNN新社, 2013.

クリティカル・インシデント法

- 黒須正明，高橋秀明編著，ユーザー調査法, pp.94-96, 放送大学教育振興会, 2016.
- ベラ・マーチン，ブループ・ハニントン，小野健太監修，Research & Design Method Index, pp.50-51, BNN新社, 2013.

4.4「②ユーザー体験のモデル化と体験価値の探索」の中心的な手法

4.4.1 ペルソナ法

ペルソナ法は、ユーザー調査で得られた結果から、典型的なユーザーのゴール、態度、意識、行動などのパターンを導出し、ユーザーを代表するモデルとしての仮想の個人を作る方法のことである。UXデザインのプロセスでは、デザイン案を常にユーザー中心にするために用いられるほか、ユーザーに対する関係者間の共通理解を促進するためにも用いられる。

目　的

ペルソナ法は、ユーザー調査で得られたデータを分析し、典型的な個人のユーザー像を導出するユーザーモデリングの手法である。UXデザインにペルソナを用いる目的は主に3つある。

- すべてのユーザーを満足させる製品やサービスを作ることは困難であるため、固有のニーズを持つユーザータイプごとに適したデザインを行うことで、結果的に多くのユーザーに受け入れられる製品やサービスを実現する
- 製品開発に関わる関係者が、それぞれに都合よくユーザー像を解釈してしまい、「ユーザー」と呼んでいても本来のユーザーのことが考えられていない状態を避けるため、具体的なユーザー像を示し共通理解を促す
- デザインを進める過程で、さまざまな制約や対立するような要求により、デザイン案の修正や選択をする判断が必要な場合に、「ペルソナ」を基準に判断し、デザインの検討が常にユーザー中心になるようにする

製品やサービスの開発では、「多くの人のニー

ズに応えるように」といった目標を掲げてしまうことがある。しかし、こうした目標を掲げることは、製品やサービス開発では避けるべき考え方である。すべてのユーザーのニーズを満たそうとすると、あらゆる機能を詰め込むことになり、さまざまな破綻が生まれ、誰かのための機能は多くの誰かが使えない、使いにくいという製品を生み出すことになる。つまり、結局は誰のニーズも満たさない製品・サービスになる。ペルソナ法はこの発想を転換し、「みんなのためにデザインするのではなく、一人のためにデザインする」ことで、結果としてその一人と同じような状況にある多くの人のニーズを満たそうとするアプローチである。特にペルソナ法では、ユーザーのゴールに着目し、異なるゴールを持つユーザータイプごとに、それぞれにデザインを用意するべきとの考え方に基づいている。

ペルソナ法は、複数のペルソナを作ることが一般的である。複数のペルソナの中から最優先のペルソナを決定し、提案するデザインはこの最優先のペルソナのニーズを満たすものを目指して検討する。つまり、ペルソナはデザインを検討する際の目標であり基準として機能する。

特徴

ペルソナ法における「ペルソナ」は、実在する人物であるかのように、ユーザーである個人を描写・説明したものである（図4.18、図4.19参照）。このペルソナはユーザー調査に基づいたものであるが、決して実在の人物をそのまま書いているわけではない。だからといって、デザイナーらが妄想で考えた空想の人物でもない。また、マーケティングなどでよく行われている顧客セグメントとも違う。

ペルソナは、以下のような特徴に基づいた典型ユーザーとしての「仮想」のユーザー像である。

- ユーザー調査の質的な特徴をもとに、ユーザーの価値観および行動のパターンに基づいたもの

- UXデザインでは、一般的な属性情報よりも体験価値や対象行為を行うモチベーション、またその行動パターンの方が重要であり、それらを一人の個人として表現したもの

- ユーザー調査で得られた中から、異なるゴールを持つユーザーグループを整理し、ゴールの違いに着目して複数のペルソナを作る

ペルソナは、よほどの理由がない限り、ユーザー調査に基づいたものでなければならない。例えば、スマートフォン向けニュースアプリを開発するにあたり、仮のペルソナとして「20代・男性・広告代理店勤務。朝の通勤時間に、手短に最新のニュースを知りたい」というものを作ったとする。しかし、このペルソナでは、ニュースアプリそのものの必要性を説明することはできても、どのようなニュースアプリが適しているかを判断する情報がない。例えば、「担当しているお客さんの情報があったときはいち早く知りたい」といったニーズが読み取れれば、そのような機能が必要で、どんなデザインであれば使いやすいと感じるかなどを検討することにつながる。つまり、実際のユーザーがどんなニーズを持っているかが明らかになっていなければ、ペルソナは作成できない。ペルソナは単なる「架空の人」ではなく、根拠のある「仮想の人」ということだ。

アジャイル型開発などでは、「プラグマティック・ペルソナ」などと呼ばれる、ユーザー調査に基づかない仮のペルソナを用いて開発が行われることもある。たとえそれが仮であっても、ペルソナ法の目的として2点目に示した関係者間の認識を統一する効果はあるため、用いられることは多い。しかし、それらは開発者の思い込みを反映したものに過ぎず、ユーザー調査に基づかないペルソナでは本当に市場で受け入れられる製品・サービスとなるかは保証できない。途中であってもユーザー調査を行い、仮のペルソナを修正し、正しいペルソナに置き換えていくことが望ましい。

手法の背景

ペルソナ法は、ユーザーの目標をいつも考慮しながらシステムやサービスを設計する、一貫したデザイン手法である「ゴールダイレクテッド・デザイン」(→3.2.2項)におけるユーザーモデリングの手法である。

典型的なペルソナ作成方法

ペルソナの作成方法にはさまざまな方法がある。ペルソナ法を提唱したアラン・クーパーは、以下のような手順を紹介している。

(1) 対象行為についてユーザー調査で得られた結果から、さまざまな行動の側面のうち、行動の違いに影響を与えているような行動変数を複数検討する

例えば、「懇親会等の幹事としてお店を予約する」という行動の場合、「準備の完璧度(高・低)」「食事へのこだわり(高・低)」「これまでの幹事の経験(多・少)」などが挙げられる。

一般に、行動パターンの重要な差異を生む変数は次のようなものである。
- 活動：ユーザーが何をしているか。頻度と量
- 態度：ユーザーがその製品カテゴリーや技術についてどう思っているか
- 適性：ユーザーが受けた教育訓練は何か。学習能力はどれだけか
- モチベーション：ユーザーがその製品カテゴリーに関わっているのはなぜか
- 技能：製品カテゴリーと技術に関わるユーザーの能力

(2) ユーザー調査の結果を読み込み、調査対象者(協力者)を行動変数に対応づける

すべての協力者について、インタビューの発話データや観察のメモなどを頼りに行動変数に対してその人の位置づけを示していく。厳密さはなくても良く、調査者が受けた印象を大切にしながら対応づける。各行動変数の両端に集まる傾向があれば、それが顕著な行動パターンとなる。

(3) 顕著な行動パターンを見出す

対応づけを見て、複数の変数を通じて協力者が同じように集中しているところを探す。それがペルソナの基礎となる顕著な行動パターンを表している。通常は2つ程度のパターンが発見できる。図4.15の例では、簡易なやり方であるが、「懇親会等の幹事としてお店を予約する」という行動について6名の協力者のインタビューからあらかじめよく似た傾向のユーザーを3つのグループに分けたうえで、行動変数への割り当てを行いパターンの抽出を行っている。

(4) 特徴とそれに関係のあるゴールを総合する

見つかった顕著なパターンごとに、データから詳細を集めて全体像を作る。利用環境や現在やっていること、それに対する不満、周囲の人々との関係などである。データに基づきながら、個性を与えていく。製品やサービスを使うことで達成したいユーザーのモチベーションをゴールとして書く。3〜5つ程度のゴールを書いても良い。

(5) 重複や完成度をチェックする

ペルソナの基礎ができたら、調査結果と大きなギャップがないかチェックする。個々のペ

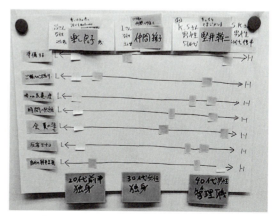

図4.15　行動変数への割り当てとパターンの例
(簡易な方法での結果)

ルソナは、少なくとも一つのふるまいにおいてほかのどのペルソナとも違っていなければならない。対応づけがうまくいっていれば、複数のペルソナで同じになることはない。

(6) 態度やふるまいの記述を拡張する

ペルソナの態度やニーズ、嗜好などを表現するストーリーやフォトコラージュなどを付け足す。

(7) ペルソナの配役を決める

作成した複数のペルソナの中で、どのペルソナを主要な対象ユーザーとするかを決める優先順位づけを行う。役割としては、以下の6種類がある。この順番で決めていくと良い。

- 主役：主要な対象ユーザーであり、インタフェースをデザインするときにはこのペルソナだけを用いる。
- 脇役：主役とは異なる特殊ニーズを持つユーザーで、その部分のインタフェースをデザインするときに活用するとともに、全体をこのペルソナのニーズにもかなうように調整する。
- 端役：主役と脇役のペルソナで完全にデザインがなされるが、端役ペルソナはその結果を使ってニーズを満たすことができる。
- 顧客：ビジネス上の顧客（受託システム開発の場合を想定しており、発注した情報システム部等のニーズを表すもの）。
- サービス利用者：製品の結果を受け取るユーザー（間接ユーザー）。
- 黒衣：今回の開発対象とならないペルソナ（対象としないユーザーの存在を示すことで、逆説的に主役ペルソナの位置づけを明確にするため）。

その他の作り方の例

クーパーが示した方法に限らず、ユーザー調査から得られたデータに基づいて、ゴールや行動のパターンを分析し、それらをペルソナへと形作ることが重要となる。例えば、ユーザー調査から KA法による体験価値分析を行い、そこからパターンを導出しペルソナを作るという方法もある。

以下の例は、スマートフォン向けニュースキュレーションサービスを対象にしたものである。この例では、すでに仮のペルソナで開発が行われ実サービスが提供されており、次期バージョンの開発のためのペルソナ作成を目標に実施した。

ユーザー調査は、実サービスのヘビーユーザー3名に半構造化インタビューを実施した。得られた結果から KA法による体験価値分析を行い、価値マップを作成した（図4.16）。

インタビューでは、このサービスをヘビーに使いこなしているユーザーに対し、使い始めから現在に至るまでの使い方の変化の過程をたずねており、この価値マップにも使いこなす前の使い方で得られる価値と、より使いこなした使い方（エクストリームな使い方）で得られる価値があることがわかった。それらを囲い整理したのが図4.17である。これらの分析から、それぞれペルソナを作成した（図4.18、図4.19）。

この場合は、調査協力者が3名と少ないため、体験価値の分析結果と協力者との対応づけや解釈が容易だったことから、1枚の価値マップからペルソナ作成を行った。SEPIA応用法などを用いて体系的に協力者を集めている場合は、価値マップの分析の際にそれがわかるようにしておくと、価値マップからペルソナを作成しやすくなる。

実施の際の留意点やポイント

デザインを進める際には、基本的に主役ペルソナ一人のニーズを満たすように、デザイン案を検討していく。だからといって、一人のペルソナを作れば良いということではない。重要なのはユーザー調査から得られたデータをすべて用いて、複数のパターンを導出し、その結果として**複数のペルソナを作ることの方が重要**である。複数のペルソナから開発の優先度をつけることが、ペルソナ法の最も重要なポイントとなる。

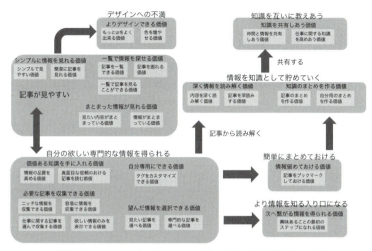

図4.16　ニュースキュレーションサービスの体験価値マップ

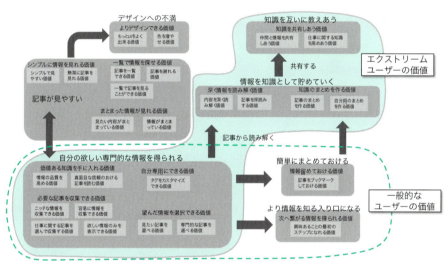

図4.17　ユーザータイプ別の体験価値の範囲

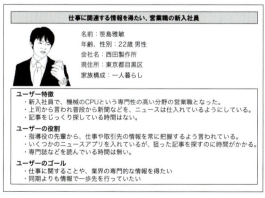

図4.18　一般的なユーザー価値をもとにしたペルソナ

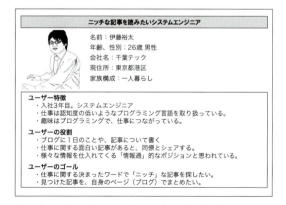

図4.19　エクストリームなユーザーの価値を基にしたペルソナ

参考文献

- アラン・クーパー，ロバート・レイマン，デイビット・クローニン，長尾高弘訳，About Face 3，アスキー・メディアワークス，2008.
- 川西裕幸，栗山進，塩田浩，UXデザイン入門，日経BP社，2012.
- 樽本徹也，ユーザビリティエンジニアリング 第2版，オーム社，2014.
- アラン・クーパー，山形浩生訳，コンピュータは、むずかしすぎて使えない！，翔泳社，2000.

4.4.2 ジャーニーマップ

ジャーニーマップは、人々と製品やサービスとの関わりを時間軸で表現したものである。特に複数のタッチポイントをまたぐ体験の連続性に着目し、その過程で起きるさまざまな出来事について、行動、感覚、認識、思考、感情などを明らかにする手法である。

目的

ジャーニーマップは、ユーザージャーニーマップやカスタマージャーニーマップ、エクスペリエンスマップなどの呼び方がある。いずれも、人々と製品やサービスとのインタラクションを時間軸で表現したものであり、呼び方の違いによる区別はない。また、手法として明確な方法論があるわけではなく、必要に応じてさまざまなやり方がされている。作成する目的は主に2つある。

- 複数のタッチポイントをまたいだ一連のユーザー体験の全体像を、プロセスだけでなくユーザーの行動や感情を含め視覚化する。これにより、時間軸の観点でユーザー体験を関係者間で共有できるようにする
- ユーザー体験の全体像を示すことで、改善すべきポイントを検討しやすくするとともに、理想的なユーザー体験の概要を検討できるようにする

UXデザインプロセスにおいて、ジャーニーマップはペルソナの作成後に作成する。ペルソナは価値マップを作成した後に作成することから、ユーザーモデリングの3階層（→3.2.3項）に即したユーザーモデルは、「価値マップ（価値層）」→「ペルソナ（属性層）」→「ジャーニーマップ（行為層）」の順に作る。なお、この際作成するジャーニーマップは、少なくとも主要な対象ユーザーを示す主役ペルソナと脇役ペルソナの2体のペルソナの、現在の体験を表現するモデル（AS-ISモデル）である。

特徴

ジャーニーマップは、その名前が示すように、ユーザーと製品やサービスとの接点での体験を旅に見立てている。旅には目的地がある。また旅には、計画・準備・最中・終わりといったさまざまな段階があり、そこでの出来事が一連の体験を構成して一つのストーリーになっている。ジャーニーマップも旅と同様に次のような特徴がある。

- ユーザーがゴールを達成するまでの空間と時間を視覚化し、製品・サービスとの関わりの一つのストーリーを描く
- 対象とする製品やサービスを体験する前、体験の最中、体験の後を基本にしつつ、体験の段階を区切って段階ごとの体験を整理する
- 各段階における体験に対してユーザーが抱く感情やモチベーションをとらえる

特に、文脈によって大きく変化するユーザーの感情は、時間軸で体験を表現するジャーニーマップでしか扱うことができない。特に体験の前に形成される期待やモチベーションが、行動に対する評価や感情に影響を与えるため、体験の前後での感情の変化を表現する必要がある。

ジャーニーマップの種類

ジャーニーマップには、特に決まった作成方法はないが、一般的にいくつかの種類や作成のパターンがある。一つは、ユーザーが現在行っている体験を表現するモデル（AS-ISモデル）である。もう一つは、プロセス等の改善や新しい製

品・サービスにより実現する、理想的な UX を表現するモデル（TO-BE モデル）である。

AS-IS モデルは、ペルソナを作成したあとにペルソナの典型的な行為のシナリオに基づいて、時間軸で視覚化することが一般的である。ジャーニーマップを作成する際は、ペルソナと同様ユーザー調査の結果に基づいて作成する必要がある。現状のモデルであるため、ジャーニーマップを通して問題点や課題、改善点を発見することが目的となる。

図4.20は、ショッピングセンターの赤ちゃん休憩室（授乳室）の改善を目的としたプロジェクトで作成された、AS-IS モデルのジャーニーマップである。ペルソナとして設定した子育て中の夫婦が、ショッピングセンターに出かける前から、赤ちゃん休憩室と授乳室を使うまでの体験を示している。赤ちゃん休憩室にはほかのユーザーもいるため、ペルソナの夫婦のみの体験だけでなく、他者の体験も示されている。これらはユーザー調査の結果に基づいて作成されたものである。

一番上の段は、主役ペルソナである母親の感情曲線が表現されている。一番下の段は、ジャーニーマップの作成を通して気づいた段階ごとの問題点が記されている。このように表現すると、普段はあまり接することのない赤ちゃん休憩室での体験を理解することができる。

もう一つの TO-BE モデルは、発想されたアイデアによって実現される理想の UX を表現するとともに、各段階での体験の課題を発見し、より詳細なアイデアを検討するためにも用いられる。

図4.21は、市役所を舞台にした手作り楽器のイベントとそのコミュニティの支援ツールを提案するための TO-BE モデルのジャーニーマップである。このジャーニーマップは、アイデアの詳細化を検討している段階のもので、大まかなタッチポイントごとの体験を示すとともに、一番下の段に「タッチポイントごとの検討ポイント」として、今後必要となる検討項目などを挙げている。

ジャーニーマップは、ユーザーの体験全体を対象に描くものだが、製品やサービスを提供する事

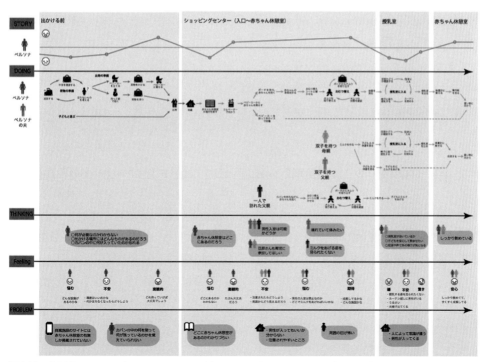

図4.20　AS-IS モデルのジャーニーマップの例：ショッピングセンターの赤ちゃん休憩室を夫婦で使う体験

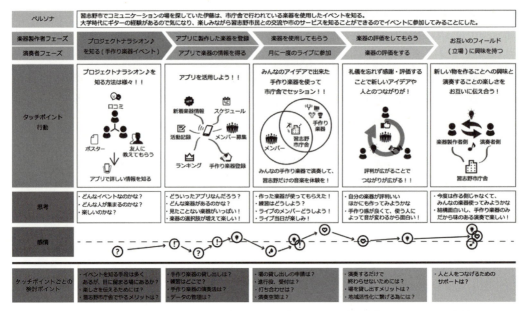

図4.21 TO-BEモデルのジャーニーマップの例：市役所を舞台に手作り楽器を使ったイベントと支援ツール

業者から見ると、どの範囲をUXの全体とするかによって複数のジャーニーマップを描くことができる。

自社が提供している製品やサービスに関係する範囲を体験の全体としてとらえるものを「事業者視点（Inside-out）」とする。一方、実際のユーザーは、特定の製品やサービスが対象とする範囲は意識しておらず、ゴールを達成するための一つの手段にすぎない。このことから、ユーザーのモチベーションの発生からゴールまでを体験の全体としてとらえることができ、これを「顧客視点（Outside-in）」とする。

「事業者視点」と「顧客視点」、それに現状（AS-IS）と提案（TO-BE）の2つの種類とをあわせると、4つの目的のジャーニーマップが作成可能である（図4.22）。ジャーニーマップを描く際には、これらのどれを描いているかを意識する必要がある。特に、現状のAS-ISモデルを事業者視点で作成してしまうと、自社の製品やサービスを使用する前の段階がわからないため、本当の問題点を発見できないかもしれない。AS-ISモデルでは、顧客視点で広く体験をとらえ問題点を分析することで、ユーザーの本質的ニーズを理解し

		検討の目的	
		AS-ISモデル（現状）	TO-BEモデル（提案）
体験の範囲	事業者視点（Inside-out）	製品・サービス現状分析	サービス拡張
	顧客視点（Outside-in）	ユーザー行動分析	新サービス企画

図4.22 ジャーニーマップの4象限（長谷川, 2013）

やすくなる。

典型的な作成方法

ジャーニーマップの一般的な作成方法は、ユーザー調査で得られた結果から、図4.23に示したように「ステージ」「ユーザーの行動」「ユーザーの思考」「ユーザーの感情」「関係する人の行動」「環境」の6つの項目を作成し、それぞれの項目について、ユーザー調査の結果を基に情報を整理していく。

最初に、行動をいくつかの段階に分ける「ステージ」を作る。これは事業者視点でのジャーニーマップではタッチポイントにあたる。次に、ユーザーの行動をステージに沿って挙げていく。これはユーザー調査から時系列に整理していく。

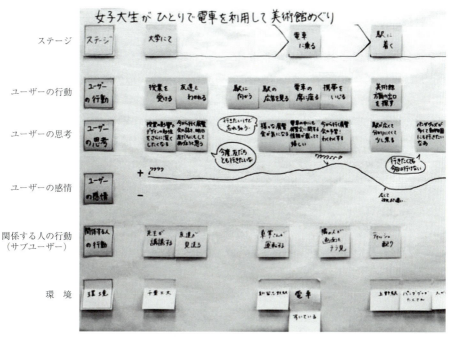

図4.23　ジャーニーマップの構成の例

ここまでできたら、ユーザーの思考や感情を検討していく。感情は感情曲線を描くことが多いが、必ずしも曲線で表現する必要はない。言葉で説明しても良い。ただし、ポジティブな感情だけでなくネガティブな感情もあげ、その理由がわかるようにコメントを書き加える。

ほかにも、関連するユーザー（脇役ペルソナや端役ペルソナ）の行動も同時に表現する。また、物理的な環境も表現する。なお、ジャーニーマップの作成目的によって、必ずしもこの6つの項目にこだわる必要はない。

また、ジャーニーマップの作成では、関係者によるワークショップとして実施すると良い。ジャーニーマップの作成を通してUXへの理解を深めることができる。ワークショップで整理できたジャーニーマップは、その後のプロセスでも活用しやすいよう清書する。清書する際、ユーザーの行動のタイプを表現するのに、図4.24で示す3つの表現パターンを使うこともある。この表現パターンは、アメリカのUXコンサルティング会社アダプティブ・パス（Adaptive Path）が紹介している方法である。

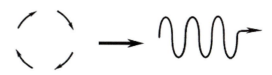

図4.24　アダプティブ・パス社による3つのユーザー行動のパターン表現

実施の際の留意点やポイント

AS-ISモデルのジャーニーマップは、ペルソナを作成する際に記述する行動シナリオと基本的な内容は重複する。そのため、行動シナリオを書けばジャーニーマップを作成しなくても良い場合もある。しかし、ジャーニーマップを作成する意義として、ジャーニーマップは横軸にUXの時間的な段階、縦軸に感情を含むUXの構成要素というマトリクス構造になっており、それぞれの枠を検討することを通して、UXを構造的かつ網羅的に理解できる、という点が挙げられる。

行動シナリオは、ペルソナの行動を客観的に説明するものだが、文章では構造的な表現に限界がある。一方ジャーニーマップは、マトリクス構造

であるため、行動シナリオでは煩雑になる事柄についても表現することができる。また、行動シナリオを作るには、文章としての完成度も必要となるため共同作業は向かない。一方、ジャーニーマップはマトリクス構造であるため、部分的であっても複数で議論しやすい。そのため、ジャーニーマップはワークショップ形式で検討するのに向いている。ワークショップを通して、ユーザーの利用文脈やUXに対するプロジェクトメンバーの共通の理解を深めることができる。

同様に、TO-BEモデルのジャーニーマップもマトリクス構造となるため、ユーザーの要求事項を構造的かつ網羅的に整理しやすい。

ジャーニーマップの事例にはきれいにデザインされたものが多いが、こうした特徴を理解していれば、必ずしもジャーニーマップの表現に必要以上に時間をかける必要はない。プロジェクトの目的に応じて、適切な表現形式のジャーニーマップを作成することがポイントである。

参考文献
- 長谷川敦士，カスタマージャーニーマップのパターン，コンセントラボWebサイト，2013/12/2.
（http://www.concentinc.jp/labs/2013/12/customer-journey-map-patterns/）
- Chris Risdon, The Anatomy of Experienece Map, Adaptive Path Webサイト，2011/11/30.
（http://adaptivepath.org/ideas/the-anatomy-of-an-experience-map/）

4.4.3　KA法

KA法は、ユーザー調査で得られたインタビューデータなどの定性情報から、人々が求めている本質的ニーズや体験価値を導出するための手法である。人々の日常行為と、その背景にある価値の構造を視覚化することができるため、体験価値の全体像を把握しやすくなり、関係者間での体験価値の共有がしやすいメリットがある。

目　的

KA法は、コンテクスチュアル・インクワイアリーや観察法など、主にユーザーの行為とその背景にある価値観を把握するような調査によって把握された定性情報を分析し、体験価値や本質的ニーズの構造をモデリングするための手法である。KA法の目的は次の2つに整理できる。

- 人々が日常的に行っている行為に関する調査結果から、人々の行為の背景にある体験価値および本質的ニーズを導出する
- 行為に基づいた体験価値の構造を探索し、仮説的な価値構造からデザイン提案により実現すべき体験価値を発見する

KA法は、インタビューなどで得られたユーザーの発言などから特徴的な出来事を複数抜き出し、その出来事一つひとつに含まれるユーザーの価値を解釈する。日常のさまざまな出来事には、ユーザーがその行為を行う理由や価値が必ず含まれている。それらの価値こそ、**ユーザーにとっての行為の価値**であり体験価値の実態である。つまりKA法は、体験価値を導出する方法といえる。

特　徴

KA法は分析方法に特徴がある。インタビューなどで得られた定性的なデータから、特徴的な出来事をピックアップし、その出来事に対して2段階で解釈を行う。また、この分析作業を1枚のカードの中で行う点も特徴である（図4.25）。

定性情報の分析法としてよく知られているKJ法では、複数のデータをグルーピングしてから、データの中身をまとめて解釈し、ラベル付けを行う。KA法は、ユーザーの出来事を一つひとつ丁寧に解釈し、その行為の背景にある体験価値を導出していくため、より詳細な分析ができる。

また、一つの出来事を一枚のカードで分析することができるため、導出された価値がどの調査結果に基づいて分析されたかが、いつでも戻って確認することができる。つまり、導出した価値の妥当性は、いつでもチェックできるため、第三者か

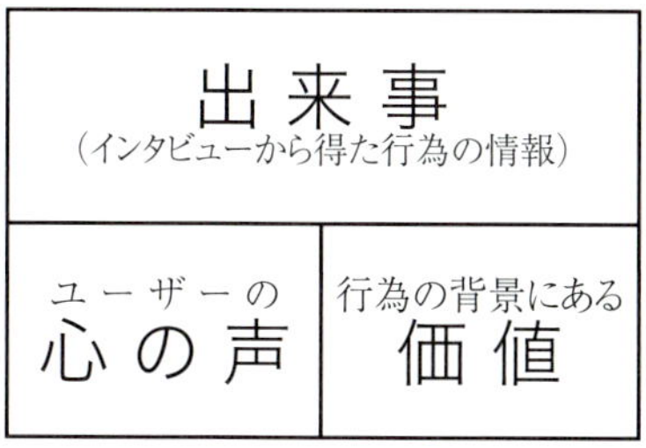

```
┌─────────────────────────┐
│      出来事              │
│ (インタビューから得た行為の情報) │
├────────────┬────────────┤
│ ユーザーの  │ 行為の背景にある │
│ 心の声      │ 価値         │
└────────────┴────────────┘
```

図4.25　KAカードの基本構造

らの検証可能性が高い分析手法だといえる。

分析されたカードは、導出した価値に着目してグルーピングされ、ユーザーの体験価値の構造化を行う。これを**価値マップ**と呼ぶ。価値マップは、ユーザーの体験価値の構造の全体像を視覚化したものであり、ユーザーに対する理解を深め、次の段階のアイデア発想に役立てることができる。全体像を視覚化するという点は重要で、分析者の主観的な印象だけに頼ることなく、より客観的で広い視点でユーザーの体験価値や本質的ニーズを検討できるメリットがある。

KA法では、ユーザーの行為の背景にある体験価値を分析する。この価値は、経済価値や付加価値のように一般的に使われる「価値」とはやや異なる。KA法で扱う価値は、日常の行為に含まれる価値であり、非常にささやかなものである。例えば、健康のために外出先から戻ると必ず手洗いうがいをしている人がいるとする。この行為に含まれる価値は、手をきれいにする価値だろうか。もちろんそうした価値もあるが、KA法ではこの人がこうした行動をとる理由に焦点を当て「手洗いうがいを習慣化することで健康を維持する価値」という行為に伴う体験価値を導出する。

体験価値にはさまざまなものがあるが、代表的なタイプは以下のようなものがある。特にUXデザインでは、ユーザーが行っている「コト」がどのような価値をもたらしているか、そこに着目することが重要になる。

(1) 出来事の中の「モノ」が生む「価値」
　ユーザーがモノ、つまり道具などを使うコトで価値を得られるタイプ。例えば、「パスタを電子レンジでゆでる容器」により「簡単に料理が作れる価値」を得ている。

(2) 出来事の中の「コト」が生む「価値」
　ユーザーがコト、つまりユーザーが行う行為により価値を得られるタイプ。例えば、「ゆでる容器に洗い残しないか、改めて洗う」コトが、「清潔な道具で調理する価値」を得ている。

(3) 出来事の関与者の「認識」が生む「価値」
　ユーザーが行為の中で持つ認識や理解から、価値を感じられるタイプ。例えば、「電子レンジだと失敗する心配がない」という、ユーザーが感じるメリットが「失敗する不安を感じない価値」を得ている。

手法の背景

KA法のオリジナルは、紀文食品で商品開発に長く関わってきた浅田和実氏が2006年に公開した手法である。KA法は、観察やミニエッセイなどの調査法から商品のネーミングやブランド、価格戦略などに至る一連の商品開発マーケティングの体系的手法の一部として提案されている。

UXデザインには著者が一部を改良した方法が普及している。改良した点は、1回目の解釈として「キーワード」を抽出する欄を「ユーザーの心の声」と呼びかえたり、導出する価値を体験価値に限定するため「動詞的表現＋価値」に限定したり、価値マップを構造で表現する際に一定の方法を設けたりしている。また、「未充足の価値」の概念を導入し、やりたくてもできていないことについて、同じように分析できるようにした点も改良のポイントである。

KA法の分析手順

(1) 事前準備
　ユーザー調査で得られた結果をテキスト情報として整理する。インタビューやフォトエッセイなど、ユーザー自身の言葉による情報だけでなく、フォトダイアリーや観察などから調査者が解釈し

(2) KAカードの作成―出来事欄への記入

テキスト化された情報から、特徴的なユーザー行動部分をピックアップし、カードの「出来事」欄に書く。どの部分をピックアップするかはさまざまなやり方があるが、複数の関係者がそれぞれの視点で特徴的だと思う部分を抜き出すと幅広く抽出できる。

出来事には、「状況（〜だったので）／動機（〜と思ったので）」という原因の要素と、「行動（〜した）」という行動の要素、そして「結果（〜だった）」の結果の要素のうち、2つ以上の要素を組み合わせて書く。原因＋行動、あるいは行動＋結果、または原因＋行動＋結果、といった形にする（図4.26）。調査データそのままでは、前後の発話が抜けていたりするので、読んでわかるように少し文章を補う必要がある。目安として、30文字程度にまとめなるべく複数のトピックを含まないようにする。

(3)「心の声」の解釈と「体験価値」の導出

1枚のカードに書かれた「出来事」の内容をよく読み、ユーザーの心境を想像して「ユーザーの心の声」を端的に表現する。なるべくユーザーになったつもりで共感して書くことが重要である。また、うまく表現しようとしない方が、生き生きとした場面を強調できて良い。なお、「ユーザーの心の声」が複数読み取れる場合には、同じ出来事のカードをその数だけ作れば良い。

最後に「出来事」と「ユーザーの心の声」の2つを手掛かりに、心の声が出る理由や意味を解釈し「価値」を書く。必ず「〜する価値」「〜できる価値」のように、**動詞的表現＋価値**とすることが重要である。これにより行為の価値を導出できる。多少長い文章になっても、心の声を素直にユーザーが感じる価値にするくらいで良い。

なお、データの中には出来事欄に自分が意図していた行為ができなかったことや、やりたくてもできていないことが取り上げられることもある。現在ユーザーが実現できていないことが書かれている場合には**未充足な体験価値**があると考える。このような場合の価値の導出法を以下に説明する。

心の声は、基本の場合と同様に、ネガティブな心の声をそのまま書く。次に価値を書くときは、ユーザーが本来望んでいるポジティブな価値を解釈して書く。例えば、図4.27では「入力間違いをしなくてすむ価値（未充足）」とした。このユーザーにとっては、「入力間違いをしなくてすむ価値」があると良いことはわかっていても、現在のスマートフォンの利用環境ではその価値が充足されていない、未充足の状態であると考える。また、現時点で未充足であることを示す「（未充足）」や「（未）」の印をつけておく。

なお、価値を書く際に注意が必要なのが、抽象化の度合いである。人の行為の価値は、抽象度を高くしてしまうと最終的に「簡単・便利」と「安心・安全・幸せに」に行き着いてしまう。次の段階でKJ法を用いてグルーピングし、抽象度を上げるため、出来事に書いてある内容がイメージできるくらいの抽象度で書くと良い。

(4) 価値マップの作成

出来事	
スマホはガラケーのようにボタンを押す感覚がないので、商品の個数を連打してしまい、同じ物を2つ買ってしまったことがあります。	
ユーザーの心の声	価値
スマホは入力ミスが起きがちだから、怖いわね	入力間違いをしなくてすむ価値（未充足）

図4.27　未充足の価値のKAカードの例

図4.26　出来事で書くべき3つの要素

KAカードは出来事をピックアップする密度にもよるが、5人程度の調査で、50〜150枚程度のKAカードが作成される。すべてのカードについて価値を導出したら、KAカードをすべて並べ、右下の「価値」に着目し、KJ法（親和図法）の要領で、よく似た価値同士をグルーピングする作業を行う。ある程度、KAカードがまとまったら、それらのまとまりを表すラベルをつける。このラベルも「〜する価値」「〜できる価値」とする。これを**中分類の価値**と呼ぶ。なお、あくまでボトムアップにグループを作り、あまり抽象度を上げすぎないように注意する。

次に、中分類の価値のグループを1つのカードとして扱い、テーマとする体験について、体験価値の構造を探っていく。体験価値の構造とは、価値間の因果関係や経時的な関係性のことである。おおむね、体験の前、体験の中、体験の後の順に大きく整理すると関係性を見つけ出しやすくなる。なお、どうしても関係性を見つけ出せない場合や検討の時間が取れない場合は、図4.28のような分類に基づく表現でも良い。

(5) 既存製品・技術等のマップ展開

価値マップで示された価値を提供しているような既存の製品や技術を、価値マップ上に展開する。日常生活では、ユーザーはさまざまな方法で求める体験価値を充足しようとしている。競合他社の製品だけでなく、思いもよらなかった代替方法で充足しようとしているかもしれない。ユーザーの価値を軸に製品や技術をマッピングしてみると、取り組むべき機会を発見しやすくなる。

実施の際の留意点やポイント

分析したKAカードを用いて価値マップを作成する際に避けるべきことは、カードの価値を見ずに「○○系」といった分類名を先に作って分類しようとしたり、「○○軸×□□軸」などフレームを作って当てはめようとしたりすることである。価値マップは、ユーザーの体験価値の構造を探り出し、視覚化するものである。あくまで分析結果に基づいてボトムアップに分類していくこと

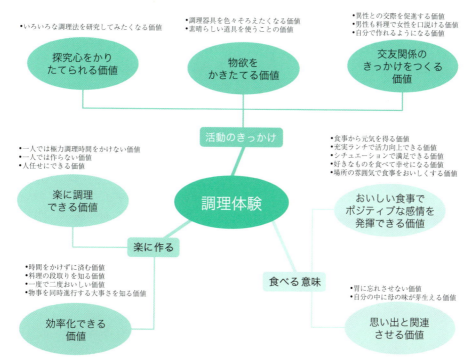

図4.28 価値マップの例

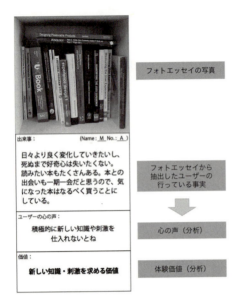

図4.29 フォトKA法の分析イメージ

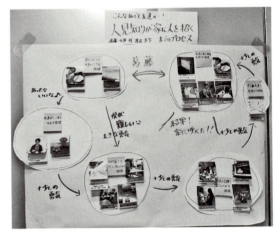

図4.30 フォトKA法の価値マップの例

が重要となる。

　なお、価値マップを作成するためにグルーピングを行っていると、うまくグループに分けられないカードが出てくることがある。そのような場合は出来事や心の声を確認し、体験価値の解釈を見直した方がよい場合は書き直してもよい。体験価値は他の価値と比較することで明確になる特徴があるため、必要に応じて修正すればよい。それでも分類できない場合は「その他の価値」というグループを作っておけばよい。

　またKA法は、ワークショップ形式でプロジェクトメンバーとともに実施すると良い。KAカードを用いた分析を通して、ユーザーに対する共感を促進することができる。また、価値マップの構造を検討することで、ユーザーの体験価値の構造に納得感を持つことができる。UXデザインでは、実現する体験価値を軸に検討を深めていくため、ユーザーの体験価値の全体像を共有できて

いることは重要である。

関連手法

　著者は、フォトエッセイからKA法を用いて分析する際に、体験価値とフォトエッセイの写真からのインスピレーションとをあわせて活用できるようにする**フォトKA法**を提案している（図4.29）。分析そのものはKA法と同様だが、写真を使うことでそこに写っているユーザーの環境やイメージ写真から、理解を深めることができる。また、未充足の価値には色をつけておくことで、潜在的なニーズを含む価値がどれであるか一目瞭然となる（図4.30）。

参考文献

・浅田和実，商品開発マーケティング，日本能率協会マネジメントセンター，2006．
・安藤昌也，日本リサーチセンター，実践！KA法おためしキット，日本リサーチセンター，2015．
・情報デザインフォーラム編，情報デザインのワークショップ，丸善出版，pp.106-107, 2014．（フォトKA法）

4.5「②ユーザー体験のモデル化と体験価値の探索」の諸手法

4.5.1 上位・下位関係分析

上位・下位関係分析は、グループインタビューなどで得られた定性情報から、ニーズを階層的に抽出する手法である。ユーザーの事象を上位化する作業を通して階層的な3種類のニーズに分類し、そのつながりから本質的ニーズを導出する。

概　要

上位・下位関係分析は、グループインタビューで得られたデータの分析方法として梅澤伸嘉氏が提唱している。UXデザイン方法論の一つであるビジョン提案型デザイン手法（エクスペリエンス・ビジョン）では、この手法をユーザーの本質的ニーズの導出方法として、方法論の体系の一部に組み込んでいる。

上位・下位関係分析では、グループインタビューから抽出された消費者のニーズを、以下の階層的な3つのニーズに分類する。

- Beニーズ：〜になりたい（ユーザーの本質的ニーズ）
- Doニーズ：〜したい（Beニーズを実現するためにDoしたい：ユーザーの行為目標）
- Haveニーズ：〜が欲しい（Doを実現するためにHaveしたい：ユーザーの事象）

インタビューなどユーザー調査で得られたニーズは、現在ユーザーが置かれている状況でのニーズについて発言されていると考え、Haveニーズに位置づける。Haveニーズから、「Haveしたい理由は、どんなことをDoしたいからなのか」という観点から上位化を行い、Doニーズを導出する。さらに、「Doしたい理由は、どんなBeでありたいからなのか」という観点からさらに上位化を行う。このようにして最上位の本質的ニーズを導出する（図4.31）。

なお、上位化の作業は、KJ法のグルーピング

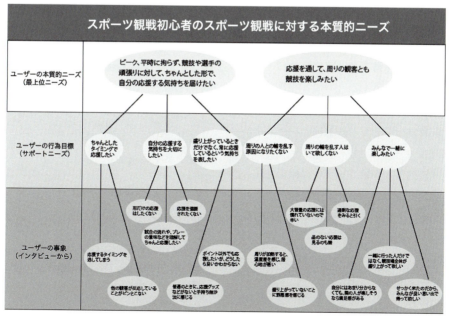

図4.31　上位・下位関係分析の例

とそのグループへの名前付けの作業とはまったく異なるものである。あくまで、上位化であり、理由を考えることが重要である。

ところで、3.2.4項で事例1として示したフードコートサービスの例では、4段階でニーズを分類している（図3.15）。これは、最上位のニーズがあまりに抽象度が高すぎると、アイデア発想の手がかりになりにくいことをふまえた改善である。あえて抽象度の高い欄を設け、行為目標より上位だが抽象度が高すぎない本質的ニーズを導出するための工夫である。

上位・下位関係分析の進め方

（1）ニーズ情報のカード化
  ・フォトエッセイ、インタビューデータに基づき、対象者が行っている特徴的な行動、その理由、要望などを整理し、ふせんなどを使ってカード化する（事象カード）。

（2）集約と上下関係の発見
  ・模造紙などに3階層もしくは4階層の段階を分け、一番下の「ユーザーの事象」の欄（Haveニーズ）に事象カードをおく。
  ・類似の事象カードをまとめる。
  ・事象カードのなかで、小さな単位で上下関係を整理する。上位にあたるものは、一階層上の「ユーザーの行為目標」の欄（Doニーズ）にカードを移動させ、線で結ぶ。

（3）上位のニーズを抽出する
  ・事象カードだけで上下関係を導出できないときは、事象カードをもとに上位のニーズを解釈・検討しカード化し、「ユーザーの行為目標」の欄に置き、事象カードとは線で結ぶ。
  ・一通りすべての事象カードが上位化できたら「ユーザーの行為目標」の欄のカードを対象に、同様に上位化を行う。上位のニーズは「ユーザーの本質的ニーズ」の欄（Beニーズ）にカードを書いておく。

（4）レベルの調整
  ・導出されたニーズの全体像を確認し、Be、Do、Haveでレベルがそろうように、カードの表現や階層関係を調整する。

参考文献
・梅澤伸嘉，実践グループインタビュー入門，ダイヤモンド社，1993．
・山崎和彦ら，エクスペリエンス・ビジョン，丸善出版，2012．

4.5.2　その他の手法の文献紹介

タスク分析
・ベラ・マーチン，ブルーブ・ハニントン，小野健太監修，Research & Design Method Index，pp.174-175，BNN新社，2013．
・山岡俊樹，デザイン人間工学，共立出版，2014．

ワークモデル分析
・Hugh Beyer, Karen Holtzblatt, Contextual Design: Defining Customer-Centered Systems, Morgan Kaufmann, 1997.
・Karen Holtzblatt, Jessamyn Burns Wendell, Shelley Wood, Rapid Contextual Design: A How-to Guide to Key Techniques for User-Centered Design, Morgan Kaufmann, 2004.
・奥出直人，デザイン思考の道具箱，早川書房，2007．
・棚橋弘季，ひらめきを計画的に生み出すデザイン思考の仕事術，日本実業出版社，2009．

メンタルモデル・ダイアグラム
・インディ・ヤング，田村大監訳，メンタルモデル，丸善出版，2014．

グラウンデッド・セオリー・アプローチ（GTA / M-GTA）
・戈木クレイグヒル 滋子，実践グラウンデッド・セオリー・アプローチ，新曜社，2008．
・木下康仁，グラウンデッド・セオリー・アプローチの実践，弘文堂，2003．

SCAT
・大谷尚，4ステップコーディングによる質的データ分析手法SCATの提案，名古屋大学大学院教育発達科学研究科紀要（教育科学），**54**(2)，pp.27-44，2008．
・大谷尚，SCAT: Steps for Coding and Theorization，感性工学，**10**(3)，pp.155-160，2011．
・SCATのWebサイト（http://www.educa.nagoya-u.ac.jp/~otani/scat/）

KJ 法

- 川喜田二郎，発想法，中公新書，1967．
- 川喜田二郎，続・発想法，中公新書，1970．

シナリオ法

- ジョン・M. キャロル，郷健太郎訳，シナリオに基づく設計，共立出版，2003．

4.6 「③アイデアの発想とコンセプトの作成」の中心的な手法

4.6.1 UXD コンセプトシート

UXD コンセプトシートは、UX デザインの 1 つのアイデアを整理して表現する手法である。UXD コンセプトシートを使うことで、実現すべき体験価値を目標に定め、その体験価値を提案するアイデアで実現できるかを確認しながら整理できる。

目　的

UXD コンセプトシートは、体験価値を実現するためのアイデアを整理するために用いる。この目的は次の点である。

- 思いつきのアイデアを、実現すべき体験価値や本質的なニーズと明確に結びつけるとともに、時間軸での体験を考慮することで、アイデアをブラッシュアップさせる

UXD プロセスでは、実現すべき体験価値の候補をユーザー調査に基づいて導出しているため、提案するコンセプトはその体験価値に結びつくものである必要がある。しかし、アイデア発想の段階では自由な発想で行い、斬新なアイデアをたくさん出す方が良い結果につながる。UXD コンセプトシートは、自由奔放なアイデアの中から有力なものを、プロジェクトの目的にあった UX デザインのためのコンセプトへとブラッシュアップし、整理するための手法である。

特　徴

UXD コンセプトシートは、図4.32に示すワークシートになっており、このワークシートを用いてアイデアを整理する。このワークシートは 2 つの特徴がある。

- 「ユーザーモデリングの 3 階層」（→3.2.3項）の考え方に基づいて、価値層と属性層に相当する情報を定めた後で、行為層に相当する体験のアイデアを価値層と属性層の情報を確認しながら調整できる
- KA 法（→4.4.3項）の考え方を参考に、「ユーザーの心の声」をアイデアと実現すべき体験価値とを結ぶ手がかりとしながら、アイデアを調整できる

一般的な製品開発における製品コンセプトでは、「○○ができる△△機能」のように、アイデアの初期段階から機能を挙げることが多い。このように機能をコンセプトの中心においてしまうと、ユーザーの体験は機能の後付けになってしまう。一方、UX デザインでは機能の詳細化はなるべく後の段階まで残しておき、先にユーザーの体験を検討してしまうというアプローチをとる。しかし、コンセプトでは何ができるものかを示す必要があり、機能や性能を説明しないわけにはいかない。そこで UXD コンセプトシートでは、できることを「使い続けた時の心の声」や「時間軸のユーザーの心の声」として表現するようになっている。例えば、図4.33で示した記入例では、使用中の心の声として「キャラクターがかわいくて愛着がわく。自分の予定と教室の予定が両方わかるから、仕事やプライベートの予定も一緒に管理できて、使えるな」となっている。ここには、秘書サービスはキャラクターで実現すること、愛着がわくようなキャラクター（愛着が持てるようおそ

4.6「③アイデアの発想とコンセプトの作成」の中心的な手法

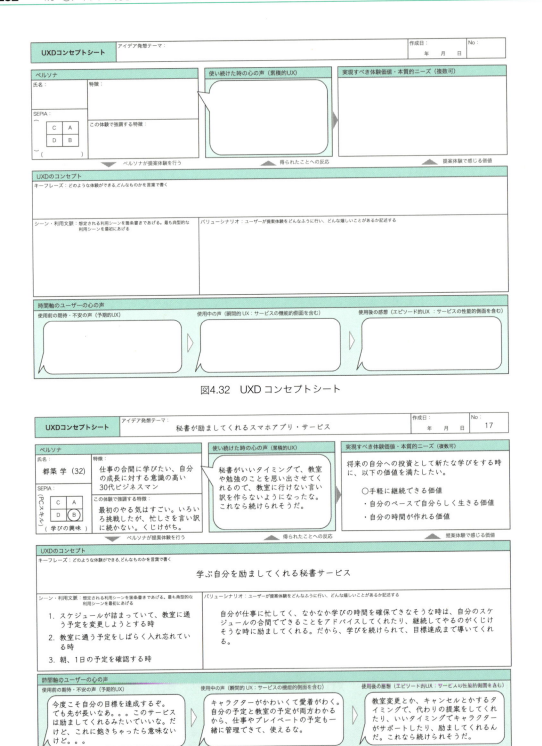

図4.32　UXDコンセプトシート

図4.33　UXDコンセプトシートの記入例

らく変更できる）を使うこと、自分と教室の予定が両方見えるスケジューラー機能があること、など実現手段や機能に関するアイデアがユーザーの声として表現されている。

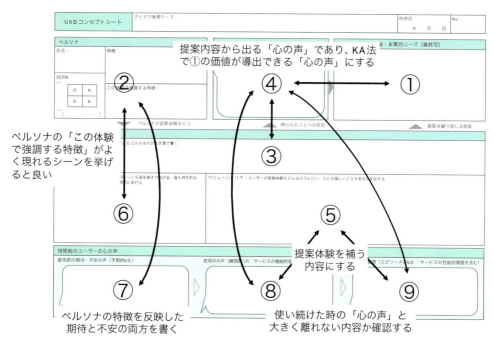

図4.34　UXDコンセプトシートの使い方

典型的な進め方

UXDコンセプトシートの使い方について、図4.34にそって解説する。なお、アイデア発想は別途行われており、アイデアの骨子がある状態でこのシートを使うことを想定している。

① 「実現すべき体験価値・本質的ニーズ」欄にアイデアが目標とする体験価値を書く

アイデア発想をする際に目標とした体験価値を記入する。複数書くことも可能だが、最も重視するものがどれかわかるようにする。

② 「ペルソナ」欄にペルソナの情報を転記する

ペルソナの情報の中から、「この体験で強調する特徴」を抜き出して書く。もし、該当するペルソナの情報がない場合は、ペルソナ情報をもとにしつつ想像で補って書く（なお、補う場合は後でユーザー調査データを確認し、情報の追加や修正が可能か検討すること）。

③ 「UXDコンセプト：キーフレーズ」欄にアイデアを端的に表すキーフレーズを書く

アイデアを端的に表すキーフレーズを書く。特に書く基準はないが、「ペルソナにとってどんな魅力があるか」「（おおよそ）どのようなものか」の2つの要素は最低限書かれている必要がある。

④ 「使い続けた時の心の声」欄に提案するアイデアを使ったペルソナが思う心の声を書く

アイデアをある程度使い続けたユーザー（ペルソナ）が、どんなことをその製品やサービスに思うかを想像して、心の声を書く。

このとき、①で書いた体験価値と心の声は、KA法の価値分析と同様の関係になっているか確認する。つまり、④の心の声を解釈すると①で書いた体験価値が導出できる。もし、そうなっていない場合は、④の心の声を修正する。心の声を修正することで③で表現したアイデアが変更される場合は、③のキーフレーズも修正し、以降修正されたアイデアを用いてシートを完成させていく。この心の声は、UX白書におけるUXの期間モデル（→2.2.4項）の累積的UXにあたる。

⑤ 「UXDコンセプト：バリューシナリオ」欄に、「どんな時にどんなふうに使うとどんな嬉

しいことがあるか」を記述する

アイデアの体験がどのようなものか、どんな嬉しいことがあるのかを短いシナリオとして表現する。内容は、③のアイデアのキーフレーズに沿った内容であること。

⑥「UXDコンセプト：シーン・利用文脈」欄に、想定される利用シーンを複数上げる

⑤の使用シナリオのシーンとして想定されるものを複数挙げる。中でも典型的なものを1番に挙げる。シーンは、ペルソナにとってアイデアの魅力を最も感じるようなものにする方が良い。そのため、②で書いたペルソナの「この体験で強調する特徴」がよく現れるシーンを優先すると良い。

⑦「時間軸のユーザーの心の声：使用前の期待・不安の声」欄に、アイデアの体験をする前の声を書く

②のペルソナの特徴をよく理解し、ユーザーの期待と不安の両方を書く。期待だけでなく不安を書くことで、アイデアのどの部分が重要かわかりやすくなる。この心の声は、UXの期間モデルの予期的UXにあたる。

⑧「時間軸のユーザーの心の声：使用中の声」欄に、製品・サービスの機能的側面を含めどんな嬉しいことがあるかを書く

⑤のバリューシナリオの具体的な体験をペルソナの心の声として書く。製品やサービスの機能に関する内容を含んでも良い。また、この体験は④の使い続けたときの心の声と相互に関係しているはずである。ただし、この段階では整合を取る必要はなく、かけ離れてないか確認できれば良い。シーンと関係しているときは、⑥であげた典型的なシーンを想定する。この心の声は、UXの期間モデルの瞬間的UXにあたる。

⑨「時間軸のユーザーの心の声：使用後の感想」欄にあるシーンでの使用後の感想を書く

⑥で挙げた典型的なシーンを想定し、そのシーンでアイデアの体験をした後のペルソナの感想を想像して書く。製品やサービスの性能、例えば「使い心地がいい」などの感想を含んでも良い。また、この体験は⑧と同様、④の心の声とかけ離れたものでないか確認する。この心の声は、UXの期間モデルのエピソード的UXにあたる。

このように体験価値とペルソナの情報を軸にアイデアを修正しながらシートを完成させる。

実施の際の留意点やポイント

この段階では、バリューシナリオが目標として設定した体験価値と適切に結びついていることが重要である。ユニークなアイデアは歓迎するが、どのように体験価値を実現できるかがポイントとなる。その際、「心の声」をよく検討すると良い。ユニークなアイデアでも、ペルソナが感じる「心の声」が納得感のあるものであれば、これまでにない新しい提案につながるかもしれない。

UXデザインでは、体験価値に着目するあまり、現在のやり方に近いあたり前の提案になりがちである。だが、まったく新しい方法を提案するものであっても、目標とする体験価値が実現できれば良い。ポイントは、ペルソナの心の声をどのように想像するかにある。心の声は、ペルソナの認識でありメンタルモデルを反映したものだ。つまり、どれほどユニークなアイデアであっても、想定した心の声になる認識を持てるよう、デザインを検討すれば良い。

関連手法

このUXDコンセプトシートは、著者が提案する手法であるが、構造化シナリオ法（▶4.6.2項）におけるバリューシナリオと基本的な位置づけは同じである。この手法の代わりに構造化シナリオ法のバリューシナリオを用いても良い。

4.6.2 構造化シナリオ法

構造化シナリオ法は、アイデアを3つの階層ごとにシナリオを書き分けつつ詳細化することで、

有効性と効率性、およびユーザーの満足度の高い製品やサービスを実現できるビジネス企画およびユーザー要求仕様を記述する手法である。

目 的

構造化シナリオ法は、問題解決型のデザインアプローチではなく、ユーザーの体験価値や本質的ニーズに応えるような、これまでにないビジョン提案型のデザインアプローチを実現するための中心的な手法である。デザインの中間成果物の表現として文章によるシナリオを用いるアプローチを、シナリオ法（シナリオに基づくデザイン手法）と呼ぶ。構造化シナリオ法はシナリオ法の一つであるが、問題状況の表現としてシナリオを用いる問題解決型のアプローチと異なり、提案するビジョンを表現するためにシナリオを用いる点が特徴である。目的は主に以下の3点である。

- 目指すべきUXを説明する物語としてシナリオを作成することで、製品開発に関わる関係者に目標とするUXを共有しやすくする
- 3段階でシナリオを書き分けることで、それぞれの段階での評価と修正の反復プロセスを行いやすくし、徐々に仕様を詳細化できるようにする
- 目標とするUXをシナリオとして表現することで、体験を実現する技術やアイデアなどを自由に発想することができ、よりユニークでイノベーティブな製品やサービスを検討しやすくする

特 徴

構造化シナリオ法には次のような特徴がある。

- シナリオを構造別に①バリューシナリオ、②アクティビティシナリオ、③インタラクションシナリオの3つに分けて記述する
- それぞれのシナリオには、それぞれ扱う情報が決まっているだけでなく、記述しない情報が決められている。あえてシナリオに記述しないことで、新しい解決策の可能性を常に残しつつ検討を進めることができる
- 3つのシナリオは、ユーザビリティの有効さ・効率・満足度それぞれに対応しており、シナリオの段階からユーザビリティの評価を行うことができる
- 3つのシナリオには、それぞれの段階で検討すべき項目を整理したテンプレートが用意されており、テンプレートに従うことで、必要なレベルの検討ができる

構造化シナリオ法の最大の特徴は、シナリオを構造別に3つに分けて書く点である（図4.35）。3つのシナリオは、① 体験価値を扱う**バリューシナリオ**、② ユーザーの活動・行為を扱う**アクティビティシナリオ**、③ 操作を扱う**インタラクションシナリオ**である。それぞれのシナリオには、①〜③の順番で同じアイデアを抽象度の高いビジョンから具体的なインタラクションへと変換していくように記述する。

構造化シナリオ法の優れた点は、**それぞれのシナリオで記述しない項目を明確化している**点である。例えば、ユーザーの行動を扱うアクティビティシナリオでは、ペルソナを主人公にしてシナリオ書いている間にイメージが湧いてきて、提案する製品にどんな機能があり、どんな操作をするかを部分的に詳しく書いてしまうことがある。もしそのように行動と操作を混在して書いてしまうと、ユーザーがやりたい目標と得られる結果に対する良し悪しの判断と、実現手段に対する良し悪しの判断を分けることができず、正しい判断が行えないことになる。両者を分けることができてい

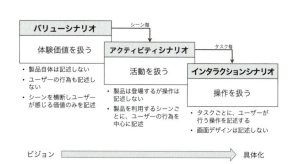

図4.35 構造化シナリオ法の3つの階層構造と特徴

れば、例えば実現手段だけを修正するといったように、必要な部分で反復的なサイクルを回すことができる。

また、この3つのシナリオは、ユーザビリティの3つの指標(→2.4.2項)とも関係している。インタラクションシナリオは、ユーザーが目標を達成するための製品やサービスの操作について時間軸で記述するものであり、効率の観点から評価できる。アクティビティシナリオは、ユーザーの体験について活動全体のフローがわかる抽象度で記述するものであり、有効さの観点から評価できる。バリューシナリオは、ユーザーの体験価値や本質的ニーズの観点で記述されるものであり、ユーザーの満足度の度合いの観点から評価できる(図4.36)。

なお、具体的な技術については構造化シナリオ法では扱わない。ビジョン提案型デザイン手法としては、構造化シナリオ法で導出した企画や仕様を取りまとめた企画提案書の中で言及することになっている。

シナリオの種類	ビジネスの目標 ユーザーの期待	ユーザーの具体的活動	対象物 構成要素	技術	重点 評価観点
バリューシナリオ (ユーザーにとっての価値、ビジネスにとっての価値)	○	×	×	×	ビジネス HCD 魅力性 新規性
アクティビティシナリオ (ユーザーの活動)	△	○	×	×	HCD 有用性
インタラクションシナリオ (目標に向かう具体的操作)	△	△	○	×	HCD 効率性
企画提案書 (実現手段)	△	△	△	○	技術 実現可能性

図4.36 構造化シナリオ法における各シナリオの特徴(山崎ら, 2012)

構造化シナリオ法の進め方

構造化シナリオ法は、①〜③の順番に徐々に具体化するように記述するが、実際のシナリオ作りは必ずしもこの順番で書かれるわけではない。もちろん、バリューシナリオが決まらなければ始められないが、例えばアクティビティシナリオを書くときには、具体的なインタラクションをイメージする必要が出てくるため、その部分は先にインタラクションシナリオに書いておく、といったような進め方になるのが現実的である。構築・再構築を繰り返しながら、アイデアをコンセプトへ、

図4.37 バリューシナリオの例(山崎ら, 2012)

図4.38 アクティビティシナリオの例(山崎ら, 2012)

図4.39 インタラクションシナリオの例(山崎ら, 2012)

コンセプトを企画提案へとまとめ上げていく。

ビジョン提案型デザイン手法では、それぞれのシナリオにテンプレートが用意されており、テンプレートに書かれた項目を意識することで適切なシナリオが書けるように配慮されている。それぞれのシナリオの例を図4.37から図4.39に示す。

実施の際の留意点やポイント

バリューシナリオについては、4.6.1項で示したのと同様で、実現する体験価値・本質的ニーズ（構造化シナリオ法のテンプレートでは、「本質的欲求」）を感じられるようなシナリオになっているかがポイントとなる。

アクティビティシナリオについては、3.4.3項で「アクティビティシナリオで描くべきこと」「使い方説明にならないためのアクティビティシナリオ・チェックリスト」「体験価値の形成プロセスに沿ったアクティビティシナリオ」について詳しく解説している。

インタラクションシナリオは、タスクをもとにペルソナと製品やサービスとの関わりを時間順に記述する。シナリオでは、実現アイデアをなるべく具体化してわかりやすく表現する。ここではペルソナが操作している様子をシナリオで描くことになるため、インタフェースのふるまいとそれをユーザーがどう認知するかを中心に書く。

ところで、構造化シナリオ法を実践すると、特に普段からシステムなどを設計しているエンジニアほど、アクティビティシナリオをうまく書けない傾向がある。どうしてもアクティビティシナリオの中に、機能や操作など実装に関係する内容を書いてしまう。先にも述べたように、構造化シナリオ法では記述しない項目が決められており、アクティビティシナリオには製品は登場しても、機能や操作を書かないことになっている。どうしても、うまく書けない場合は、実装に関係する表現を「その仕組み」と置き換え、機能はそれが果たす効果に変換すると良い。例を図4.40に示す。両者を比較すると、「その仕組み」と効果に置き換

> 増田くんは安藤先生から出された課題が間に合わずいつも困っていました。そこで、A社の「進級ヘルパー」をレンタルすることにしました。
> 　早速、明日提出の課題が夜になってもでき上がっていない状況なので「進級ヘルパー」のスイッチを入れました。
> 　だんだん眠気が襲ってきた所、、、コーヒーの良い香りが漂ってきました。同時にエアコンから涼しい風が吹き出してきました。
> 　安藤先生の声で「気合いだ！気合だ！増田英之」と聞こえて来て目が覚めました。
> 　課題に取り組み始めると、ノイズキャンセラー機能で周囲の音が消えて集中することができました。

機能に意識がいってユーザーが製品をうれしいと感じているかわかりにくい

▼

> 増田くんは安藤先生から出された課題が間に合わずいつも困っていました。そこで、A社のその仕組みをレンタルすることにしました。
> 　早速、明日提出の課題が夜になってもでき上がっていない状況なのでその仕組みを使うことにしました。
> 　だんだん眠気が襲ってきた所、その仕組みが眠くならないような環境づくりをしてくれていることがわかりました。
> 　やろうと思って椅子に座ると、眠りそうになりました。その時、その仕組みが気合を入れてくれるのを促してくれたので目が覚めました。
> 　課題に取り組み始めると、その仕組みが集中できる環境にしてくれました。増田くんは、静かだと集中できるなと思いました。

ユーザーの日記を読むように生活の中でどう使われるかがわかりやすい

図4.40　操作や機能を「その仕組み」に置き換えたアクティビティシナリオ

えるだけで、製品の機能説明のような文章だったものがユーザーの体験が描かれたシナリオになったように感じるだろう。

関連手法

構造化シナリオ法のバリューシナリオは、UXDコンセプトシートと同様の位置づけの手法である。また、アクティビティシナリオはストーリーボードや9コマシナリオとして表現することができる。これらの手法は文章としてのシナリオに加えて、視覚化する手法である。

参考文献

・山崎和彦ら，エクスペリエンス・ビジョン，丸善出版，2012.

- ジョン・キャロル，郷健太郎訳，シナリオに基づく設計，共立出版，2003．

4.6.3　その他の手法の文献紹介

ストーリーテリング
- ホイットニー・キューセンベリー，ケビン・ブルックス，UX TOKYO 訳，ユーザエクスペリエンスのためのストーリーテリング，丸善出版，2011．

バリュープロポジションキャンバス
- アレックス・オスターワルダー，イヴ・ピニュールら，関美和訳，バリュー・プロポジション・デザイン，翔泳社，2015．

ビジネスモデルキャンバス
- アレックス・オスターワルダー，イヴ・ピニュール，小山龍介訳，ビジネスモデル・ジェネレーション，翔泳社，2012．

リーンキャンバス
- アッシュ・マウリャ，エリック・リース，角征典訳，Running Lean，オライリージャパン，2012．

顧客価値連鎖分析（CVCA）
- 石井浩介，飯野謙次，価値づくり設計，養賢堂，2008．

4.7 「④実現するユーザー体験と利用文脈の視覚化」の中心的な手法

4.7.1　ストーリーボード

ストーリーボードは、提案する製品やシステムがどのような状況や環境で使用されるのかを、時系列のストーリーで視覚的に示す手法である。これにより、ユーザーや利用文脈、環境、タイミングなどに関する理解を深める。

目　的

ストーリーボードは、映画や映像制作で用いられる「絵コンテ」と呼ばれるもので、映像を撮影したり作り込んだりする前に、スケッチやイラストを用いて映像の流れや構図を検討する、映像の設計図に相当するものである。ストーリーボードは時間軸で表現することになっており、ユーザーの体験を表現するのに適している。

UX デザインにおいて、ストーリーボードを用いる目的は以下の 2 点である。

- 製品やサービスの利用に関するユーザーのふるまいやタイミング、目的やモチベーション、利用文脈や環境、ユーザー自身の価値観など、理想の UX を視覚化する
- 視覚化することで、評価と修正を行い目標とする UX の完成度と品質を高める

UX デザインプロセスでは、実現する体験価値を定め、そこから理想的な UX を設計し、それを目標に実現する製品やサービスを検討する。そのため、理想的な UX を何らかの形で表現しなければならない。ストーリーボードは、さまざまな表現が可能であり、理想的な UX を検討するのに最も適した方法だといえる。

特　徴

ストーリーボードそのものは、UX デザインプロセスのどのタイミングであっても用いることができる。しかし、基本的にはアイデア発想を行った後に、提案する UX を視覚化するために用いられることが多い。特に、構造化シナリオ法に対応させてストーリーボードを作成すると、効果的に用いることができる。構造化シナリオ法と対応させて作成されたストーリーボードには、以下のような特徴がある。

- ペルソナを主人公にしたアクティビティシナリオが、ストーリーボードの骨格となる
- ペルソナが製品やサービスを使う目的や理由、動機などが冒頭に描かれている
- 製品やサービスを使う主要なシーンおよび利用文脈、その環境が描かれている

- 特に利用文脈に沿った製品やサービスの挙動や、ユーザーのふるまいなどのタイミングや時間的な前後関係が明確に描かれている
- 製品やサービスを用いることで達成されるユーザーのゴールやその効果、効果に対するユーザーの反応が、継続利用のモチベーションにつながるように描かれている

このように、アクティビティシナリオを視覚化することで、理想のUXがどうあるべきかを検討することができようになる。

ストーリーボードの活用法

ストーリーボードは、理想とするUXを視覚化したものである。そのため、UXデザインプロセスではさまざまな活用法がある。

(1) 理想とするUXそのものを評価・改善するために用いる(ストーリーボードを使ったウォークスルー評価)
(2) 提案する体験のコンセプトの妥当性や受容性を評価するために用いる(ストーリーボードを使ったコンセプトテスト)
(3) 製品・サービスの初期プロトタイプの妥当性を評価するために用いる(ストーリーボードとペーパープロトタイプを使ったウォークスルー評価)

(1)はストーリーボードの内容そのものを改善するためのもので、視覚化したストーリーボードを時間軸で並べ、協力者に時間軸順に読んでいってもらい、その文脈に不自然な点がないかなどを評価確認してもらう。このように順番に評価する方法を**ウォークスルー評価**という。もし、ウォークスルー評価で不自然なところがあれば、ふせんにコメントを書いてもらう。図4.41は、ストーリーボードの一部で、上の段はアクティビティシナリオを実際に演じて評価を行う**アクティングアウト**を行い、その際の様子を撮影した写真を使って作成したものである。これは簡易な方法だが、スケッチやイラストを描く能力がなくても作成できるので良い。ほかにも、イメージ写真を

図4.41 アクティングアウトの写真を使ったストーリーボードの例

用いたりする方法もある。ただし、これらの方法では実際の利用文脈や環境が再現できてない場合があるので注意が必要である。

(2)はコンセプトテストの際に、提案するUXを協力者に提示する際にストーリーボードを用いるものである。

(3)はストーリーボードの下にインタラクションシナリオ、またはインタラクションシナリオを簡素化しシステムやサービスのふるまいを説明したもの、あるいはUIのペーパープロトタイプなどをデザインの段階に応じて変更しながら、ウォークスルー評価を行うものである(図4.42)。

実施の際の留意点やポイント

ストーリーボードは、次のプロトタイプの工程では目標のUXを表現したものとなり、ユーザーの体験を示した基準として機能する。そのため、ストーリーボードに描かれる利用文脈はユーザー調査に基づいたエッセンスを含んでいる必要がある。アクティビティシナリオを3.4.3項で示したような方法で記述されていれば、事実と大き

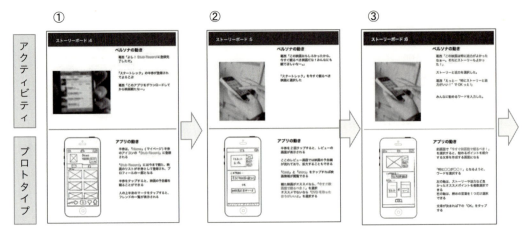

図4.42　ストーリーボードを使ってペーパープロトタイプを評価する

くかけ離れることは基本的にはないが、ビジュアルで表現する際に誤解を与えないよう、特に利用文脈や環境の表現には留意が必要である。

なお、コマ数は1つのタスクについて6～9コマ程度（ペルソナを含まず）になることが一般的であるが、それではやや粗い場合もある。理想のUXを表現するのに十分なコマ数で表現するのが望ましい。

関連手法

新しい技術やサービスに対する人々の反応とそこに影響する既存の文脈などを知る方法として、**スピードデート法**がある。これは、複数のデザイン案をストーリーボードで提示し、対象ユーザーの実験協力者にストーリーボードで描かれた体験を、プロトタイプを用いながらアクティングアウトしてもらう。これを短時間で連続的に体験し比較してもらい、評価する方法である。評価では、ユーザーニーズをつかんでいるかや解決策は有効かなどの複数の観点を示し評定してもらう。これは特に、未来の技術を用いた製品やサービスを検討する際に用いる方法である。

参考文献

- アネミック・ファン・ブイエンら，石原薫訳，デザイン思考の教科書，pp.96-97（ストーリーボード），日経BP社，2015.
- ベラ・マーチン，ブループ・ハニントン，小野健太監修，Research & Design Method Index, pp.170-171（ストーリーボード），pp.164-165（スピードデート法），BNN新社，2013.

4.8「④実現するユーザー体験と利用文脈の視覚化」の諸手法

4.8.1 体験談型バリューストーリー

体験談型バリューストーリーは、体験価値レベルの抽象度のままでコンセプトを評価可能にする表現手法である。利用経験ユーザーが未経験ユーザーに対して製品やサービスの体験談を語るシーンを表現することで、体験価値に対する共感度を評価できる。

概要

体験談型バリューストーリーは、体験価値レベルの抽象度のままでコンセプトを評価可能にする表現方法である。特徴は、すでに提案の製品やサービスを利用しているペルソナが、未経験のサブ・ペルソナにそのコンセプトの良いところを説明している、つまり体験談を語っているシーンを描く方法である。図4.43に示すように、基本のパターンがありそれにコンセプトの内容を展開するだけでストーリーを構築できる。

この方法は、体験価値レベルでコンセプトテストを実施したい場合に、UXDコンセプトシートでは抽象度が高すぎ、評価者が想像で補う余地が多くなり、妥当な評価が行えないという問題を解決することができる。

体験談型バリューストーリーは、すでに利用経験のあるユーザーが製品やサービスの良い点（経験価値）を、第三者に自慢したり説明したりするごく日常の会話をベースにした方法であり、コンセプトテストの評価者はペルソナの話を聞く一人としてストーリーを聞くことができ、ペルソナの話に共感できるかによって評価することができる。

この方法は、著者の研究室で開発した方法だがワークショップで用いたり、企業における商品企画でも一部使用されたりしている。表現しやすいうえに、体験価値がどのようにユーザーに受け入れられるか、累積的UXとしてどう認識されるかを確認することも可能であるため、コンセプトを整理する際にも用いている。

参考文献

・登尾和矢，安藤昌也，UXデザインにおける経験価値レベルのアイディア表現方法の提案，人間中心設計推進機構HCD春季研究発表会予稿集，pp.53-54, 2014.

4.8.2 9コマシナリオ

9コマシナリオは、UXを9コマで表現する方法である。それぞれのコマの位置づけに従って記述することで、理想的なUXを検討しやすくするメリットがある。

概要

ストーリーボードは、特に作成のための制約はなく自由に表現することができる。多くの情報量を盛り込むことができる一方、複数のアイデアがあるときに、ポイントを絞ってUXを検討するにはやや不向きである。9コマシナリオは、9つ

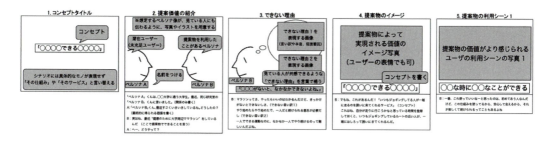

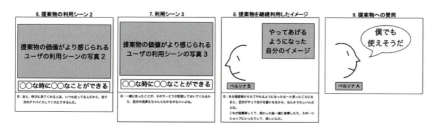

図4.43　体験談型バリューストーリーのテンプレートとシナリオの例（登尾・安藤，2014）

図4.44　アクティビティシナリオを表現する9コマシナリオの割り当て（大草，2015，シナリオ原案：荒井菜那）

のコマにある程度表現すべき項目が決められており、その中で提案する体験を表現する方法である（図4.44）。

9コマシナリオは、提案する体験をアクティビティシナリオに基づいて表現するだけでなく、現状のUXの課題や、バリューシナリオなど、UXデザインのさまざまな段階で利用できる。コマ数とそこで書くべきことのガイドがあるため取り組みやすい反面、9コマが制約になる場合もある。ただし、著者の経験ではストーリーボードの平均的な枚数は1タスク6〜9コマになることが多いため、一般的なものであれば9コマシナリオで対応できるだろう。

参考文献

- 大草真弓，インタフェースデザイン，成安造形大学 Media Design 演習6教材，2014.
- 大草真弓，9コマシナリオの使い方，Slideshare，2015/10/05.（http://www.slideshare.net/SincereA/9-53572821）

4.8.3　その他の手法の文献紹介

アクティングアウト

- 情報デザインフォーラム編，情報デザインの教室，pp.130-133，丸善出版，2010.

ビデオビジュアライゼーション

- アネミック・ファン・ブイエンら，石原薫訳，デザイン思考の教科書，pp.164-165，日経BP社，2015.

4.9　「⑤プロトタイプの反復による製品・サービスの詳細化」の中心的な手法

4.9.1　コンセプトテスト（シナリオ共感度評価）

コンセプトテストとは、製品やサービスの企画のコンセプトを、言葉や絵、模型、ストーリーボードなどで表現し、そこで表現されたアイデアを想定ユーザーに提示し、受容性や利用意欲などの反応を把握するユーザー参加による評価の手法

である。

目 的

コンセプトテストは、UXデザインプロセスによって導出した製品・サービスのコンセプトを、想定ユーザーに提示し、その反応を調査するユーザー参加による評価方法である。コンセプトテストの目的は、次の2つに整理できる。

- 提案する製品やサービスのコンセプトが、想定ユーザーにとって受容性があるか、魅力的であるかを把握する
- コンセプトテストの結果をもとに、開発するコンセプトを修正したり、選定したりするための根拠となる情報を得る

一般にコンセプトテストでは、製品の特徴や利用シーンをイラストやシナリオで説明した「コンセプトボード」（図4.45）を調査協力者に提示し、その内容に対する反応を把握することが多い。調査協力者には、ペルソナと合致するような想定ユーザーをリクルートし、ユーザー参加による評価を行う。また、提示するコンセプトは、複数案用意して比較させることで、コンセプトの修正点などを把握しやすくする。

コンセプトテストは、あくまでコンセプトを修正・精緻化したり、複数案から絞り込んだりするために行うのであり、将来の販売予測や市場規模予測をすることが目的ではない。

なお、本項で想定しているコンセプトテストは、想定ユーザーと直接面談しながら評価や反応をインタビューする形式で行うコンセプトテストであるが、同様の目的でアンケート形式（Webアンケート）での評価を行うこともある。

特 徴

UXデザインプロセスにおけるコンセプトテストでは、以下のような特徴がある。

- 複数のコンセプト案に対して実施する
- アンケートで定量的に把握する方法と、インタビューで定性的に把握する方法がある。実際には、組み合わせて行われる
- 提示されたコンセプトを見て、調査協力者が自身の経験で補う利用文脈を把握し、そこでの受け止め方や理解のされ方をインタビューする

コンセプトテストは、複数案を調査協力者に提示して評価してもらうことが基本である。一つひとつのアイデアに対する評価を得ることも重要だが、それらを相対的に評価させることで得られる情報も多い。時には、複数案の中に一つだけ既に商品化されているアイデアを調査協力者には明かさずに混ぜておき、相対的な評価でそのアイデアを基準にどう評価されたかを解釈するといったことも行われる。

また、コンセプトテストでは、一般のユーザーである調査協力者に対し、まだ十分に具体化されていないアイデアを提示するので、コンセプトそのものが正確に理解されないこともある。そのため、単にコンセプトの良し悪しを数量化して扱うのではなく、インタビューを実施しコンセプトそのものがどのように理解されたかを把握することが大切となる。

コンセプトテストでは、具体性が十分でないアイデアであればあるほど調査協力者が自身の経験に基づいて想像で利用文脈を補い、そのうえでコンセプトの良し悪しを判断している。そのため、提示するコンセプトを示す情報から、どのような利用文脈を想定したかをたずねることは、UXデ

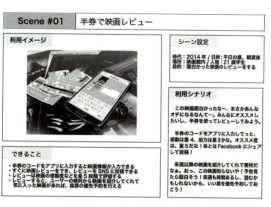

図4.45　コンセプトボードの例

ザインでは極めて重要な情報となり、それらをインタビューで把握する。

コンセプトの提示の仕方

UXデザインプロセスにおけるコンセプトの提示の仕方は複数ある。一つ前の段階の「④実現するユーザー体験と利用文脈の視覚化」の段階で、作成したUXの表現手段はいずれもコンセプトテストの提示材料として用いることができる。例えば、表3.9（→3.4.2項）で示したように、アイデアの抽象度に応じて適切な表現手段で視覚化されていれば良い。

一般的には、アクティビティシナリオを提示する。ただし、アクティビティシナリオの文章だけではイメージの自由度が高すぎ、評価する際の利用文脈が調査協力者の想像に委ねられてしまう。そのため、コンセプトをわかりやすく整理しつつ、利用文脈のイメージを視覚的に表現したものを加えたコンセプトボードを用いる。ストーリーボードや9コマシナリオなどもよく用いられる。なおコンセプトテストでは、コンセプトボードやストーリーボードなどの表現の仕方が結果に大きく影響することがある。そのため、検討しているアイデアを的確に表現することがポイントとなる。

なお、UXデザインではシナリオを提示することが多いことから、シナリオを用いたコンセプトテストを**シナリオ共感度評価**と呼ぶこともある。

典型的な進め方

以下の進め方は、調査協力者に評価を行う会場に来てもらい、そこで調査者がインタビューを行うことを想定する。なお、そのインタビューの様子はビデオなどで記録する。

(1) 調査協力者に、対象となる行為について現在どのように行っているかなどをインタビューする。

(2) これから提示するコンセプトの想定ユーザー（ペルソナ）について説明する。

(3) 調査者がコンセプトボードを提示しコンセプトを説明する。この際、質問があったら自由にたずねてもらう。もし質問があったときは、すぐに回答せず「なぜそう思われましたか？」と、質問した理由をたずねると良い。

(4) コンセプトに対する評価尺度を用いて、今提示したコンセプトの評定を行ってもらう。評定が終わったら、その理由をたずねる。その際、どのような利用文脈を想像したか、どのような製品・サービスだと理解したかをたずねる。

(5) 複数のコンセプト案に対して上記の（2）から（4）を繰り返す。

(6) すべてのコンセプト案の評定が終わったら、提示したアイデアを相対的に順位づけしてもらう。同時にその理由をたずねる。

評価尺度の例

提示したコンセプトに対して、調査協力者の評価を測定するのに複数の評価尺度を用いて総合的に把握する。代表的な評価尺度には表4.3のようなものがある。これらを、対象とする商品・サービスの種類や、把握したい事柄に合わせて組み合わせ、5段階評定（とてもそう思う・ややそう思う・どちらともいえない・あまりそう思わない・全くそう思わない）などで把握する（図4.46）。

表4.3　コンセプトテストの評価尺度の例

わかりやすさ	この商品説明は、充分にわかりやすいですか？
ニーズ合致度	この商品は、あなたのニーズに合っていると思いますか？
共感性	この利用シナリオに対して、どの程度共感しますか？
魅力度	この商品に対して、どの程度魅力を感じましたか？
新規性	この商品を目新しいと感じますか？
経験意欲	利用シナリオにあるような利用経験をしてみたいですか？
購入意向	この商品が妥当な価格なら買ってみたいと思いますか？

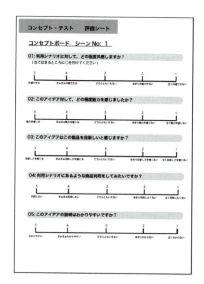

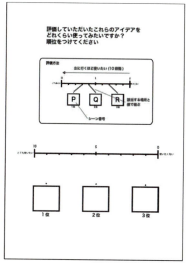

図4.46 コンセプトテストで用いる評価シートの例（上：アイデアごとの評価シート、下：複数案の順位づけシート）

実施の際の留意点やポイント

コンセプトテストに関する研究成果では、提示するコンセプトの内容をすべて知ってから評価尺度の評定をするよりも、コンセプトの提示を2段階に分けて行い、それぞれに評定を行うとより妥当に評定が行われることがわかっている。

具体的には、第1段階としてコンセプトのバリューシナリオを提示し、その段階で「ニーズの合致度」「新規性」「魅力度（1回目）」「利用意欲（1回目）」の評定を行う。第2段階では、利用シーンおよびアクティビティシナリオを提示し、「共感度」「魅力度（2回目）」「利用意欲（2回目）」を把握する。このようにすることで、ユーザーが想像で補う利用文脈の影響を最小限にすることができ評定値の妥当性を確保することができる。また、魅力度と利用意欲は、アクティビティシナリオを提示する前後の差とその相関を分析すると、アクティビティの魅力が十分なものであるかを分析することができる。

参考文献

・伊藤泰久，吉田高雄，概念ステージのユーザシナリオに対する経験意欲を評価する方法，ヒューマンインタフェースシンポジウム2005，pp.795-798，2005．
・登尾和矢，安藤昌也，UXデザインにおけるコンセプト評価の表現方法と効果の検討，ヒューマンインタフェースシンポジウム2015，pp.775-782，2015．

4.9.2 ユーザビリティテスト

ユーザビリティテストは、ユーザーのタスクとそのゴールの達成に着目し、制作したプロトタイプが適切にタスクが達成できるかを実験的に行うユーザー参加による評価手法である。ユーザビリティ上の問題を発見し、改善の手がかりを得るとともに、ユーザビリティの度合いを評価することができる。

目　的

ユーザビリティテストは、調査協力者にタスク（操作課題）を提示し、実際にプロトタイプや製品を使ってもらい、その操作の結果やタスクの達成度、操作の際の様子などを分析することを通して、ユーザビリティ上の問題点を発見・測定する手法である。また、ユーザビリティテストはユーザー参加による評価の手法であり、基本的に想定ユーザー層の調査協力者に協力を依頼し実施する。実施の目的は主に2つある。

・作成したプロトタイプに対する調査協力者の操作結果の分析から、ユーザビリティ上の問

題点を発見し、改善の手がかりを得る（形成的評価）
- 実装レベルおよび試作品に対する調査協力者の操作結果の分析から、ユーザビリティの度合いを測定する（総括的評価）

ユーザビリティテストでは、一般にユーザビリティテスト・ラボ（テスト・ラボ）と呼ばれる実験室環境で実施する。図4.47に示すように、ハーフミラー越しに調査協力者の様子が見えるようにした観察ルームがある。こうした環境で実施する理由は、人に操作を見られるという協力者の心理的負担を軽減し、さまざまな観点からの観察ができるようにするためである。最近では映像を記録したり配信したりするツールやソフトが発達しており、一般の会議室を使って同じような環境を実現できるようになっており、協力者への配慮ができれば必ずしもテスト・ラボでなくても良い。

特徴

ユーザビリティテストは、分析目的の違いにより複数の実施方法があるが、一般的なやり方には以下のような特徴がある。

(1) 実施上の特徴
- 製品・サービスの想定ユーザー層の調査協力者（通常5～8名）に対して実施
- 操作タスクを提示し、実際に調査協力者にプロトタイプ等を使って操作を依頼
- 調査協力者は、提示されたタスクを独力で（助けを借りず）達成するよう操作する
- デザインの認知的な問題点を判断する手がかりを得るために、発話思考法を用いることが多い

ユーザビリティテストの実施人数については、3.6.3項で解説している。

また、分析方法はさまざまなものがあるが基本的には以下のような点に着目して分析する。これらの分析ができるように、記録や観察を行う。

(2) 分析上の特徴
- 形成的評価では、操作タスクを達成する際に用いるユーザーインタフェースの「わかりやすさ（認知性）」を評価することが多い
- （想定された正しい操作と比べた）操作の誤り、タスク達成度を分析する（ユーザビリティの定義の「有効さ」に相当）
- 操作の際の調査協力者の戸惑い、操作の無駄、タスク実行時間を分析する（「効率」に相当）
- タスク操作中の調査協力者の心理（いらだち、不満）を、観察とインタビュー、アンケート等で把握する（「満足度」に相当）

ユーザビリティの定義については、2.4.2項で解説したISO 9241-11：1998に基づくのが一般的である。

発話思考法とは

ユーザビリティテストでは、**発話思考法**（think aloud method：思考発話法ともいう）という方法を用いることが多い。これは、操作タスクを実施する際に、調査協力者に自分の考えていること、理解したこと、感じたことなど、意識にあがるものすべてを声に出してもらい、それを記録する方法である。例えば、カーナビの目的地設定をするユーザビリティテストを行ったとすると、次のような発話記録が得られる。

協力者A「では、車で千葉のこの遊園地に行くということなので（タスクに具体的な指示がある）、このカーナビで目的地を設定したいと思います。じゃあ、えーっと、画面の

図4.47　ユーザビリティテスト・ラボの例

横に押しボタンがあって「目的地」って書いてあるので、これを押せば設定できると思うので押します。（実際にボタンを押す）あ。これですね。これで設定すればいいですね…」

このように、考えたことや見て理解したことなど、すべてを話してもらうことで、画面上のインタフェースをこの協力者がどのように受け止め、理解し、タスク操作をするためにどのように判断したかを知ることができる。

このように発話思考法で行われた実験での協力者のすべての発話を、時系列に書き起こしたものを「**発話プロトコル（言語プロトコル）**」と呼ぶ。この発話プロトコルと、実際の操作画面およびそこでの協力者の操作のふるまいを組み合わせると、製品やサービスのデザインがユーザーにどのように認知されるかを分析することができる。発話プロトコルを用いてユーザーの認知を分析する方法を**発話プロトコル分析**と呼ぶ。これについては、後の「関連手法」で概要を解説する。

典型的な進め方

ユーザビリティテストは、調査の計画・準備を綿密に行う必要がある。また、実施の調査協力者によるテストを行う前にパイロットテスト（予行演習としてのテスト）を実施し、計画した実施方法で良いか確認するなど、正確なデータを収集するための事前作業を行う。

(1) 調査計画を立案する
- テストの実施目的、想定ユーザー、製品・サービスの目標の確認
- 関心事（特に確認したい点）、分析方法の決定、操作タスクの設計
- 実施人数、調査協力者のリクルーティング要件の決定
- モデレーター（当日の司会）、分析者、実施環境の手配、対象製品の手配

(2) 調査協力者をリクルーティング（募集）する
- 調査協力者は関係者以外の方に依頼する。外部の専門会社に依頼することが多いが、組織内でプロジェクトと無関係な人で、想定ユーザーに近い人に協力してもらうこともある

(3) ユーザビリティテストを実施する
- 調査協力者に実施場所に来てもらい、ユーザビリティテストを実施する
- ビデオ、操作記録ツールなどで記録する
- テストの様子は関係者に観察してもらい、テストが終わるごとに、どんなことに気づいたかをブリーフィングする

(4) 結果の分析
- テストで得られたデータ（定量的、定性的）を分析し、問題点とその原因を分析する

ユーザビリティテスト当日の実施の流れを、図4.48に示す。実施時間はテスト内容や規模にもよるが、調査協力者への事前説明、テストの実施、謝礼などの事後手続きまでの全体で、1時間30分～2時間程度とすることが多い。2時間を超えると調査協力者の負担が大きくなる。

実施の際の留意点やポイント

ユーザビリティテストでは、操作タスクの設計が重要となる。タスクの設計は次の手順で行う。

(1) テストの実施目的・狙いを明確にし、目的に沿った主要なタスクに絞る
(2) ユーザーの視点で、その操作を行う目的や意図、状況を想定する
(3) タスクのスタートとゴールを定義する
(4) タスクを行う状況設定として、シナリオを作成する

2.4.3項（図2.25）で示したように、ユーザーが製品やサービスを使う理由は階層性がある。例えばカーナビなら、いきなり「目的地を設定したい」と思うユーザーはいない。図4.49に、ユーザーの目標の階層性とタスク設計との関係性を示す。ユーザーの行為の目標に対して、それを実現する手段としてタスクの目標ができる。ユーザビリティテストでは、そのようなタスクの目標を協力者への操作依頼の形式で表現する。

事前説明

個人情報に関する取り扱い、実施内容の守秘義務等の説明

実施内容や注意事項等を説明　録音・撮影・ミラー越しの観察の承諾

タスクの前に発話思考法の練習

テスト実施

タスクの提示。操作の実施

モニタールームで操作・発話を記録

タスク終了後アンケート評価や全体の感想を把握

事後手続き

謝礼の支払い

モニタールームでデザイナーやエンジニアと改善案の検討

図4.48　ユーザビリティテストの当日の流れ

　よくある間違いは、タスクの中に製品やシステムの用語や操作手順が含まれていたり、ユーザーの視点でタスクを考えられていないことである。また、ゴールを設定しないと、ユーザーの操作や考え方の誤りがどこで発生するかを明らかにすることができず、分析が難しくなる。

　作成したタスクは、状況設定としてのシナリオと、協力者に依頼するタスクを文章にしたものを紙に印字して提示するとともに口頭で説明する。

　ユーザビリティテストを進行する役割の人を「モデレーター」と呼ぶ。調査協力者に調査の目的や方法を説明し、具体的にユーザビリティの問題点をあぶり出せるよう、テストの進行をコントロールする。

　良いモデレーターは、次のような特徴がある。

(1) テストの目的を理解し、時には臨機応変に柔軟に対応する
　・調査協力者からの質問への返答
　・その場でのタスクの変更や微調整（進行、時間的な対応など）

(2) 調査協力者とのラポール（信頼関係）形成に配慮する
　・調査協力者を評価するのではなく、製品・サービスを評価するのが目的であることを伝える
　・調査協力者のどんな発言にも耳を傾ける（少なくともそういうふりをする）

　モデレーターは、協力者が長時間考えてもエラーから脱出できないなど、よほどの場合でない限り、基本的にはタスク操作について正解を教えたり助けたりしない。なるべく協力者には独力で操作するよう促すことが重要となる。もし、協力者から「これで、後は○○すればいいんですよね」のような操作法の確認の質問をされたら、以下のような方法で協力者の考えや意図をたずね、直接操作方法を教えることを避けるとよい。

　・「思ったとおりにやってみてください」
　・「どうしてそう思いましたか？」（考えた理由をたずねる）
　・「そうするとどうなると思いますか？」（結果の予想をたずねる）

　また、協力者の操作と発話およびその様子や態

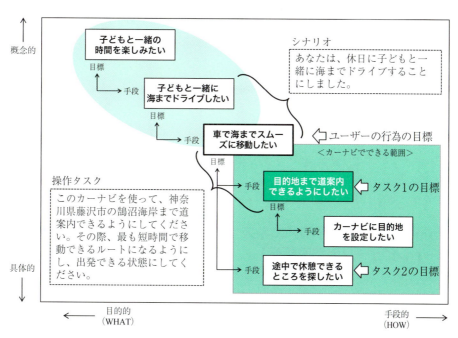

図4.49 ユーザーの目標の階層性とユーザビリティテストのタスク設計との対応

度から、協力者は目の前の状況をどう理解し、どういう期待を持って操作をしているかなど、協力者の認知の過程を想像しながら観察することが大切である。

関連手法

発話思考法で語られた発話データを書き起こし、思考の順序をたどることで、製品上の問題点を見つける方法を発話プロトコル分析と呼ぶ。発話プロトコルを用いて思考の順序をたどることで、ユーザーの認知過程を把握できる。この分析により、ユーザーが間違った箇所や混乱した個所の特定、さらにそれらの現象を引き起こした原因や理由、主にインタフェースデザインの問題点を分析することができる。

実際のプロトコル分析では、発話思考法によって行われたユーザビリティテストの様子をビデオ撮影したものを基に、分析ツールを用いて操作や発話内容、操作時間などをデータ化する作業を行う。図4.50は、ユーザビリティテストでの発話プロトコル分析を支援する代表的なツールの一つで

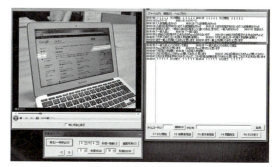

図4.50 ビデオによる発話プロトコル分析支援ツールの例

ある「動画眼」での分析の様子である。動画眼は、次のWebサイトからダウンロードして使用することができる（http://do-gugan.com/tools/）。ほかにもユーザビリティテスト専用ツールとして「OBSERVANT EYE」（http://www.it-s4u.com/service/observanteye/）などもある。

参考文献

〈ユーザビリティテストの実施全般について〉
・黒須正明編著，ユーザビリティテスティング，共立出版，2003.
・キャロル・M. バーナム，黒須正明監修，実践ユーザビ

リティテスティング，翔泳社，2007.
・樽本徹也，ユーザビリティエンジニアリング 第2版，オーム社，2014.

〈高齢者に関するユーザビリティテストの実施とデータ分析について〉
・アーサー・D. フィスクら，福田亮子監訳，高齢者のためのデザイン，慶應義塾大学出版会，2013.

〈データ分析について〉
・トム・タリス，ビル・アルバート，篠原稔和監訳，ユーザーエクスペリエンスの測定，東京電機大学出版局，2014.

4.10 「⑤プロトタイプの反復による製品・サービスの詳細化」の諸手法

4.10.1 ヒューリスティック評価／エキスパートレビュー（専門家評価）

ヒューリスティック評価は、インタフェースデザインやHCDの専門家がインタフェースデザインでユーザー操作の問題となりやすいポイントに関する経験則をまとめたガイドラインを参考に、ソフトウェアのユーザビリティを評価し問題点を明らかにする手法である。

概　要

ヒューリスティック法は、ニールセンによって提唱された手法であり、評価者が既知の経験則（ヒューリスティック）に基づいて、主にソフトウェアのプロトタイプや仕様書を評価し、インタフェース上の問題点を探し出す手法である。

ニールセンは、数多くのユーザビリティ問題を分析し、それらの問題の背景に潜在するユーザビリティの原則を抽出し、それを10項目の「10ヒューリスティックス」にまとめた。

ヒューリスヒティック評価では、インタフェースデザインやHCDの専門家が行う専門家の経験に基づいて行うユーザビリティ評価の際に、評価の客観性を持たせるため、この10ヒューリスティックスを用いて評価を行う方法である。一般的には、3～5名程度の専門家を評価者として指名し、同じ評価対象、評価範囲、ガイドラインで、それぞれが評価した結果を持ち寄る「評価者ミーティング」を行い、問題点とその原因、および改善の方向性についてレポートする。

なお、用いるガイドラインは10ヒューリスティックス以外でもよい。例えば、2.7.1項で示した「シュナイダーマンの『8つの黄金律』」やISO 9241-110：2006の『対話の原則』なども用いられる。ただし、評価者の間で統一されていることが重要である。

ヒューリスティック評価のメリットは、初期段階のプロトタイプや仕様書など開発の早い段階から評価を行うことができ、ユーザー参加による評価と比べ短時間にすみ費用も低く抑えられ、効率的に問題点を発見できることである。ただし、評価経験のある専門家の評価者が必要となるため、実践では専門家の確保が課題になるかもしれない。また、ユーザー参加による評価では、実際には大きな問題にはならない部分を、問題として指摘しすぎる可能性もある。実際には、開発の初期～中期でヒューリスティック評価を行い、基本的なユーザビリティ上の問題点を改善したのちに、ユーザビリティテストなどユーザー参加による評価を行うことが望ましい。

なお、ヒューリスティック評価はニールセンの10ヒューリスティックスをガイドラインとして用いることから名付けられたが、最近では10ヒューリスティックスを用いることはあまり多くない。その理由は、この手法自体が30年ほど前までのソフトウェアでの経験則をまとめたものであることから、Webやスマートフォンのアプリでは対応できない問題が増えたことが挙げられ

る。そのため、最近では、ヒューリスティック評価とは呼ばず、単に**エキスパートレビュー**（専門家評価）と呼ぶことが増えている。ただ、10ヒューリスティックスは、評価のためのガイドラインとしては十分でないにしても、ユーザーが誤りやすいデザインのパターンを人間の認知特性などを考慮しつつ整理したものであり、今後もUXデザインに携わる人にとって有益な知識であることには変わりはない。

ニールセンの10ヒューリスティックス

1. システム状態の視認性

　システムは妥当な時間内に適切なフィードバックを提供して、ユーザーが今何を実行しているのかを常にユーザーに知らせなくてはならない。

2. システムと現実世界の調和

　システムはシステム指向の言葉ではなく、ユーザーのなじみのある用語、フレーズ、コンセプトを用いて、ユーザーの言葉で話さなければならない。実世界の慣習にしたがい、自然で論理的な順番で情報を提示しなければならない。

3. ユーザーコントロールと自由度

　ユーザーはシステムの機能を間違って選んでしまうことがよくある。そのため、その不測の状態から別のインタラクションを通らずに抜け出すための明快な「非常出口」を必要とする。「取り消し（Undo）」と「やり直し（Redo）」を提供せよ。

4. 一貫性と標準化

　異なる用語、状況、行動が同じことを意味するかどうか、ユーザーが疑問を感じるようにすべきではない。プラットフォームの習慣に従え。

5. エラーの防止

　適切なエラーメッセージよりも重要なのは、まず問題の発生を防止するような慎重なデザインである。

6. 記憶しなくても見ればわかるように

　オブジェクト、動作、オプションを可視化せよ。ユーザーが対話のある部分からほかの対話に移動する際に、情報を記憶しなければならないよ

うにすべきではない。システム利用のための説明は可視化するか、いつでも簡単に引き出せるようにしなければならない。

7. 柔軟性と効率性

　アクセラレータ（ショートカット）機能（初心者からは見えない）は、上級ユーザーの対話をスピードアップするだろう。そのようなシステムは初心者と経験者の両方の要求を満たすことができる。ユーザーが頻繁に利用する動作は、独自に調整できるようにせよ。

8. 美的で最小限のデザイン

　対話には、関連のない情報やめったに必要としない情報を含めるべきではない。余分な情報は関連する情報と競合して、相対的に視認性を減少させる。

9. ユーザーによるエラー認識、診断、回復をサ
　ポートする

　エラーメッセージは、平易な言葉（コードは使わない）で表現し、問題を的確に指し示し、建設的な解決策を提案しなければならない。

10. ヘルプとマニュアル

　システムがマニュアルなしで使用できるに越したことはないが、やはりヘルプやマニュアルを提供する必要はあるだろう。そのような情報は探しやすく、ユーザーの作業に焦点を当てた内容で、実行のステップを具体的に提示して、かつ簡潔にすべきである。

参考文献

・ベラ・マーチン，ブルーブ・ハニントン，小野健太監修，Research & Design Method Index，pp.98-99，BNN新社，2013．
・樽本徹也，ユーザビリティエンジニアリング 第2版，オーム社，2014．

4.10.2 アイデア・タスク展開

　アイデア・タスク展開は、9コマシナリオやストーリーボードで表現されたシナリオを用いて、利用文脈やシーンから読み取れるUX上の課題

を発見し、その課題を修正したアイデアをタスクに変換するための手法である。

概　要

UXデザインプロセスでは、シナリオやストーリーボード、9コマシナリオなどで表現された理想のUXをもとに、製品やサービスのプロトタイプに落とし込んでいく必要がある。しかし、理想のUXの表現と具体的な製品やサービスの仕様との間には、大きなギャップがある。構造化シナリオ法におけるインタラクションシナリオ（→4.6.2項）は、その間をつなぐ手法であるが、アイデアを修正しながら具体的な製品のタスクを検討する手法は多くない。

アイデア・タスク展開は、著者が用いている手法だが、**9コマシナリオ**など利用文脈を考慮したアクティビティシナリオレベルの表現を用いて、アイデアを修正しつつ主要なタスクを導出する方法である。

アイデア・タスク展開は、アイデア展開とタスク展開に分けられる（図4.51）。アイデア展開は、9コマシナリオで描かれた体験をさらに魅力的な体験にするために、ユーザーが予想するネガティブなポイントを挙げ、それを良い意味で裏切

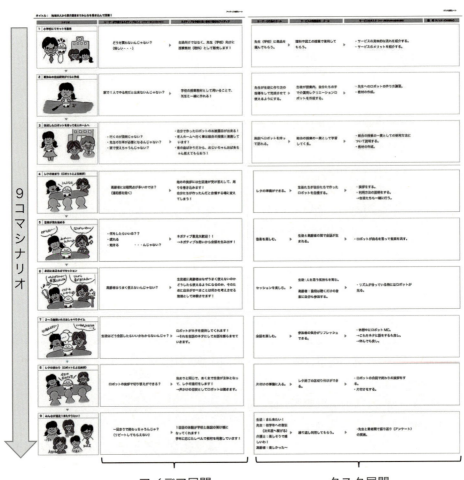

図4.51　アイデア・タスク展開の全体

るアイデアを考えるものである（図4.52）。一方、タスク展開は、アイデア展開をふまえシーンごとにユーザーのゴールとサービス利用のゴールを考え、製品やサービスのタスクを導出するものである（図4.53）。

　アイデア・タスク展開は、9コマシナリオに描かれた利用文脈やシーンの情報を活用したアイデアのレビューを兼ねており、インタラクションシナリオを描く前に実施すると良い。また、検討する枠組みが決まっているので、ワークショップなどで実施しやすい。

4.10.3　その他の手法の文献紹介

ユーザーストーリーマッピング
- ジェフ・パットン，川口恭伸監訳，ユーザーストーリーマッピング，オライリージャパン，2015.

ペーパープロトタイピング
- キャロライン・スナイダー，黒須正明訳，ペーパープロトタイピング，オーム社，2004.
- 深津貴之，荻野博章，プロトタイピング実践ガイド，インプレス，2014.

ラピッドプロトタイピング
- 情報デザインフォーラム編，情報デザインの教室，丸善出版，2010.
- Bill Buxton, Sketching User Experiences, Morgan Kaufmann, 2007.
- Saul Greenberg, et al., Sketching User Experiences: The Workbook, Morgan Kaufmann, 2011.

サービスロールプレイ
- マーク・スティックドーンら，長谷川敦士ら監修，THIS IS SERVICE DESIGN THINKING., BNN新社，2013.

認知的ウォークスルー
- ベラ・マーチン，ブループ・ハニントン，小野健太監修，Research & Design Method Index，pp.32-33，BNN新社，2013.
- 情報デザインフォーラム編，情報デザインの教室，丸

図4.52　9コマシナリオの1コマに対するアイデア展開の例

図4.53　タスク展開の例（図4.52のアイデア展開の続き）

善出版，2010.

サービスブループリント
・アンディ・ポイレンら，長谷川敦士監訳，サービスデザイン，丸善出版，2014.

オズの魔法使い
・Bill Buxton, Sketching User Experiences, Morgan Kaufmann, 2007.

高速反復テスト評価手法（RITE）
・ベラ・マーチン，ブループ・ハニントン，小野健太監修，Research & Design Method Index, pp.142-143, BNN新社，2013.

カードソーティング
・長谷川敦士，IA100，BNN新社，2009.
・ベラ・マーチン，ブループ・ハニントン，小野健太監修，Research & Design Method Index, pp.26-27, BNN新社，2013.

望ましさ（ディザイラビリティ）テスト
・ベラ・マーチン，ブループ・ハニントン，小野健太監修，Research & Design Method Index, pp.64-65, BNN新社，2013.
・トム・タリス，ビル・アルバート，篠原稔和監訳，ユーザーエクスペリエンスの測定，pp.146-148，東京電機大学出版局，2014.（「製品リアクションカード」という名称で掲載されている）

4.11「⑥実装レベルの制作物によるユーザー体験の評価」の諸手法

4.11.1 UX評価尺度

UX評価尺度は、ユーザーの主観的な利用経験に基づく製品評価を把握するための評価尺度を用いた評価の手法である。主にコンシューマ向けの家電製品などを対象にしたもので、5つの評価因子のバランスなどを見ることで製品のUXを評価・分析できる。

概　要

UX評価尺度は、もともとビデオ録画機（ハードディスクレコーダー等）などの家電製品を対象に、実利用環境での利用経験に基づくUX評価を把握する尺度として開発された。ハッセンツァールのUXモデルを参考に、実用的品質と快楽品質の2つの側面に加え、ブランドイメージといった提供組織に対する評価を加味したものである。また、UXを評価する尺度には、比較的短期的な使用による印象を評価するものもあるが、長期にわたる利用の結果をふまえた評価を把握し比較分析できる尺度となっている。

評価因子は5つあり、「主観的ユーザビリティ評価」「ブランドイメージ」「不満感」「使う喜び」「愛着感」である。

評価項目は37項目で、6件法（6点：非常にあてはまる、5点：かなりあてはまる、4点：ややあてはまる、3点：あまりあてはまらない、2点：ほとんどあてはまらない、1点：まったくあてはまらない）で把握し、回答に合わせて点数化する。なお、「不満感」を構成する質問は得点を逆転して、不満が高ければ高いほど点数が低くなるようにする。因子ごとに得点の平均値を出して比較する。

質問文は、コンシューマ向けの家電製品を対象とした内容になっているため、ほかのカテゴリーの製品・サービスについては適用しにくい。その場合は、項目を改変して用いることが考えられる。学術的には項目の改変はしない方が良いが、実務的にUX評価の傾向が測れれば良いのであれば、元の項目を参考に変更すると良い。

なお、表4.4は調査項目である。実際にUX評価に用いる場合は、因子分類は調査協力者には見せないで先に示した6件法で実施する。

参考文献
・安藤昌也，家電製品のユーザ体験に対する評価構造に

表4.4 家電製品等のUX評価尺度（安藤, 2009）

	調査項目	因子分類
1	この製品の操作は慣れやすい	ユーザビリティ
2	この製品を友達にもすすめたい	使う喜び
3	初めて使うまでに必要な、セットアップの作業は簡単だ	ユーザビリティ
4	この製品を信頼している	ブランドイメージ
5	この製品を頻繁に使いたい	愛着感
6	自分の生活に欠かせない製品だと感じる	愛着感
7	もし、この製品が使えないとしたら、すごくさみしい	愛着感
8	この製品でやりたいことは、あきらめた*	不満感
9	覚えた操作は忘れにくい	ユーザビリティ
10	たまに使う機能でも、使いやすさを考えて作られている	ユーザビリティ
11	この製品の会社（メーカー）は好きだ	ブランドイメージ
12	操作の仕方が、自分の考え方と合わない部分がある*	不満感
13	この製品を使うのはとても簡単だ	ユーザビリティ
14	この製品を持っていることを、まわりの人に自慢できる	使う喜び
15	アイコンの意味はわかりやすい	ユーザビリティ
16	取扱説明書やヘルプ、人の助けなどを借りなくても使える	ユーザビリティ
17	この会社（メーカー）は一流だと思う	ブランドイメージ
18	購入当初に思っていた使い方を実際にはできていない*	不満感
19	操作性がよい	ユーザビリティ
20	この製品を使うことは、精神的な刺激になる	使う喜び
21	この会社（メーカー）のブランドに、愛着を感じる	ブランドイメージ
22	使われている用語はわかりやすい	ユーザビリティ
23	操作の際に表示される情報を理解し、それに基づいて操作できる	ユーザビリティ
24	この製品は、先進的なイメージがある	使う喜び
25	この製品を使うことは、かっこいいあるいはスタイリッシュ（粋）だと感じる	使う喜び
26	この会社（メーカー）は信頼感がある	ブランドイメージ
27	この会社（メーカー）は将来性を感じる	ブランドイメージ
28	操作の一貫性がない*	不満感
29	久しぶりに操作する場合でも、簡単に操作を思い出せる	ユーザビリティ
30	一度操作方法を覚えれば、ほとんどすべての操作を行うことができる	ユーザビリティ
31	たまに使う機能でも操作方法がわかりやすい	ユーザビリティ
32	取扱説明書は役に立たない*	不満感
33	この製品の操作を覚えるのに苦労はしない	ユーザビリティ
34	不満はあるが、我慢している*	不満感
35	欲しいデータや情報に、少ない手順でたどり着くことができる	ユーザビリティ
36	使っていてイライラすることがある*	不満感
37	自分に合った使い方ができず、がっかりする*	不満感

*は逆転項目

関する一考察，2009年度第1回 HCD 研究発表会予稿集, pp.5-9, 2009.

4.11.2 SUS

SUS（System Usability Scale：システム・ユーザビリティ・スケール）は、10個の質問に回答するだけで、システムのユーザビリティの度合いを大まかに測定できる評価尺度を用いた手法である。ユーザビリティテストなど、ユーザー参加による評価の際に、実際にシステムを利用した後に用いる。

概　要

インタラクティブな操作を伴う製品・サービスの場合、ユーザーの主観的満足度を測定するのに評価尺度を用いることが多い。代表的な質問紙には、SUS、QUIS、SUMI などがある。

中でも SUS は10項目の評価項目で構成され、評価点を得点化しやすいため、ユーザビリティテストでは最後の主観的な印象を把握するために用いられることが多い。ただし、この尺度はあくまでユーザビリティテストで調査協力者が操作した範囲で総合的な印象を測定するものであり、この得点だけでユーザビリティの良し悪しを判断すべきではない。

SUS の評価項目とスコアの計算方法

SUS は、以下の10項目について「1：まったくそう思わない〜5：非常にそう思う」の5件法で把握する（表4.5）。

次に以下の方法で項目ごとの評価値を求める。
① 評価項目が奇数番号の場合：回答した数値から1を引く
② 評価項目が偶数番号の場合：5から回答数値を引く

①＋②の合計値に2.5を掛け、0点〜100点の値に変換する。

SUS スコアのグレード

ユーザビリティ評価の数量化について研究しているジェフ・サウロ（Jeff Sauro）によると、さ

表4.5　SUS の調査票

	調査項目	まったくそう思わない				非常にそう思う
1	このシステムは、たびたび使ってみたい	1	2	3	4	5
2	このシステムは、不必要なほど複雑であると感じた	1	2	3	4	5
3	このシステムは、容易に使えると思った	1	2	3	4	5
4	このシステムを使うのに、技術に詳しい人のサポートを必要とするかもしれない	1	2	3	4	5
5	このシステムは、さまざまな機能がよくまとまっていると感じた	1	2	3	4	5
6	このシステムでは、一貫性のないところが多くあった	1	2	3	4	5
7	ほとんどの人は、このシステムの使い方について、とても素早く学べると思う	1	2	3	4	5
8	このシステムは、とても扱いにくいと思った	1	2	3	4	5
9	このシステムを使うのに自信がある	1	2	3	4	5
10	このシステムを使い始める前に、多くのことを学ぶ必要があると思った	1	2	3	4	5

まざまな対象の500件の評価結果の平均は68点で、SUSスコアの分布は図4.54の通りである。おおむね、80点以上は相対的に良く、60点以下は相対的に悪いといえそうである。

参考文献

- John Brooke, SUS-A quick and dirty usability scale, *Usability evaluation in industry*, 189.194, 4-7, 1996.
- トム・タリス，ビル・アルバート，篠原稔和監訳，ユーザーエクスペリエンスの測定，東京電機大学出版局，pp.142, 2014.
- J. Sauro, Measuring Usability With The System Usability Scale (SUS), 2011/02/02. (http://www.measuringu.com/sus.php)

4.11.3 NEM

NEM（Novice Expert Ratio Method）は、初心者の操作時間と熟達者の操作時間の比から、問題の含まれている手順を分析する手法である。

概 要

NEMは、初心者（Novice）と熟達者（Expert）の操作ステップごとの操作時間の比から、問題が含まれている手順を分析する方法である。分析する際には複数の調査協力者、複数の熟達者の操作時間の平均値を用いる。これは、2.6.2項（図2.38）で示したノーマンの概念モデルから着想を得たもので、熟達者の操作結果は概念モデルでいうデザイナーの概念モデルと同様とみなし、初心者の操作結果をユーザーの概念モデルと同様と仮定すると、熟達者の操作時間の比率を用いて概念モデルが一致しているかどうかを検証することが可能となる。NE比は以下の式で表される。

NE比 = Tn / Te

Tn：初心者ユーザーが要した操作の平均時間
Te：熟達者ユーザーが要した操作の平均時間

NEMは、比率（数値）を用いてユーザビリティテストの結果を表現することができるため、問題点を可視化する方法としても用いられる（図5.55）。なお、Webサイトのようにタスクに対する正解手順にたどりつくまでに試行錯誤が非常に多く行われる場合は、正解手順の画面が表示されるまでの手順を「迷い」として、正解画面が表示されるまでの操作時間を合算するなどの工夫が必要となる。

参考文献

- 黒須正明編著，ユーザビリティテスティング，共立出版，2003.

4.11.4 その他の手法の文献紹介

ISO 25062 CIF によるユーザビリティテスト

- ISO/IEC 25062: 2006, Software engineering—Software product Quality Requirements and Evaluation (SQuaRE) —Common Industry Format (CIF) for usability test reports, 2006.

QUIS

- J. P. Chin, V. A. Diehl, and K. Norman, Development of an instrument measuring user satisfaction of the human-computer interface, In CHI '88, Conference proceedings on Human factors in computing systems, pp.213-218, 1988.

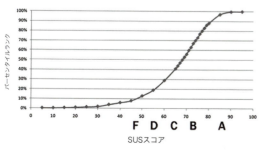

図4.54 SUSスコアのグレード

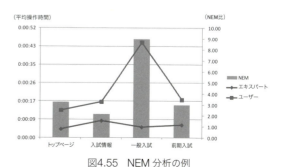

図4.55 NEM分析の例

- トム・タリス，ビル・アルバート，篠原稔和監訳，ユーザーエクスペリエンスの測定，東京電機大学出版局，p.144，2014．

SUMI

- J. Kirakowski, The software usability measurement inventory: Background and usage, In P. Jordan, B. Thomas, and B. Weerdmeester (Eds.), Usability Evaluation in Industry, Taylor and Francis, 1996.
- J. Sauro, J. R. Lewis, Quantifying the User Experience, Second Edition, Morgan Kaufmann, 2016.
- トム・タリス，ビル・アルバート，篠原稔和監訳，ユーザーエクスペリエンスの測定，東京電機大学出版局，p.153，2014．（SUMIから発展したWAMMIについて言及されている）

AttrakDiff（UX印象評価尺度）

- M. Hassenzahl, B. Michael, and K. Franz, AttrakDiff: A questionnaire to measure perceived hedonic and pragmatic quality, *Mensch & Computer*, pp.187-196, 2003.
- AttrakDiffの評価サービス（http://attrakdiff.de/index-en.html）

インパクト分析

- 樽本徹也，ユーザビリティエンジニアリング 第2版，オーム社，2014．

4.12 「⑦体験価値の伝達と保持のための指針の作成」の文献紹介

この段階については、UXデザインとしての手法の知見が十分に整理されていない分野であり、本書では関連する文献の紹介にとどめる。

ブランドデザイン（コンセプトブック、ブランドガイドライン、デザインガイドライン）

- ケビン・ブーデルマンら，Brand Identity Rule Index，BNN新社，2011．
- プロのデザインルール CI&ロゴマーク編，ピエ・ブックス，2008．
- 新しい価値を生み出すためのブランディングプロセス，パイインターナショナル，2015．

クレド

- 実島誠，1枚の「クレド」が組織を変える！，実務教育出版，2015．
- 日本ES開発協会ら，ESクレドを使った組織改革，税務経理協会，2010．

アクセスログ解析

- ルイス・ローゼンフェルド，清水誠監訳，サイトサーチアナリティクス，丸善出版，2012．

索　引

数字・欧文

8つの黄金律	101
9コマシナリオ	33, 153, 241
10ヒューリスティックス	251
A/Bテスト	189
AEIOUフレームワーク	203
AttrakDiff	258
CVCA	238
HCD-Net	18
IoT	7
ISO 13407	15
ISO 25062CIFによるユーザビリティテスト	257
KA法	23, 201, 224
KJ法	231
NEM	257
QUIS	257
SCAT	230
SEPIA応用法	121, 199
SEPIA法	60
SUMI	258
SUS	256
UX	40
――3点セット	126, 135
――Dコンセプトシート	153, 231
――印象評価尺度	258
――カーブ	211, 213
――グラフ	213
――コンセプトツリー	149
――デザイン	2, 40, 105
――デザインプロセス	105
――の定義	52
――の表現方法	152
――白書の期間モデル	54
――評価	170
――評価尺度	254
――メトリクス	170, 175

あ

アイデア・タスク展開	251
アクセシビリティ	48
アクセスログ解析	258
アクティビティシナリオ	151, 154, 235
――のチェックリスト	156
アクティングアウト	28, 151, 239, 242
アジャイルUX	90
アジャイル型開発	89
アフォーダンス	99
アンケート	214
インタフェースの二重接面性	97
インタラクションシナリオ	235
インパクト分析	172, 258
ウォークスルー評価	239
ウォーターフォール型開発	89
エキスパートレビュー	251
エクストリームユーザー法	120, 199
エクスペリエンスフィードバック法	213
エピソード的UX	56
オズの魔法使い	254
カードソーティング	254

か

概念モデル	98, 100
カルチュラル・プローブ	215
観察法	204
感性工学	96
間接ユーザー	47
技術中心のデザイン	11
共感ワーク	126
グラウンデッド・セオリー・アプローチ	201, 230
クリティカル・インシデント法	215
グループ・インタビュー	214
クレド	258
経験	5
経験価値	5
経験経済	5
形成的評価	173
行為の7段階モデル	97
構造化シナリオ法	131, 154, 234

高速反復テスト評価手法	254
行動観察	201
ゴールダイレクテッド・デザイン	129
顧客価値連鎖分析	238
顧客の創造	7
混合研究法	118
コンセプトテスト	159, 242
コンセプトブック	184
コンテクスチュアル・アナリシス	127
コンテクスチュアル・インクワイアリー	129, 201, 207
コンテクスチュアル・デザイン	119, 128
コンピタンスマップ	18

さ

サービスブループリント	254
サービスロールプレイ	253
参加型デザイン	14
参与観察	202
シグニファイア	99
質問紙法	214
シナリオ	24
シナリオ共感度評価	244
シナリオベースト・デザイン	129
シナリオ法	231
ジャーニーマップ	28, 134, 220
社会的課題	8
シャドーイング	205
修正グラウンデッド・セオリー・アプローチ	201
瞬間的UX	55
上位・下位関係分析	131, 229
状況的評価	174
商品	73
人工知能	7
人工物ウォークスルー	209
垂直型プロトタイプ	166
水平型プロトタイプ	165
ストーリーテリング	238
ストーリーボード	28, 153, 238
スピードデート法	240
製品関与	59
製品利用の自己効力感	59
制約	100
総括的評価	173

た

ダイアリー法	214
対応づけ	100
体験価値	61
体験価値の形成プロセス	62
体験談型バリューストーリー	153, 240
対話の原則	102
タグライン	186
タスク分析	230
忠実度	166
長期的モニタリング	91, 174, 184
直接ユーザー	47
提供価値分析法	139
ディザイラビリティテスト	254
定性的調査	117
定量的調査	117
デザイン思考	91, 93
デザイン指針	184
デザインパターン	104
トライアンギュレーション	122, 199

な

二次的理解	11
二重接面性	97
日記法	214
人間工学	96
人間中心	
——設計推進機構	18
——設計専門家	18
——デザイン	10
——デザインの哲学	11
——デザインプロセス	39, 83
認知工学	95
認知的インタフェース	13
認知的ウォークスルー	253
認知的人工物	13
脳内マップ	210
望ましさテスト	253

は

ハッセンツァールのUXモデル	51
発話思考法	179, 246
発話プロトコル分析	247
バリューシナリオ	154, 235
バリュープロポジションキャンバス	238
反復設計	15, 84

ビジネスモデルキャンバス	238
ビジョン提案型デザイン手法	131
ビデオビジュアライゼーション	242
ヒューマンエラー	11
ヒューリスティック評価	179, 250
フィードバック	99
フォーカスグループ	214
フォトKA法	32, 228
フォトエッセイ	32, 211
フォトダイアリー	214
フライ・オン・ザ・ウォール	205
ブランドデザイン	258
プロトタイプ	162
文脈効果	66
ペーパープロトタイピング	253
ペルソナ	23, 130
ペルソナ法	215
本質的ニーズ	64

ま

メンタルモデル → 概念モデル	
メンタルモデル・ダイアグラム	230

や

ユーザー	
――ストーリーマッピング	253
――体験	40
――調査	115
――の多様性	48
――評価	170
――モデリング	127
――モデリングの3階層	132
――モデル	124
ユーザビリティ	75
――テスト	178, 245
――ラウンドテーブル	209
予期的UX	55

ら

ラピッドプロトタイピング	253
リードユーザー法	119, 199
リーンキャンバス	238
履修証明プログラム「人間中心デザイン」	19
利他的な欲求	9
利用状況	65
利用年表共作法	210
利用品質	77
利用文脈	65
累積的UX	56
ローカルプロトタイプ	166

わ

ワークモデル	128
ワークモデル分析	230

著者紹介

安藤　昌也（あんどう・まさや）

千葉工業大学先進工学部知能メディア工学科教授．早稲田大学政治経済学部経済学科卒業後，大手システム開発会社，経営コンサルティング会社取締役，産業技術大学院大学助教，千葉工業大学工学部デザイン科学科准教授，教授を経て，2016年より現職．総合研究大学院大学文化科学研究科メディア社会文化専攻博士後期課程修了，博士（学術）．人間中心設計推進機構認定人間中心設計専門家，専門社会調査士，ヒューマンインタフェース学会，日本消費者行動研究学会，User Experience Professionals Association，応用心理学会の各会員．

ユーザーエクスペリエンスおよびUXデザイン，人間中心設計の教育・研究に従事するとともに，企業とのUXデザインに関するプロジェクトを多数手がける．

UXデザインの教科書

平成28年 5月30日	発	行
令和 6年 7月 5日	第13刷発行	

著　者　　安　藤　昌　也

発行者　　池　田　和　博

発行所　　丸善出版株式会社

〒101-0051　東京都千代田区神田神保町二丁目17番
編集：電話(03)3512-3266／FAX(03)3512-3272
営業：電話(03)3512-3256／FAX(03)3512-3270
https://www.maruzen-publishing.co.jp

© Masaya Ando, 2016

組版印刷・製本／藤原印刷株式会社

ISBN 978-4-621-30037-4 C 3055　　　Printed in Japan

JCOPY　〈(一社)出版者著作権管理機構　委託出版物〉

本書の無断複写は著作権法上での例外を除き禁じられています．複写される場合は，そのつど事前に，(一社)出版者著作権管理機構(電話 03-5244-5088, FAX 03-5244-5089, e-mail：info@jcopy.or.jp)の許諾を得てください．